BIBLIOTHÈQUE DES PROFESSIONS
INDUSTRIELLES, COMMERCIALES ET AGRICOLES

PREMIERS PRINCIPES

DE

LÉGISLATION

PRATIQUE

APPLIQUÉE

AU COMMERCE, A L'INDUSTRIE ET A L'AGRICULTURE

PAR

Maurice BLOCK

Membre de l'Institut

Comptabilité

Économie domestique

Législation

Série I

N° 10

—

PARIS

J. HETZEL ET Cie, ÉDITEURS

18, RUE JACOB, 18

PREMIERS PRINCIPES

DE

LÉGISLATION

PRATIQUE

PREMIERS PRINCIPES

DE

LÉGISLATION

PRATIQUE

APPLIQUÉE

AU COMMERCE, A L'INDUSTRIE ET A L'AGRICULTURE

PAR

Maurice BLOCK

Membre de l'Institut

Comptabilité
Économie domestique
Législation

Série I

N° 10

PARIS

J. HETZEL ET Cie, ÉDITEURS

18, RUE JACOB, 18

PREMIERS PRINCIPES

DE

LÉGISLATION PRATIQUE

APPLIQUÉE

AU COMMERCE, A L'INDUSTRIE
ET A L'AGRICULTURE

———

LE COMMERCE

———

CHAPITRE PREMIER

LES SOCIÉTÉS COMMERCIALES

Les trois frères Chaumont avaient fait une invention, ou plutôt, c'est Louis qui l'a faite, puisque l'idée première lui en est venue et qu'il a fait les études nécessaires pour la rendre applicable; mais ses frères Jean et Jacques lui ont avancé quelque argent et lui ont donné un coup de main; d'ailleurs, les frères s'aimaient, et il fut convenu entre eux qu'on ne chercherait pas à établir minutieusement la part de chacun, mais que l'invention sera commune aux trois, par indivis. Or l'invention consistait en un mortier qui durcissait dans les vingt-quatre heures et devenait une véritable pierre, et une pierre très dure; aussi le produit fut-il appelé du nom simple et significatif : *mortier-pierre*. C'est une composition de chaux, d'argile et de sable préparée d'une certaine façon qui se trouve expliquée dans le brevet conservé au ministère du commerce.

Le brevet était pris, la propriété de l'invention assurée, il s'agissait de la mettre en œuvre. Les vraies difficultés allaient commencer. Il fallait des capitaux et des travailleurs. Sans doute, les trois frères, en mettant en commun ce qu'ils possédaient de fonds, pouvaient réunir un millier de francs et au delà; ils disposaient aussi chacun d'une paire de bras très habitués au travail et qui ne craignaient pas la fatigue, mais ces ressources étaient loin de suffire. En effet, ce n'est point en vendant du mortier qu'ils pouvaient espérer établir des affaires importantes, car le mortier est fait par les maçons au fur et à mesure des besoins; il faut qu'il soit toujours frais. Les frères Chaumont avaient songé à fabriquer des pierres de toutes formes, des cubes, des briques carrées et rondes et même à faire concurrence au béton, au stuc, que sais-je? il est connu que les inventeurs ont l'imagination vive. Mais des capitaux auraient bien mieux fait leur affaire. Comment se procurer l'argent qui leur était nécessaire?

Un soir qu'ils en causaient, non sans un commencement de découragement, l'aîné, Louis, dit à ses frères :

« Cela ne peut pas durer ainsi, il faut que nous aboutissions. Nous allons examiner les différents cas possibles, prendre une décision et chercher à la réaliser.

— Examinons d'abord les cas, fit Jean.

— Le plus simple serait, reprit Louis, de former à nous trois une société en nom collectif; notre maison s'appellerait Chaumont frères, ce serait notre « raison sociale, » comme dit le code de commerce; tiens, je l'ai là; nous tâcherions d'emprunter quelques milliers de francs à notre cousin Bordain et nous marcherions comme nous pourrions. Ou, mieux encore, je tâcherais d'engager Bordain à s'associer avec nous et la raison sociale serait : Chaumont frères et Bordain.

— Qu'est-ce que cela signifie, société en nom collectif? demanda Jacques.

— Cela signifie que tous les membres de la société sont également responsables, explique Louis. Nous verrons tout à l'heure qu'il y a d'autres sortes de sociétés, où il n'en est pas ainsi. Supposons d'abord que nous trois et Bordain signons un écrit sur papier timbré qui sera *l'acte de société*. En signant l'acte, tu mets : Jacques Chaumont; nous autres, nous mettons : Louis ou Jean Chaumont, enfin Bordain signe son nom. Dans toutes nos affaires particulières, et comme individus, nous continuons à signer chacun son nom; mais, pour tout ce qui concerne la société, chacun de nous quatre, c'est-à-dire celui qui signe pour tous, met : *Chaumont frères et Bordain,* c'est notre raison (ou signature) sociale. Maintenant, retiens ceci : ce que chacun de nous signe ainsi lie tous les quatre, et tous les quatre en sont responsables. Quant à la responsabilité, tu comprendras aisément ce que cela veut dire. Suppose que les affaires de notre société finissent par aller mal, et que nous devons de l'argent, alors les créanciers pourront le demander à chacun des quatre, ou à l'un seulement, si celui-là seul a de la fortune en dehors de l'affaire.

— Bordain, qui sait cela, fait observer Jean, et qui est riche, ne voudra pas s'associer avec nous, qui n'avons presque rien. Si l'affaire allait mal il payerait pour nous.

— Cela dépend, reprend Louis, de ce qu'il pense de l'invention ; s'il la croit bonne, il pourra néanmoins tenter l'affaire. Toutefois, moi-même, je ne voudrais pas l'engager outre mesure ; j'abandonne donc l'idée d'une société en nom collectif pour songer de préférence à une société en commandite.

— Dans une société en commandite, dit Jacques, Bordain ne serait engagé que pour la somme qu'il met à notre disposition, n'est-ce pas ?

— En effet, fait remarquer Jean, Bordain serait commanditaire, et nous serions commandités.

— Très bien. Il y a en effet des sociétés en commandite où il n'y a qu'un bailleur de fonds, c'est-à-dire un commanditaire unique. Mais, en y réfléchissant, je trouve que Bordain à lui tout seul ne pourrait pas fournir les fonds nécessaires à l'entreprise. Une fois qu'on s'y met, il faut que cela en vaille la peine. Il faudra acheter un terrain, construire, se procurer des matières premières, des machines pour broyer, des charrettes pour transporter et avoir de quoi payer les employés et les ouvriers. Pour bien faire, il faudrait peut-être 500,000 francs.

— 500,000 francs! s'écrièrent Jean et Jacques à l'unisson. Où trouver tout cet argent?

— En émettant des actions, répond Louis.

— Trouverons-nous des actionnaires? fit Jean.

— Il faut l'espérer, répliqua Louis. Nous serions les gérants de l'affaire, qui s'appellerait Chaumont frères et Cⁱᵉ; *et compagnie* représente ici les actionnaires-commanditaires.

— Cette société est aussi dans le code de commerce? demanda Jacques.

— Dans le code, articles 23 et suivants et dans la loi du 23 juillet 1856. Je vais vous indiquer les points essentiels. Les commanditaires qui fournissent l'argent en prenant des actions ne peuvent pas s'occuper directement de la gestion de l'affaire, ils ne peuvent que la faire surveiller par un conseil de surveillance composé d'au moins cinq actionnaires. En revanche leur responsabilité ne va pas au delà de l'argent qu'ils ont versé ou promis. Je vais vous expliquer le sens du mot *promis*. Vous savez que les actions sont des parts égales, qui peuvent être de 200 francs, si le capital ne dépasse pas 200,000 francs, mais qui doivent être d'au moins 500 francs, si le capital est plus grand.

On peut prendre une ou plusieurs actions, au choix.

« Or, généralement, on ne paye pas toute la somme à la fois. On commence par verser le quart, puis le reste par parties, selon les conventions. Mais une fois qu'on a signé une action, on est responsable pour les 200 ou 500 francs, lors même qu'on n'aurait encore versé que la moitié ou les trois quarts.

— C'est ce que veut dire, fait remarquer Jean, qui venait de feuilleter un livre de législation, une disposition ainsi conçue : « Les actions en commandite sont nominatives jusqu'à leur entière libération. » (Loi du 23 juillet 1856, article 2) ; l'article 3 est encore plus explicite.

— Et quand les actions ne sont pas nominatives ? demanda Jacques.

— Elles sont au porteur, à celui qui les possède, fut la réponse.

— Je voudrais bien savoir au juste, dit Jean, quels sont les droits et les devoirs du conseil de surveillance. D'abord les actionnaires ne doivent s'occuper de rien, et puis on les voit s'occuper de tout.

— Voyons, Jean, répond Louis, est-ce qu'il n'y a pas une différence entre faire des souliers et les regarder faire? Le conseil ne peut rien acheter, ni rien vendre, il ne peut commander aux employés ou ouvriers, ni faire aucun acte de patron; mais il regarde faire l'inventaire, étudie le bilan, c'est-à-dire le compte des recettes et des dépenses, pour voir s'il y a des bénéfices, et si la part de chacun, le dividende, est faite selon la justice. Si quelque chose cloche, le conseil peut convoquer l'assemblée des actionnaires, il peut aussi provoquer devant le tribunal la dissolution de la société. Et si le conseil ou un de ses membres a manqué aux devoirs que lui impose la loi, le moins qui puisse lui arriver, c'est d'être responsable des dettes simultanément (conjointement) avec les gérants... »

En ce moment on entendit un coup de sonnette, on alla ouvrir et l'on fut agréablement surpris de voir entrer le cousin Bordain, qui venait leur faire une petite visite. On s'empressa autour de lui et on le mit tout à fait au courant de la conversation. Il avait écouté en silence, regardant attentivement celui qui parlait, tout en réfléchissant ; puis il dit :

« Mes cousins, vous n'avez oublié que la chose principale. »

Les frères se regardèrent avec étonnement.

« Vous avez oublié les apports..... cela vous fait honneur d'ailleurs, reprit Bordain.

— Les apports ! exclama Louis, oui, c'est là précisément notre part de capital. Nous n'apportons pas d'argent, nous apportons notre invention, notre industrie, nous l'apportons sous la forme d'un brevet, qui a, parbleu, sa valeur ! Eh ! je n'y pensais pas !

— Vous comprenez bien, dit Bordain, que votre brevet devient la propriété de la compagnie, et il faut savoir avant tout à quel prix vous voulez céder le brevet, et si les actionnaires veulent l'accepter à ce prix. Si votre prix est accepté, mettons que ce soit un million, on grossirait le capital d'autant, et vous recevriez 2,000 actions de 500 francs pour votre part, ce qui n'empêcherait pas la société de vous indemniser comme gérants. »

Les frères trouvaient cela trop beau.

« A combien avez-vous évalué le capital qu'il vous faudra? demanda Bordain après une pause.

— A 500,000 francs, fut la réponse.

— Ce n'est pas assez. — Après une nouvelle pause il ajouta : Non, vous ne vous rendez pas compte de ce que coûtent les choses aujourd'hui : terrains, constructions, carrières, chevaux et surtout les salaires. Et puis, vous ne pensez donc pas à l'avenir? Les commencements sont toujours difficiles ; s'il vous fallait un peu plus d'argent que vous n'aviez pensé ? Ou aussi, si tout allait pour le mieux et que vous voulussiez étendre votre établissement que feriez-vous?

— Nous aurions la ressource de faire un emprunt, répondit Louis ; nous l'émettrions sous forme d'obligations remboursables, en 20 ou 25 ans, en tirant annuellement au sort 1/20 ou 1/25 des obligations ; les numéros sortis seraient remboursés ; pour les autres, on continuerait à payer les intérêts jusqu'à l'heure où on les amortirait à leur tour.

— Voilà, en effet, la différence entre les actions et les obligations ; les actionnaires sont les propriétaires de l'affaire, ils reçoivent des dividendes (ils se divisent les bénéfices) qui peuvent être alternativement bas ou élevés, selon les chances du commerce ; les obligataires sont de simples créanciers, ils ont prêté de l'argent et on en paye un intérêt fixe, quel que soit le résultat commercial de l'année.

— Que faudra-t-il faire?

— Il faudra former une société anonyme qui vous achètera votre brevet et dont vous serez ensuite les agents rétribués, tout en restant actionnaires, si cela vous plaît. Du reste, la société peut mettre dans ses statuts que ses principaux agents doivent être actionnaires. — C'est une sorte de cautionnement.

— La société anonyme, dit Jean, c'est la troisième forme de société commerciale.

— Je devine cela, fit Jacques, mais ce que je ne devine pas, ce sont les conditions légales. Je sais seulement qu'elle émet des actions; je ne sais même pas ce que veut dire anonyme.

— C'est la loi de 1867 (24 juillet) qui est actuellement en vigueur.

— Je l'ai étudiée, dit Louis. La société est anonyme, parce qu'elle n'est pas désignée par les noms des fondateurs ou directeurs, elle ne pourrait être nommée : Chaumont frères et Ce, il faudra la dénommer par son objet.....

— La « Compagnie du mortier-pierre, » peut-être?

— Cela se peut. Les maîtres, dans cette sorte de société, continua Louis, ce sont les actionnaires. L'assemblée des actionnaires nomme les administrateurs, qui doivent être actionnaires; ils sont chargés de gérer l'affaire et sont indemnisés de leurs peines.

Ils ne sont pas responsables des dettes de la société au delà de leur mise, tout comme les autres actionnaires. L'assemblée nomme, du reste, aussi deux ou trois commissaires de surveillance, qui ont le droit et le devoir de tout vérifier et d'en rendre compte à l'ssemblée. Ce sont les administrateurs qui s'occupent seuls de la gestion; ils peuvent avoir aussi sous leurs ordres un directeur et des employés de tous rangs.

— Voilà donc ce qu'il faudrait faire, reprend Jacques; nous cherchons des actionnaires, on se réunit; on nomme des administrateurs et des commissaires, et tout est dit.

— Ce n'est pas tout à fait aussi simple que cela, dit le cousin Bordain. Dans la société anonyme, ce ne sont pas les personnes, c'est un capital qui se présente en première ligne. Mettons que ce soit un million. Le million a l'air de solliciter le public d'engager des affaires avec lui. Le public pense qu'un million offre des garanties suffisantes, et ne refuse pas; seulement il demande des renseignements. Ces renseignements on les lui doit; il s'ensuit que la loi prescrit de rédiger des statuts, de les publier, et même de publier des comptes rendus. Et, pour qu'il n'y ait pas d'abus, la loi prescrit toutes sortes de mesures de précaution : la société doit se composer *d'au moins* 7 membres; le taux de l'action ne doit pas être moindre de 500 francs pour les sociétés de 500,000 francs et au-dessus; la société n'est pas constituée tant que la totalité du capital n'est pas souscrite, et le quart versé;

ces deux points : souscription intégrale, versement du quart, doivent être prouvés par-devant notaire. La loi veut encore, et par les mêmes raisons de prévoyance, que les souscripteurs restent responsables du payement entier de l'action, au moins pendant un temps déterminé ; on ne peut donc pas les mettre tout de suite au porteur : elle exige aussi que les *apports* des fondateurs soient vérifiés et acceptés par l'assemblée générale des actionnaires. Il y a, du reste, des réunions périodiques ordinaires de ces assemblées et des réunions extraordinaires. Mais je m'arrête ; impossible de dire la loi tout entière par cœur, vous savez maintenant ce que vous avez à faire. Si vous faites une société anonyme, je prendrai des actions, le plus que je pourrai, et mes conseils par-dessus le marché, vous les aurez pour rien. »

Trois mois après cette soirée, les frères Chaumont et leur cousin, leurs amis et quelques autres personnes étaient réunis chez le notaire pour signer l'acte constitutif de la société.

CHAPITRE II

LA BANQUE

Les frères Chaumont n'avaient pas donné leur nom à l'affaire, puisqu'elle était devenue anonyme, mais ils lui avaient vendu leur brevet à un prix raisonnable; Louis était en outre devenu le directeur des travaux avec un bon traitement, ses frères étaient sous-directeurs, chargés, l'un du choix et de l'achat des matières premières, l'autre de la comptabilité et des opérations de banque. Bordain, qui avait 200 actions de 500 francs et qui était très entendu en matière commerciale, avait été nommé président du conseil d'administration, de sorte qu'on se trouvait un peu en famille; au reste, les frères avaient réellement besoin encore des conseils du cousin.

Ce sont les affaires de banque qui tout d'abord causaient le plus de souci aux frères Chaumont, et ils prièrent un jour leur cousin de leur accorder une soirée entière pour approfondir la chose. Il fut convenu qu'on dînerait chez lui le lendemain et que la question serait approfondie après le café.

A l'heure dite la conversation s'engagea, mais un

peu confuse; les jeunes gens confondaient la banque
et les banques; et encore la Banque de France, de
sorte que Bordain, qui était de beaucoup leur aîné,
se vit obligé de faire presque une conférence sur la
matière. « Faire la banque, dit-il, c'est faire une certaine sorte d'affaires, et une banque, c'est une maison
qui s'y consacre.

— Quelle sorte d'affaires?

— Affaires de crédit, fut la réponse.

— Ainsi, dit Jean, je n'ai qu'à aller chez un banquier et lui demander de me prêter de l'argent, pour
qu'il m'en prête?

— La chose n'est pas aussi simple que cela, dit Bordain, le banquier ne va pas simplement à sa caisse et
dit : Vous voulez de l'argent! En voilà. Les affaires se
combinent de bien des façons variées, seulement,
toutes les combinaisons utiles aboutissent nécessairement pour quelqu'un à la mise en possession de
fonds dont on ne disposait pas auparavant, ou dont
il n'aurait disposé que plus tard, et les combinaisons
ont pour but d'assurer au banquier le remboursement de ses avances.

— Voici comment les choses se passent, dit Jacques :
Nous vendons de nos pierres, mettons pour 20,000 fr.;
on s'engage à les payer dans trois mois. Cet engagement prend la forme d'un billet à ordre. Voilà donc
un papier qui vaudra 20,000 francs dans trois mois ;
mais j'ai besoin de l'argent tout de suite, je vais donc
chez mon banquier pour me faire escompter le billet.
Il retranche le montant de l'escompte et paye le sur-

plus ; si l'escompte ou l'intérêt est à 4 0/0, cela fait.....

— Est-ce la même chose l'intérêt et l'escompte ? demanda Jean.

— Oui et non. Oui, car dans les deux cas on paye le droit de se servir de l'argent ; non, parce que l'escompte se paye à l'avance, et l'intérêt après le service rendu, dit Louis.

— Je ne veux pas examiner de trop près cette explication, fit Bordain, pour renouer le fil que vos interruptions ont cassé. J'ai donc un billet à ordre de 20,000 francs que je veux faire escompter. Pour y consentir, il faut que le banquier ait confiance en moi, il faut que je sois un homme assez solvable pour pouvoir lui rembourser l'argent si le signataire de l'effet (billet) ne le paye pas, ou, du moins, il faut qu'il me connaisse comme un homme qui ne présente pas de billets signés par complaisance, mais des billets qui proviennent d'une affaire réelle, d'une fourniture de marchandises. Enfin, son opinion étant faite, il consent. L'escompte étant à 4 0/0 (l'an), il retient 1 0/0 pour les trois mois et me donne le surplus.

— Ce n'est guère faire crédit cela, dit Jean, puisqu'il ne donne l'argent que sur le billet.

— Mais si, c'est du crédit, car un billet, tant qu'il n'est pas payé, n'est qu'un morceau de papier et ne ressemble en rien à mille pièces de vingt francs. Du reste, un banquier peut ouvrir un crédit en une autre forme encore à un commerçant ; mais il demande alors une indemnité spéciale, une commission ou comment on voudra l'appeler.

— Le banquier ouvre aussi un compte courant, dit Jacques.

— Il n'a pas toujours grand mérite à cela, fit Louis. On dépose chez lui 100,000 francs, ou une autre somme et le compte est ouvert. Le marchand est crédité de la somme, et le banquier, qui la doit, en est débité. Bientôt le marchand a besoin de payer 20,000 francs à un fournisseur ; au lieu d'aller chez le banquier, pour prendre la somme et la porter au fournisseur, il se contentera de donner un chèque à son fournisseur, qui le présentera au banquier. Celui-ci est tenu de payer la somme en prenant sur les 100,000 francs.

— Le chèque, dit Jean, est un mandat ; il dit : Payez à M. un tel ou à son ordre (à celui qui le remplace) la somme de...

— C'est cela. Le marchand reçoit le chèque, c'est comme s'il était payé. Si le fournisseur a le même banquier que le marchand, le payement réel s'opère par des écritures, on appelle cela un virement. Les 20,000 francs restent dans la caisse du banquier ; ils ne bougent pas, mais ils changent de propriétaire. Pour parler le langage de la comptabilité, le marchand est débité de 20,000 francs et le fournisseur est crédité d'autant.

— On pourrait effacer les 100,000 francs et mettre 80,000 à la place.

— On n'efface rien dans les livres commerciaux, dit Bordain. C'est tout à fait inutile d'ailleurs. Quand sous 100 on écrira dans une forme quelconque qu'on a ôté 20, tout le monde saura sur-le-champ qu'il ne peut rester que 80. Demain le marchand peut avoir deux recettes, une de 15 et une de 40, on les inscrira séparément, et il possédera 100 + 15 + 40 — 20, c'est-à-dire 135. Là-dessus il dépense, reçoit et dépense, selon le besoin de ses affaires ; le compte courant garde trace de chaque opération, et l'on n'a qu'à comparer le total des entrées et le total des sorties, pour savoir ce qui reste disponible. Il est souvent très utile d'avoir gardé trace des affaires.

— Je connais bien le compte courant, dit Louis, c'est une organisation très commode qui produit le double avantage qu'on n'a plus besoin d'avoir autant d'argent comptant dans sa caisse, et qu'on peut payer commodément en écrivant deux lignes. On paye ainsi 100,000 francs aussi aisément que 10,000 francs. Tout cela je le comprends, mais je ne connais pas assez bien la Banque de France. Cousin Bordain nous instruira là-dessus.

— Je vais toujours vous en donner une idée générale, dit Bordain. La Banque de France. ... Faut-il commencer par le commencement?

— Mais oui, mais oui!

— La Banque de France a été fondée en 1800 sous la forme d'une société anonyme, ce qu'elle est encore. Son capital fut fixé à 30 millions divisés en 30,000 actions de mille francs, je vous dirai tout de suite que ce capital a été renforcé par différentes décisions ; actuellement (loi du 9 juin 1857) il est de 182 millions 1/2, toujours en actions de 1,000 francs, qui valent bien plus aujourd'hui.

— C'est une jolie petite somme ! s'écria Jean.

— Aussi jouit-elle d'une grande confiance, fit Louis.

— Sans doute, son capital y est pour quelque chose, reprit Bordain, mais ses statuts et la manière de les appliquer y sont pour davantage, car la Banque s'est ainsi trouvée éloignée de toute entreprise risquée, de toute affaire dangereuse, l'escompte ayant toujours été sa principale besogne.

— Mais n'a-t-elle pas le privilège d'émettre des billets au porteur et à vue, les *billets de banque* enfin ? demanda Jean.

— Sans doute. Seulement tout d'abord le gouvernement se proposait de lui accorder ce droit uniquement pour Paris, se réservant de conférer ce même privilège à certaines banques départementales. — Neuf banques le reçurent, en effet, mais en 1848 ces banques furent fusionnées avec celle de Paris, et il n'y eut désormais que la Banque de France qui put émettre des billets.

— C'est la révolution du 24 février qui en a été la cause ?

— Oui.

— Et comment cela ? quel rapport y a-t-il entre la Banque et la révolution ?

— Oh ! la Banque ne l'a pas faite ; les banques n'ont aucun goût pour les révolutions, dit Bordain en souriant, ce sont des institutions essentiellement pacifiques.

— Mais alors ?

— Pour bien comprendre comment la pensée de la

réunion des banques en une seule a pu venir, il faut se faire une idée nette de la nature du billet de banque. Il faut d'abord se rappeler que le commerce et l'industrie ont un besoin constant de crédit. Peu de personnes ont sous la main tous les capitaux qu'il leur faut, on est constamment obligé d'emprunter les capitaux des autres et même de prêter ses capitaux à autrui. Souvent les deux opérations opposées se font simultanément.

— Cela paraît contradictoire !

— Cela peut paraître ainsi, mais cela ne l'est pas. Un marchand de nouveautés, pour ne citer qu'un exemple, achète de la mousseline chez un fabricant et lui donne un billet à ordre en payement. Ici le fabricant prête son capital sous forme de mousseline au marchand. Mais, pour fabriquer cette mousseline, il a été obligé d'acheter du fil au filateur, en le payant par un billet à ordre. Il a donc emprunté un capital sous forme de fil, qu'il vend à crédit sous forme de tissus. Ces billets pourront circuler de différentes façons; mais, comme il a fallu du temps pour que le fil devienne de la mousseline, il est possible qu'il reçoive le billet du marchand à peu près au moment où son propre billet, souscrit au filateur, va échoir. Il s'empresse donc de porter chez son banquier le billet du marchand et le fait escompter. Avec l'argent qu'on lui verse — et qui n'est encore qu'un prêt — il paye son propre billet. L'emprunt qu'il vient de faire sera amorti en son temps par le marchand. Tout cela n'est qu'un exemple...

— Dans lequel la Banque de France brille par son absence.

— Nous allons la faire entrer en scène, en supposant que le banquier du fabricant a besoin de fonds et va porter l'effet à la Banque de France qui le réescompte et paye avec ses billets. Les billets de la Banque de France sont, en ce sens, l'équivalent de l'argent : 1º que tout le monde les prend, et 2º que ces billets sont divisés en coupures de 1,000, 500, 200, 100, 50 et même 20 francs, avec lesquelles on peut former à peu près toutes les sommes, ce qu'on ne peut pas faire avec un billet représentant le montant d'une affaire déterminée. Comment payerai-je 10,000 francs avec un effet de 15,000 ?

— Je le veux bien, dit Jacques, mais il me reste encore une autre question : pourquoi la Banque de France n'escompte-t-elle pas avec des pièces de 20 francs en or ? Ses billets seraient inutiles alors.

— Pas tout à fait, répond Bordain, car d'abord le papier est plus commode, et l'on comprendrait très bien qu'on se fît donner de préférence du papier qui serait couvert par une somme semblable gardée en caisse à titre de garantie. Mais surtout il n'existe pas tant d'or que cela ; il n'y a pas au monde assez d'or pour toutes les affaires. Sans billets de banque, l'escompte deviendrait d'une cherté excessive. La Banque de France substitue donc ses billets à l'or manquant, elle paye ainsi avec son crédit. Et le public y consent parce qu'il sait que le billet est excellent, qu'en le portant au guichet de la Banque, on lui en donne immédiatement la valeur en espèces. Si une fois la Banque refusait, c'en serait fait de son crédit.

— Mais si tout le monde apportait les billets à la fois?

— La Banque n'y suffirait pas, car elle émet plus de billets qu'elle n'a d'argent comptant — cela doit être; — mais généralement on ne vient pas en masse, l'expérience nous l'apprend, sauf à des époques de calamité, comme lors d'une révolution et d'une guerre...

— Ah! je vois où tu veux en venir : en pareil cas le cours forcé est déclaré!

— C'est cela; toutefois le cours forcé ne peut guère être déclaré que s'il n'existe dans le pays qu'une seule banque d'émission (à la rigueur deux ou trois).

— En des temps très difficiles, les uns ont besoin d'espèces pour voyager, les autres pour payer à l'étranger, ou ils veulent se munir d'argent par précaution — ou simplement, ou manque de confiance, en quoi? On ne le sait pas, on est excité, on va à la Banque échanger des billets en se disant : On ne sait pas ce qui peut arriver. Il se produit ce qu'on appelle en anglais : *a run, une course* au remboursement. Mais ce serait une véritable calamité que la Banque vît sortir sa dernière pièce d'or...

— Ce qui serait une faillite.

— Non, seulement une suspension de payements, car la Banque n'émet pas ses billets sans base ou sans garantie, c'est en escomptant, en faisant des avances sur titres, etc.; elle reçoit donc la contre-partie de ses billets, elle a de quoi les racheter; seulement, cette contre-partie n'est pas échue. La Banque n'y entrera que plus tard, et le public n'a pas la patience d'attendre. Tout d'un coup, la grosse voix du gouvernement se fait entendre : le public attendra, dit-elle, et jusqu'à nouvel ordre il considérera les billets comme des espèces sonnantes. La Banque est provisoirement dispensée de rembourser ses billets ; ils auront cours forcé, on est tenu de les accepter en payement.

— Alors la Banque imprime de l'argent à volonté !

— Par exemple! On lui pose une limite. En déclarant le cours forcé, le gouvernement indique le chiffre maximum des billets; c'est un crédit qu'on lui ouvre. Il faut encore qu'elle le mérite pour en jouir complètement, et que le crédit ouvert ne soit pas trop grand, sous peine de voir les billets déchoir, perdre 5, 10, 20 0/0. En France, le cours forcé n'a jamais duré longtemps; quand le calme est revenu, la Banque a repris le payement en espèces, le cours forcé avait cessé de fait avant que le gouvernement l'abolît. La confiance était restée entière.

— Ce qu'il faudrait connaître maintenant, c'est l'organisation de la Banque et la nature de ses opérations.

— En voici un aperçu sommaire. Puisque la Banque est une société anonyme, elle a des actionnaires; les deux cents plus forts actionnaires forment l'assemblée générale. Cette assemblée nomme le conseil général, qui est composé de quinze régents élus pour cinq ans et de trois censeurs élus pour trois ans; le gouvernement nomme un gouverneur et deux sous-gouverneurs. Il y a aussi un conseil d'escompte composé de commerçants de Paris, indiqués par les censeurs. Ce sont tous ces personnages qui se répartissent la direction et la gestion de la Banque de France d'après certaines règles ; ils sont d'ailleurs aidés par un nombreux personnel de chefs, de commis et de garçons, et ce personnel est d'autant plus nécessaire que la Banque a de nombreuses succursales dans les départements. La loi du 9 juin 1857 a prescrit d'en établir une dans chaque département ; la prescription est exécutée et très largement.

— Voilà pour l'organisation, dit Louis, voyons maintenant les opérations.

— La principale, vous la connaissez, c'est l'escompte. Un comité composé de régents et de commerçants se réunit tous les jours pour apprécier les effets présentés à l'escompte. Généralement trois signatures sont demandées pour qu'on accepte un effet, par exemple : 1° la signature de celui qui émet le billet ; 2° la signature de celui en faveur duquel le billet est émis, il signe en l'endossant (en écrivant sur le dos du billet qu'on le passe à un autre) ; 3° la signature du premier escompteur, le banquier du n° 2. La troisième signature peut être remplacée par certaines autres garanties. Le taux de l'escompte de la Banque est toujours publié, il dépend de la situation du marché.

— Outre les escomptes, la Banque ouvre aussi des comptes courants pour les sommes qu'on y dépose, ce qui rend plusieurs services assez sérieux : facilités

pour les escomptes, encaissement des effets échéant à
Paris au profit des titulaires du compte courant, etc.
La Banque se charge aussi de dépôts volontaires,
d'effets, de lingots, d'espèces. Pour la conservation
des titres ou effets, on paye un droit de garde.

— La Banque fait aussi des avances sur dépôts d'effets publics, mais elle n'accepte que de très bonnes
valeurs et l'avance n'atteint jamais le prix total. On
peut aussi se faire délivrer à la Banque des billets
à ordre payables dans une ville où il y a une suc-
cursale. Ce sera souvent avantageux. Par exemple, si
l'on doit 1,000 francs à Marseille, on pourra aller à la
Banque, déposer un billet de 1,000 francs et prendre
en échange un mandat sur Marseille, cela coûtera
50 centimes au moins et 1 franc au plus !

— Est-ce que le gouvernement ne s'occupe pas de
la Banque?

— Pas pour les affaires courantes; il a d'ailleurs
nommé le gouverneur et les sous-gouverneurs. Dans
les circonstances très importantes, on se fait de part
et d'autre des concessions patriotiques et on rend ainsi
service au pays. »

CHAPITRE III

LA BOURSE, LES AGENTS DE CHANGE, LES COURTIERS

Parmi les actionnaires de « là Compagnie du mortier-pierre », il y avait M. Morambel et M. Dortot qui vinrent un jour voir Louis Chaumont pour l'engager à faire coter les actions à la Bourse. La cote avait cela de bon, disaient-ils, que, lorsqu'on avait besoin d'argent comptant, ou qu'on voulait placer ses capitaux autrement, on pouvait aisément vendre les actions et rentrer dans ses fonds. D'ailleurs, si la compagnie était prospère, le public le saurait, les actions monteraient, et l'actionnaire verrait son capital grossir, comme une plante bien arrosée sous un soleil splendide. Ce sont ces messieurs qui se servirent de cette belle image. Louis, cependant, n'en fut pas ébloui. Il se contenta de dire qu'il n'entreprenait rien sans en avoir causé avec ses frères, et qu'au surplus le projet de MM. Morambel et Dortot dépassait les pouvoirs d'un simple directeur; mais qu'il en causerait avec M. Bordain, le président du conseil d'administration. Les visiteurs trouvèrent cette observation juste et il fut convenu qu'on se reverrait le surlendemain à deux heures, pour en parler de nouveau.

Louis en causa avec ses frères et comme il ne connaissait pas bien la matière, il alla voir le cousin Bordain et le pria de leur donner rendez-vous pour les mettre au courant de la question. Il fut convenu qu'on déjeunerait ensemble le surlendemain et qu'on recevrait ensuite les deux actionnaires qui avaient demandé la cote. On fut ponctuel, et, après le repas, la conversation s'engagea par une question posée par Jacques.

« Nous devons causer de la cote de nos actions à la Bourse, dit-il, mais avant tout je voudrais bien savoir ce que cela veut dire la Bourse? J'en ai entendu parler à tort et à travers, en bien et en mal si vous voulez, j'ai vu le beau monument qui ressemble à un temple grec avec ses colonnes et ses larges escaliers, mais je n'ai rien compris au bruit qui s'y faisait.

— La Bourse, répondit Bordain, c'est un marché d'un genre particulier; on n'y apporte pas ses marchandises, tout au plus y montre-t-on quelquefois des échantillons, c'est même rare, car il s'agit toujours de vendre des objets bien connus. Les acheteurs et les vendeurs s'y rendent, un peu de public y vient aussi, voilà tout.

— Je ne comprends pas bien un marché sans marchandises, dit Jean.

— Tu ne penses, fait remarquer Louis, qu'à la vente au détail, où chacun emporte ce qu'il a acheté, mais à la Bourse on vend en gros. Quelquefois tout un navire plein de marchandises.

— Je croyais qu'on n'y vendait que la rente et des actions, dit Jacques.

— Il y a la Bourse des marchandises et celle des effets ou valeurs, répond Bordain; souvent l'une et l'autre sont dans le même bâtiment, ou dans la même salle, mais à des heures différentes. Souvent certains commerces ont des locaux spéciaux qui leur servent de Bourse. Les négociants s'y réunissent pour conclure plus facilement leurs affaires, pour mieux connaître les prix et pour trouver les quantités qu'il leur faut. C'est aussi à la Bourse que se rendent les intermédiaires qui rapprochent les vendeurs et les acheteurs; on les appelle courtiers lorsqu'il s'agit de marchandises, et généralement agents de change pour la vente des effets.

— Voyons d'abord les courtiers?

— Il faut distinguer. Il y a les courtiers en marchandises, et c'est de ceux-là que nous parlons; il y a aussi des courtiers spéciaux, des courtiers d'assurance, des courtiers interprètes et conducteurs de navires. Ces deux branches du courtage sont privilégiées, le nombre des titulaires est limité, ils déposent caution et ont le caractère d'officiers ministériels, comme les agents de change dont nous parlerons tout à l'heure. Les courtiers en marchandises se trouvaient dans la même situation jusqu'en 1866. Alors intervint la loi du 18 juillet, qui les indemnisa et rendit leur industrie libre. Aujourd'hui tout le monde peut être courtier.

— Ils n'offrent donc plus les mêmes garanties?

— Il faut s'entendre là-dessus. La confiance est une affaire individuelle; j'ai confiance en A, je me défie un peu de B, je ne me fie pas du tout à C. Chacun doit savoir où il place sa confiance, c'est une chose précieuse qu'il ne faut pas gaspiller. Mais, comme on a besoin de personnes offrant des garanties, on a imaginé le système de l'inscription. Il y a donc des courtiers inscrits.

— Cela veut dire, fit Louis, qu'on revient, par un détour, aux anciens errements.

— Ce n'est pas tout à fait cela, répondit Bordain; autrefois le nombre des courtiers était limité, il ne l'est plus. Tout le monde peut être courtier, inscrit ou non. Il y a même des localités où il n'existe pas de courtier inscrit, et c'est sur sa propre demande, en se soumettant librement aux conditions indiquées dans le décret du 22 décembre 1866, qu'on est porté sur le registre d'inscription. Ce registre est tenu par le tribunal de commerce de la localité. Celui qui demande son inscription doit justifier : 1º de sa moralité, par un certificat délivré par le maire; 2º de sa capacité professionnelle, par l'attestation de cinq commerçants notables de la localité; de plus, 3º il doit acquitter un droit d'inscription au profit du Trésor. Ce droit, une fois payé, et qui va de 1,000 à 3,000 francs selon les localités, cessera bientôt d'être exigé : il sert à hâter le remboursement des courtiers dépossédés de leur office en 1866.

— Et quels sont les privilèges des inscrits?

— 1º De constater, de préférence à d'autres, le

cours (le prix courant, le prix actuel) des marchandises. Ce cours est important, car souvent on vend
« au cours, » c'est-à-dire le marchand vend au prix
moyen du marché, même avant de le connaître exactement ;

2º De procéder à la vente aux enchères des marchandises en gros, du moins dans certains cas;

3º D'estimer, à défaut d'expert, la valeur de marchandises déposées dans des entrepôts généraux.

« En revanche, le courtier inscrit ne peut pas acheter lui-même les marchandises; du moins, s'il a un
intérêt dans les marchandises, il doit en avertir les
commerçants avec lesquels il traite, sinon il est rayé
de la liste. Enfin, les courtiers nomment quelques-
uns d'entre eux membres d'une chambre syndicale,
qui surveille l'honnêteté des courtiers et peut prendre
des mesures disciplinaires.

— Voyons maintenant les agents de change.

— Les agents de change sont à proprement parler
des courtiers en effets publics ou privés. Leur nombre
est limité. Pour chaque *place* (ville) où il y en a,
chaque agent de change possède un « office »; on dit
aussi qu'il est « titulaire » de l'office ou de la charge
(il a le titre, le document qui le confère), et cet office,
il peut le « transmettre, » c'est-à-dire le vendre, et
il obtient que le successeur qu'il désigne ainsi soit
nommé par décret, sur la proposition du ministre
des finances.

— Pourquoi par décret?

— Parce que l'agent de change est officier minis-

tériel, sa signature donnant l'authenticité à un document, comme celle d'un notaire.

— Et ce privilège ou ces fonctions, il peut les
vendre?

— Oui, et cette faculté date de loin, il y aurait toute
une histoire à raconter là-dessus. Le gouvernement
n'a pas cédé ces privilèges pour rien ; il existe des raisons pour et des raisons contre ce système, que nous
n'avons pas le temps de rechercher en ce moment; il
importe seulement de constater que l'autorité publique
s'est réservé le droit d'agréer le successeur et a posé
différentes conditions. Vous voulez connaître ces conditions, en voici les premières : 1° réputation intacte ;
2° capacité professionnelle. A Paris, les garanties
offertes sur ces deux points sont très grandes. Ainsi
l'agent de change doit présenter le candidat à sa
succession à la chambre syndicale, qui a un très grand
intérêt à ce que la compagnie des agents de change
soit très bien composée. Le nom du candidat reste
affiché pendant quinze jours dans le local de la
chambre, et l'on fait une sorte d'enquête sur lui. C'est
la chambre syndicale qui présente le candidat à l'agrément du ministre des finances.

— C'est pour Paris cela, mais ailleurs?

— Ailleurs le titulaire qui veut transmettre sa charge
s'adresse au préfet, qui fait une enquête auprès des
autres agents de change. C'est le ministre qui propose
le décret de nomination; or le ministre peut repous-
ser un candidat qui n'aurait pas les qualités nécessaires. J'ajouterai une troisième condition : l'agent de

change doit avoir un cautionnement, qui est assez élevé, et une quatrième, c'est qu'il peut être destitué dans certains cas. Il y a là un ensemble de conditions qui me paraissent satisfaisantes, ajouta Bordain.

— Est-ce que le gouvernement ne pourrait pas créer de nouvelles charges?

— Ce serait une question grave que de multiplier les charges dans une ville, à cause des intérêts engagés. Par contre, s'il n'y a pas encore d'agent de change dans une localité, la chose présente peu de difficultés... mais peut-être aussi peu d'utilité.

— Il s'agirait de savoir au juste en quoi consistent les privilèges de l'agent de change, quelles sont ses attributions, etc.?

— On peut le dire en peu de mots. L'agent de change est seul intermédiaire pour la vente ou l'achat de rentes, d'actions ou d'obligations, non qu'on soit en tout cas obligé de s'adresser à lui, les valeurs au porteur et les objets métalliques peuvent être transmis de la main à la main par celui qui vend à celui qui achète ; mais les titres nominatifs ne peuvent être transférés à une autre personne sans des formalités pour lesquelles il faut le concours d'un agent de change. C'est lui qui constate l'identité des personnes et l'authenticité des signatures. Dans les localités où il n'y a pas d'agent de change, il faut faire intervenir un notaire. Voilà donc une première attribution; la seconde est complètement exclusive, c'est la fixation ou plutôt la constatation des cours de la rente, des **actions et obligations et des métaux précieux. Et** même, ce privilège est réservé aux agents de change de Paris ; eux seuls peuvent établir le *cours* officiel.

— Il me semble, dit Louis, que les agents de change ne s'occupent que des valeurs cotées à la Bourse, c'est-à-dire dont la vente y est autorisée.

— Sans doute. Les autres valeurs sont vendues par des banquiers comme tout effet privé.

— Alors toutes les actions ne sont pas cotées par les agents de change ? demanda Jean.

— Qu'on me définisse d'abord le mot *coter*, s'écria Jacques.

— Coter ? c'est indiquer le prix ou le cours d'une valeur à un moment déterminé, expliqua Bordain. Les agents de change, continua-t-il, ne s'occupent pas des affaires qui ne sont pas offertes à la Bourse, soit, comme pour la nôtre, parce que les fondateurs ou propriétaires n'y tiennent pas, ou parce qu'elles sont trop petites, soit aussi parce qu'elles n'offrent pas une solidité suffisante, ou qu'on ne la connaît pas encore assez bien. Pour qu'une valeur soit cotée à la Bourse, il faut que la chambre des agents de change la présente au ministre ; c'est le ministre qui autorise d'après le rapport de la chambre.

— En somme, dit Jean, quand je veux acheter ou vendre des rentes, des actions ou obligations, je vais chez l'agent de change, c'est le courtier en ces marchandises-là. Si je veux vendre, je lui apporte mes titres ; si je veux acheter, je lui indique ceux que je désire, en avançant une somme.

— Si le même jour, reprend Louis, tu veux acheter une valeur et qu'un autre apporte cette valeur à vendre, l'affaire peut être conclue le soir, dès que le cours aura été établi; mais, lorsque cette coïncidence n'existe pas, il faut que l'agent de change demande cette valeur à ses collègues. C'est à la Bourse que cela se fait.

— Oh! je sais, dit Jacques, j'ai été plus d'une fois à la Bourse; au milieu il y a un endroit un peu plus élevé, entouré d'une balustrade. C'est le parquet ou la corbeille. Là se tiennent les agents de change à certaines heures, et ils offrent ou demandent des valeurs, non sans crier à tue-tête. Sans crier, m'a-t-on dit, on ne s'entendrait pas. Il y a soixante agents de change à Paris, et la Bourse est pleine de monde.

— Et qu'est-ce donc que la coulisse?

— On appelle ainsi l'ensemble des personnes qui font irrégulièrement des affaires de Bourse.

— Il y aurait encore bien des choses que je voudrais savoir. Par exemple, ce que c'est que la spéculation?

— Je vais tâcher de te faire comprendre. Commençons par le commencement. Tu as économisé de l'argent et tu veux le placer. Tu vas donc chez un agent de change et fais ta commande. Tu reçois tes 100 ou 1,000 francs de rente, tu payes, l'affaire est finie; tu ranges ton titre et n'y penses plus que pour toucher tous les trois mois tes rentes. L'agent a fait une affaire *au comptant,* et le titre est *classé.* C'est toi qui l'as classé en le conservant pour jouir du produit; il ne « flotte » plus sur le marché. Les titres constamment offerts en vente sont flottants.

— Les valeurs classées, dit Louis, sont de l'épargne réalisée.

— C'est vrai; mais, ajoute Bordain, c'est aussi une réserve toujours réalisable. On a besoin d'argent, pour une raison ou pour une autre; avec de bonnes valeurs on en a vite. S'il faut une somme modérée, qu'on pourra bientôt rembourser, il suffit de porter les valeurs à la Banque ou chez un banquier et d'emprunter sur ces valeurs. Selon les projets qu'on a, on préférera vendre à la Bourse ou demander une simple avance.

— Si l'on vend, ce sera une vente au comptant, dit Jacques.

— Tu ne fais donc qu'accidentellement des affaires en effets publics; mais il y a des personnes qui font le commerce de ces papiers. Ceux-là sont obligés de *spéculer*. Il faut qu'elles achètent et vendent. Spéculer, c'est acheter ou vendre en prévision des changements qu'on attend dans les prix. C'est un commerce assez dangereux, car, si l'on se trompe dans ses prévisions, on perd de l'argent. Par exemple, j'achète de la rente, dans l'espoir qu'elle montera; si elle baisse, j'aurai donné 85 francs pour quelque chose qui n'en vaut plus que 84 au moment de la livraison.

— On ne prend pas livraison, dans ce cas, dit Louis; on se fait reporter.

— Cela ne va pas toujours aussi facilement que tu crois, reprend Bordain; si l'on ne trouve pas de reporteur, il faut *lever* les titres, c'est-à-dire les recevoir et les payer.

— Je n'ai pas compris ce que cela signifie, des reports, dit Jean.

— On l'explique de différentes manières, parce que plusieurs cas peuvent se présenter ; ce qu'il y a de plus simple, c'est ceci : on achète ou on vend au commencement du mois une valeur livrable à la fin du mois ; c'est une vente *à terme*. Mettons qu'A achète de B une action, c'est naturellement au prix de ce jour, soit à 500 francs ; vienne la fin du mois, *la liquidation,* l'action achetée a baissé de prix et ne vaut plus que 495 francs. B se proposait d'en acheter une lors de la liquidation pour la livrer à A ; dans le cas présent il gagne 5 francs, puisqu'il achète 495 ce qu'il a vendu 500 ; or, s'il achète cette action de A[1], alors il arrive en fin de compte ceci : A achète de B une action de 500 francs et B de A une action pareille 495 ; au lieu d'échanger les actions et de donner 5 francs en sus, ils peuvent se contenter de payer et de recevoir les 5 francs, la différence.

— C'est bien compliqué.

— C'est en effet bien compliqué, dit Bordain, d'autant plus que de nombreux cas peuvent se présenter et que nous n'avons pas le temps de les examiner tous. Je n'ai pu vous en donner qu'une idée très superficielle. Ce qu'il y a de mieux à faire, c'est de

---

1. Quand on vend ou achète par l'intermédiaire d'un agent de change, on ne connaît ni l'acquéreur ni le vendeur.

ne pas s'en mêler. N'oublions pas que ces messieurs doivent venir nous demander si nous voulons faire coter nos actions. Je ne suis pas favorable à l'idée, et voici mes raisons. Notre affaire est petite, nous avons trop peu d'actions pour qu'on en vende tous les jours, il n'y a pas un mouvement régulier de cote. Le petit nombre d'actions qui deviendra disponible trouvera toujours des amateurs, car nous pouvons aisément prouver que notre affaire est bonne. C'est en ce sens qu'il faut répondre à ces messieurs. »

C'est ce qui fut fait.

CHAPITRE IV

LÉS ASSURANCES

Tout établissement industriel doit être assuré; les maisous, les appartements et les récoltes, les navires et le reste, aussi sans doute; mais souvent on néglige de prendre cette mesure de précaution. Dans certains cas un tiers, c'est-à-dire une autre personne, est intéressé à ce que l'assurance ait lieu, par exemple un créancier hypothécaire. Il a prêté des fonds sur un gage, la maison; il peut exiger que le gage soit à l'abri de la destruction; le contrat de prêt renferme toujours la clause ou la condition de l'assurance. Cette clause se retrouve plus d'une fois dans le commerce, et on peut dire qu'elle est toujours sous-entendue. Le commerçant est essentiellement tenu — dans son intérêt comme dans celui des personnes avec lesquelles il est en relation — d'avoir de l'ordre dans ses affaires, et l'ordre repose sur trois colonnes qui sont : l'assurance, la comptabilité, la prudence.

Il est vrai qu'il n'y a pas, pour tous les établissements, une égale urgence à s'assurer. Telles matières sont très combustibles et exposées à de fréquents

dangers, telles autres le sont peu ou pas du tout.
Ainsi ni les pierres ni le mortier de nos amis n'étaient
susceptibles de prendre feu; mais il y avait les bâtiments, hangars et bureaux, une machine à vapeur
et du charbon. La chose était très simple. On invita
une compagnie d'assurances à envoyer un inspecteur,
on lui montra les êtres de l'établissement; on convint
du chiffre de l'assurance, le contrat — on dit, en ces
matières, *la police* — d'assurance fut rédigé et signé,
et l'affaire était faite. L'établissement est assuré tant
qu'il paye régulièrement sa *prime,* c'est le mot dont
on se sert pour indiquer l'abonnement annuel contre
les sinistres ou accidents destructeurs.

Ces arrangements, qu'on raconte ici en quelques
mots, ont été précédés d'une conversation entre les
frères Chaumont et leur cousin Bordain, et comme
elle s'applique aussi à des points qui n'ont pas été
touchés ci-dessus, il y aura de l'intérêt à la résumer.

« L'assurance, dit Bordain, est un système imaginé
pour faire supporter par tous — ou du moins par une
collectivité, un ensemble — le malheur, le sinistre
qui échoit à un individu, ou à un petit nombre d'individus. En d'autres termes, la mauvaise chance que subit
l'un est supportée par tous sous forme de répartition
proportionnelle.

« Ainsi, voici une ville qui renferme 1,000 maisons.
Supposons que 900 maisons soient assurées et que 100
ne le soient pas; s'il y a eu dans l'année deux incen-
dies dans cette ville, et si, par exemple, une des

100 maisons non assurées et une des 900 maisons
assurées ont brûlé, le propriétaire du bâtiment non
assuré ne reçoit aucune indemnité, il en est pour
sa perte, les secours qu'il peut obtenir sont insuffisants — quelquefois aussi humiliants; mais le propriétaire de la maison assurée a *droit* à une indemnité, il
a payé pour cela, et d'une façon ou d'une autre, car
il y a plusieurs procédés, les propriétaires des maisons préservées doivent se cotiser pour l'indemniser.
Il a payé l'assurance (la prime) d'une maison de
50,000 francs, il faut réunir pour lui 50,000 francs si
tout a brûlé, ou une somme moindre en proportion
du montant des dégâts; alors celui qui possède une
maison de 100,000 francs verse, je suppose, 100 francs,
celui qui a assuré une maison de 50,000 fournira
50 francs, et ainsi de suite si c'est à 1 pour 1,000.
Je mets des chiffres en l'air, car ils varient beaucoup,
selon les chances.

— Selon les chances? demanda Jean.

— Je comprends, dit Louis, des maisons en bois
et en paille doivent brûler plus souvent que des maisons en pierres, leur prime doit donc être plus élevée.
Il y a des sinistres qui sont rares et d'autres qui sont
fréquents.

— Cela justifie la différence des tarifs, différence
que nous rencontrons partout, continue Bordain, car
il n'y a pas que des maisons qu'on assure. On assure
1° contre l'incendie, tout ce qui peut brûler : bâtiments et mobilier, bétail et récolte, navires, marchandises; 2° les navires contre les accidents de

navigation; 3° sur la vie, c'est-à-dire qu'on paye pour obtenir une somme à une époque prévue ou pour la faire payer en cas de décès à une personne désignée; 4° contre les accidents, pour être indemnisé en cas de sinistre; 5° contre la grêle, contre les épizooties et contre tout autre mal assez fréquent pour qu'on puisse calculer les chances.

— On peut fonder une assurance, objecta Louis, sans avoir eu l'occasion de calculer les chances.

— Et comment cela?

— Tout le monde sait, répondit-il, que les assurances sont organisées sous deux formes différentes : 1° comme compagnies, ou 2° comme mutualité. Les compagnies sont des entreprises qui se chargent à forfait d'indemniser les souscripteurs, les assurés, en cas d'accident; il suffit qu'on s'abonne, car payer une prime, c'est s'abonner. Les compagnies sont donc obligées de calculer les chances, et de bien les calculer, de manière à avoir un petit bénéfice. Les sociétés mutuelles sont une combinaison tout autre : là tous assurent chacun, et chacun tous. La valeur de l'objet assuré est sans doute fixée d'avance, et chaque associé est engagé envers les autres proportionnellement à la valeur de l'objet qu'il fait assurer. Un sinistre arrive, il paye sa part; il n'y aurait pas de sinistre, il n'y aurait rien à payer (sauf de minimes frais). Il n'y a pas d'abonnement ici : en 1880, je suppose, l'incendie dévore un million, vous avez 500 francs à payer pour votre part; en 1881, le dommage ne sera que de 100,000 francs, et votre part se réduira à 50 francs. A la rigueur on pourrait se passer de calculer les chances.

— Il y aura beaucoup de gens, fait remarquer Jean, qui préféreront s'abonner auprès d'une compagnie. Là on paye tous les ans la même chose, on prend ses mesures en conséquence et l'on n'y pense plus. Il n'en est pas tout à fait de même dans la mutualité, on ne sait jamais d'avance au juste combien on payera.

— Mais c'est à meilleur marché, dit Jacques, puisque personne ne fait de bénéfice dans la mutualité.

— C'est vrai, mais dans chaque affaire on pèse le pour et le contre.

— N'existe-t-il pas des règlements relatifs aux assurances? demanda Jean.

— Je vais vous faire connaître, dit Bordain, ce que j'en sais. Et d'abord, il faut distinguer entre les diverses espèces d'assurances. Il en est une, qui ne peut être fondée qu'avec l'autorisation du gouvernement[1], c'est l'assurance sur la vie, soit sous la forme d'une compagnie, soit sous la forme d'une société mutuelle. Ces dernières s'appellent tontines; elles ne sont pas fréquentes en France; aussi je ne m'en occuperai pas, les croyant peu utiles, tandis que les compagnies d'assurances sur la vie rendent les plus grands services. Elles se plient aux combinaisons les plus variées. Vous avez une enfant et vous voulez lui former

---

1. On peut consulter la loi du 24 juillet 1867 et le décret du 22 janvier 1808.

une dot pour l'âge de vingt ou vingt et un ans, la compagnie s'en charge; vous voulez assurer à vos proches une somme d'argent dans le cas de votre mort, la compagnie s'en charge; vous désirez pouvoir compter sur une rente viagère, la compagnie s'en charge.

Le tout est de payer votre prime, qui est calculée en conséquence. L'autorisation gouvernementale n'est donnée, par l'intermédiaire du ministère du commerce, qu'après examen du conseil d'État qui revise au besoin les statuts. La gestion des compagnies est surveillée par des inspecteurs nommés par le ministre du commerce.

— Je voudrais bien savoir, dit Jean, sur quoi sont fondés les calculs pour l'assurance sur la vie?

— Comme pour toutes les autres, répond Bordain, sur les chances; ici sur les chances de vivre ou de mourir. Je vois que tu ne comprends pas trop, eh bien, écoute. On meurt à tout âge, dans l'enfance, dans la jeunesse, à l'âge de la maturité, dans la vieillesse; mais à quel âge le danger est-il le plus grand? Pour avoir une réponse à cette question il faut consulter les listes mortuaires et les recensements. Les listes mortuaires vous diront, par exemple, qu'il est mort à Paris dans une certaine période 24,000 enfants de moins de 1 an, 116,000 de 1 an à 5 ans, 127,000 de 5 à 10 ans et ainsi de suite. La liste mortuaire ne vous renseigne pas assez à elle seule, il faut en comparer les chiffres avec le nombre des vivants du même âge dans la même période : c'est la comparaison seule

qui vous instruit. Par exemple, on a noté la mort de
10 enfants; est-ce une forte ou faible proportion? vous
l'ignorez encore. Si l'on ajoute : sur un total de 20,
vous trouvez que c'est terrible, 50 0/0; mais si le
total est de 100 enfants, vous trouvez que 10 0/0,
c'est encore beaucoup, et si le nombre des enfants
vivants avait été de 1,000, vous auriez peut-être trouvé
que la proportion est relativement favorable.

— Mais maintenant, je vais comparer les 24,000,
116,000, 127,000, etc., au nombre réel des vivants du
même âge; on voit alors que sur 10,000 enfants de
moins de 1 an, il en meurt 3,563; sur 10,000 âgés
de 1 à 5 ans, il n'en meurt que 593; sur 10,000 de 5 à
10 ans 106 seulement. Je m'arrête, mais la liste que
j'ai sous les yeux va d'âge en âge jusqu'à 100 ans.
Au moyen de cette liste on peut calculer combien
d'individus, sur 10,000 (ou 100,000) arriveront à un
âge donné. Généralement les tarifs font profiter les
survivants des fonds délaissés par ceux qui sont morts
dans l'intervalle entre l'assurance et le terme du
payement. Les fonds sont placés à intérêts composés
(intérêt de l'intérêt), ce qui grossit encore les sommes.

— C'est parce qu'on s'engage souvent longtemps
avant l'échéance, que le gouvernement est chargé de
la surveillance?

— C'est là, en effet, la raison.

— Les autres assurances, à quelles dispositions sont-
elles soumises?

— Il faut distinguer, répond Bordain, les assurances
à prime (les compagnies) des sociétés mutuelles.

Les assurances à prime sont généralement des sociétés anonymes; elles sont donc soumises à la législation qui les concerne, mais il y a des dispositions spéciales. Ainsi, les sociétés anonymes ordinaires ne sont constituées que lorsque le quart du capital est souscrit; si le capital n'était que de 100,000 francs, le versement de 25,000 suffirait; or, une société d'assurances ne peut se constituer qu'après avoir versé 50,000 francs, quel que soit le chiffre de son capital. Puis, la transformation des actions nominatives en actions au porteur ne peut avoir lieu aussi facilement...

— C'est-à-dire?

— Que les sociétés anonymes sont autorisées à opérer cette transformation quand la moitié du capital est versée; les assurances ne peuvent le faire que si les fonds de réserve ont atteint un chiffre égal à la partie du capital non encore versée.

— C'est une garantie supplémentaire, cela?

— Mais c'est loin d'être la seule. Les sociétés à prime n'ont pas la libre disposition de leurs fonds. Elles ne peuvent les placer qu'en acquisition d'immeubles, en rentes sur l'État, bons du Trésor, actions de la Banque de France, ou des compagnies françaises de chemins de fer garanties par l'État.

— En un mot, en valeurs de toute sécurité

— C'est cela. Chaque assuré a en outre le droit de prendre connaissance du dernier inventaire. Le contrat d'assurance s'appelle, vous le savez, une police; eh bien, la police doit renfermer les principales dispositions des statuts, mais je crains bien que peu d'assurés lisent la police qu'ils signent.

— Les dispositions relatives aux sociétés mutuelles doivent être plus détaillées, fait observer Louis.

— Et qu'est-ce qui te le fait penser? demanda Jean.

— Les compagnies, dit Louis, ont des administrateurs et des capitaux, il y a des hommes pour porter la responsabilité et des fonds pour la rendre effective. J'ignore si l'on a ces garanties au même degré dans les mutualités.

— A défaut de ces garanties-là, il y en a d'autres et de tout aussi sérieuses. Les statuts doivent être très détaillés et très explicites; ils doivent comprendre notamment le tableau de classification des risques, les tarifs applicables à chacun d'eux, et en outre fixer le maximum du nombre d'adhérents et des valeurs assurées au-dessous duquel la société ne peut pas être valablement constituée, et beaucoup d'autres choses.

— Je comprends bien, dit Jacques, que la société a besoin d'un minimum d'adhérents; si elle en avait trop peu, la charge incombant à chacun serait trop lourde, surtout s'il y a beaucoup de sinistres.

— On ne parle pas des administrateurs; on ne peut cependant pas s'en passer, fit Jean, ni même d'un conseil de surveillance.

— On ne s'en passe pas non plus, fut la réponse. C'est naturellement l'assemblée générale qui les nomme; de même les conditions et la durée des fonctions sont indiquées dans les statuts.

.— En effet, dit Louis, les questions d'organisation sont réglées par les statuts; mais il est un autre point qui doit y être traité également; seulement, à cause de son importance, le décret de 1868 n'aura pas oublié d'en parler spécialement : je veux parler des cotisations, contributions, ou comment on voudra appeler les versements à faire par les sociétaires.

— Ce point est, en effet, très important, répond Bordain. Voici à peu près comment les choses sont réglées. Les statuts fixent un maximum de contribution annuelle; je suppose que ce soit 10 francs par 1,000 fr. assurés; c'est le fonds de garantie. Ce fonds n'est pas versé, c'est seulement un en-cas pour les malheurs exceptionnels. Ce qu'on verse réellement au commencement de l'année, c'est une contribution « ou fonds de prévoyance; » mettons que ce soit 50 centimes par 1,000 francs. C'est sur ce fonds de prévoyance que les sinistrés sont indemnisés. Si la somme dépensée en indemnités est inférieure au fonds de prévoyance, le surplus est versé au fonds de réserve; si cette somme était supérieure, on prendrait d'abord le déficit sur le fonds de réserve, mais ce prélèvement ne pourrait dépasser la moitié de ce fonds en une année. Si le chiffre ainsi réuni ne suffit pas, on demande une contribution supplémentaire aux sociétaires, pour parfaire le montant total des sinistres, mais sans dépasser le maximum. Car il y a un maximum.

— Et les frais?

— Les frais sont couverts par une petite cotisation spéciale. Vous comprenez, mes amis, ajouta Bordain, que nous ne pouvons pas mentionner au courant de la conversation tous les détails d'une aussi importante institution ; il faut que je vous renvoie, pour plus ample information, soit au décret du 22 janvier 1868, soit aux statuts d'une société, qu'il sera facile de se procurer, car tout sociétaire doit en avoir une copie, c'est prescrit. Ce sont ces statuts qu'il faut étudier.

— Avant de nous séparer, dit Jean, je voudrais bien savoir ce que signifient le risque locatif et le risque de voisinage, qu'on trouve dans toutes les polices?

— C'est très simple, dit Bordain. Si le feu éclatait chez toi et se communiquait, soit à la maison, soit à des voisins, le propriétaire pourrait t'en rendre responsable. Ou si les uns et les autres étaient assurés, ce sont les assureurs qui entreraient dans les droits des sinistrés. On s'assure donc non seulement pour les pertes qu'on peut subir soi-même, mais encore pour le dommage qu'on pourrait causer à autrui.

— Encore un mot, dit Louis. N'y aurait-il pas quelques observations à faire sur d'autres sortes d'assurance?

— Des observations à faire? Sans doute, on parlerait des heures sans épuiser la matière ; mais je ne puis vous donner en ce moment que les principes généraux, le reste est affaire d'expérience. Si vous voulez en acquérir, vous n'avez qu'une chose à faire : ouvrir les yeux et les oreilles. »

CHAPITRE V

LES TRANSPORTS ET LES CHEMINS DE FER

Les transports jouent un rôle de premier ordre dans le commerce : il faut faire venir des matières premières, il faut envoyer des produits fabriqués, il est même des pays qui expédient des matières brutes et font venir des objets manufacturés; mais toutes les contrées envoient et reçoivent, en un mot, échangent. Cela est poussé à tel point, que chacun de nous, du matin au soir, se sert à chaque instant d'objets venus de loin. En se levant on met des vêtements faits avec du coton américain et de la laine australienne, cousus peut-être avec de la soie de Chine ou du Japon. On prend ensuite son café, qui vient de Zanzibar ou de Java, de Bourbon ou du Brésil, peut-être de la Martinique ou autres lieux. Et le sucre et le pain d'où viennent-ils? Et la tasse, et la cuiller, et la nappe, et la table, et les instruments avec lesquels on les a faits? On pourrait continuer encore longtemps ainsi; mais c'est inutile, la cause est entendue, personne ne soulève d'objection.

Tout n'est cependant pas gagné avec cette adhésion,

il faut encore avoir présent à l'esprit que le transport ne rend des services que lorsqu'il n'est pas trop cher. Malheureusement les transports ne peuvent pas se faire gratuitement; il faut que les hommes qui s'en occupent vivent, — il y a peut-être des gens qui croiront être spirituels en disant qu'ils n'en voient pas la nécessité, — mais dans les affaires on ne plaisante pas, on calcule. Eh bien, les frais de transport n'ont fait que se réduire de siècle en siècle. Autrefois, pour le transport par terre on n'avait que le dos d'homme, dos de cheval, dos de chameau; on ne pouvait déplacer de grandes charges ainsi, ni les mener bien loin. A combien reviendraient 10 kilogrammes de soie transportés à dos d'homme ou de cheval de Calcutta ou de Pékin à Paris? Aux époques où les transports sont difficiles, des matières précieuses peuvent seules supporter les frais d'un voyage lointain; il fallait, après la navigation, l'invention du chemin de fer pour satisfaire les besoins modernes, et ce puissant instrument de locomotion est devenu par lui-même la cause et le moyen de plus d'un progrès.

Ainsi, pour ne citer que le fait qui intéresse nos amis les frères Chaumont, comment aurait-on pu transporter leur mortier-pierre, qui rend de si grands services dans les constructions hydrauliques, surtout dans les ports de mer, sans un chemin de fer qui le transporte par masses considérables et à très bas prix? Il y a bien aussi les canaux qui rendent le même service, quoique avec moins de régularité; mais on ne peut pas les établir partout, il faut de l'eau pour les alimenter et en maintenir le niveau; quant aux chemins de fer, on en établit presque partout où l'on veut; les Alpes ont cessé de les arrêter et bientôt nous défierons la mer elle-même.

On comprend que les frères Chaumont aient voulu être instruits sur les chemins de fer et sur les conditions des transports, et, comme toujours, c'est le cousin Bordain qui les initia.

« Je ne m'amuserai pas, leur dit-il un jour, à vous raconter l'histoire des chemins de fer, ni à vous expliquer l'action de la vapeur, vous connaissez tout cela. Il est cependant intéressant de rappeler qu'on a commencé assez timidement à construire des lignes ferrées, et pourtant les premières étaient les meilleures, c'est-à-dire les plus productives.

Des compagnies se formèrent, mais il fallait beaucoup de millions, et il fallait aussi du temps pour que la production s'habituât aux nouvelles voies de transport. La timidité, l'inexpérience et le retard dans le développement de l'industrie rendirent néanmoins certaines lignes moins productives qu'on ne pourrait penser; il survint en outre des époques de trouble : tout cela obligea le gouvernement d'intervenir. Il y eut entente avec les actionnaires, et, après quelques hésitations, les principales voies ferrées furent distribuées entre six grandes compagnies : celle du Nord, de l'Est, de l'Ouest, puis celle d'Orléans et ses prolongements jusqu'à Bordeaux, celle de Paris-Lyon-Méditerranée, la plus grande de toutes, enfin le Midi. En dehors de ces grands réseaux restèrent un petit réseau, la Charente, et un certain nombre de petites lignes.

— Les petites lignes étaient des chemins de fer d'intérêt local? demanda Louis.

— Toutes les petites lignes n'étaient pas d'intérêt local, répond Bordain, il y avait aussi de petites lignes d'intérêt général. Je vous dirai tout à l'heure comment les unes se distinguent des autres, il me reste d'abord à toucher un mot des garanties d'intérêts. Lorsqu'on procéda à la réunion ou *fusion* des compagnies, il y avait encore de grandes lacunes dans chaque réseau; le gouvernement imposa aux nouvelles compagnies l'obligation de les combler, en indiquant les lignes à créer. Ces lignes n'étaient généralement pas avantageuses, et le public n'aurait pas été disposé à prêter l'argent nécessaire. Pour quelques lignes, le gouvernement se chargea d'une subvention, mais le plus souvent il se borna à garantir pendant cinquante ans les intérêts et de plus l'amortissement à 4 0/0 des sommes empruntées pour la construction. Quatre pour cent était alors un taux inférieur à celui que le public exigeait, mais la différence était à la charge des compagnies.

— Je me rappelle avoir lu cela, dit Louis. On distingue l'*ancien* réseau du *nouveau* réseau, et c'est avec le produit de l'ancien réseau qu'on dut parfaire le déficit du nouveau. Y a-t-il encore déficit?

— Non, presque plus. Les nouveaux réseaux d'il y a vingt ou vingt-cinq ans ont vieilli et se sont améliorés avec l'âge; les compagnies ont déjà commencé le remboursement des avances de l'État.

— Comment! le remboursement des avances de l'État! s'écria Jean.

— Je ne vois pas ce qui t'étonne, dit Bordain. Pendant des années le nouveau réseau n'a pas fait ses frais, — y compris les intérêts à payer aux obligataires, — l'État a donc dû payer. Mais ce n'est pas un cadeau qu'il faisait aux compagnies, c'était une avance soigneusement enregistrée. Ces avances s'élèvent maintenant à quelques centaines de millions, et le remboursement, avec les intérêts, s'effectuera peu à peu.

— C'est fort différent! moi qui croyais qu'on leur en faisait cadeau, dit Jean.

— L'État, reprend Bordain, a fait une fort bonne affaire. Il a concédé les chemins de fer pour quatre-vingt-dix-neuf ans; quand ce temps sera écoulé, les chemins de fer lui reviendront, il n'aura à payer aux compagnies que la valeur de leur matériel au prix qu'il aura alors. Il a eu raison de constituer de puissantes compagnies qui l'ont aidé à construire les voies ferrées, car, pendant un certain temps, les actionnaires on dû payer en partie les intérêts des emprunts sans rien tirer du nouveau réseau. Quand les lignes secondaires seront devenues bonnes, les actionnaires seront dédommagés.

— Tout cela, dit Jacques, s'applique aux lignes d'intérêt général, mais on ne parle pas des lignes d'intérêt local.

— Ce qui les concerne sera bien vite expliqué. Ces chemins ont été créés en vertu d'une loi de 1865, et la législation en a été sensiblement améliorée en 1880 (loi du 11 juin). Ce sont des lignes dont la construction est autorisée par le conseil général dans les limites du département, et même seulement par le conseil municipal si la ligne ne sort pas des limites d'une commune. Ces conseils peuvent aussi donner des subventions, mais l'État exerce une surveillance générale sur ces lignes locales.

— J'ai entendu dire, fait remarquer Louis, que les petites lignes ont de la peine à faire leurs frais.

— C'est vrai dans beaucoup de cas, répond Bordain ; on espère cependant pouvoir les construire à l'avenir à moindres frais ; mais, ces précautions n'ayant pas été prises dès l'abord, il en résulte qu'en effet un certain nombre de petites lignes, tant d'intérêt général que d'intérêt local, en étaient sur le point d'arrêter tout mouvement. L'État est venu à leur aide, en les rachetant, et il en a racheté assez pour pouvoir constituer un septième réseau, dit le réseau de l'État.

— C'est l'État qui l'administre? demanda Jean.

— Oui, fut la réponse. Peut-être en chargera-t-il plus tard une compagnie, mais provisoirement c'est l'État. C'est une question très difficile et les opinions sont très partagées.

— Aussi ne se hâte-t-on pas de la résoudre.

— Ce n'est pas tout, reprit Bordain. Appréciant à leur juste valeur les services rendus par les voies de communication, le gouvernement a proposé des mesures destinées à étendre le plus possible le réseau ferré, à améliorer la navigation fluviale, à creuser des canaux, en un mot, à multiplier les voies de communication le plus possible.

— Malheureusement, dit Louis, si multipliées qu'elles soient, et si perfectionnées même, il faudra toujours payer le transport, et comme nous avons une marchandise encombrante...

— Ce n'est pas parce qu'elle est légère, dit Jean en riant.

— Non, elle n'est pas légère; nous ne payons pas le transport d'après l'espace qu'occupent nos pierres, qui ne sont pas des boîtes de carton vides, mais notre marchandise est encombrante, parce qu'un quintal ne vaut que quelques francs, et qu'il faut toujours en expédier beaucoup à la fois. Aussi ne pouvons-nous jamais expédier nos pierres sans en voir le prix sensiblement affecté; à quelques centaines de kilomètres les prix sont doublés, quoiqu'on nous applique le tarif le plus réduit.

— C'est vrai, dit Jacques. Et puisque nous parlons tarif, est-ce que le cousin Bordain, qui connaît tout cela, ne nous donnera pas une vue d'ensemble de la question ?

— Vous me posez là une vaste et difficile question, répondit-il, je ne veux cependant pas me récuser tout à fait. Retenons d'abord ceci : en concédant un chemin de fer, le gouvernement fixe un tarif maximum, que la compagnie ne peut pas dépasser, mais qu'elle a le droit de réduire; ce maximum n'est pas toujours le même, parce que quelques lignes ont à vaincre des difficultés particulières, mais en général le gouvernement à une tendance à fixer son maximum de plus en plus bas. Et il entre dans assez de détails, je vais en rappeler quelques-uns. Il y a le tarif des voyageurs qui est de 10 centimes par tête et par kilomètre pour la première classe, de 7 1/2 pour la deuxième, de 5 1/2 pour la troisième classe, impôt non compris. Il y a ensuite un tarif pour le bétail, et un autre pour le poisson frais, qui va toujours grande vitesse. Le tarif des marchandises petite vitesse est divisé en quatre classes; les marchandises de la première classe payent le plus; celles de la quatrième, le moins. Enfin il y a le tarif par colis.

— Pourquoi ces classes? demanda Jean. Est-ce qu'on ne pourrait pas transporter tout au même prix?

— Qu'importe d'ailleurs à la compagnie ce qu'elle transporte? ajouta Jacques.

— Il y a deux raisons en faveur des classes, répond Bordain. D'abord, s'il y avait un tarif uniforme, il faudrait une moyenne. La moyenne est plus élevée que les prix inférieurs; si on l'établissait, il en résulterait que les marchandises chères payeraient à l'avenir moins, et les marchandises communes davantage : ce serait le monde renversé. La deuxième raison est celle-ci : les compagnies sont responsables des avaries; le risque est plus grand pour les marchandises chères, les compagnies se font donc indemniser pour le risque qu'elles courent. On pourrait trouver d'autres raisons encore, mais celles-là me suffisent.

— Est-ce que les compagnies ont consenti des réductions? demanda Louis.

— Je le crois bien, répondit Bordain, souvent, et les
réductions sont sensibles.

— C'est étonnant, fit Louis, on se plaint, comme si
rien n'avait été fait.

— Au contraire, ce n'est pas étonnant du tout, car
on demande trop. Au fond, ce qu'on demanderait, si
l'on osait, c'est la gratuité des transports.

— Quant à moi, dit Jean, je suis surpris que les
compagnies aient fait des concessions, car elles n'y
étaient pas obligées, que je sache.

— La loi ne les y obligeait pas, cela est vrai, mais
leur intérêt bien entendu, et il est heureux que leur
intérêt coïncide toujours avec celui du public. Ainsi,
pour les voyageurs, on a introduit les abonnements
et les allers et retours, et l'on a imaginé d'autres
combinaisons, comme les voyages circulaires, les
trains de plaisir, etc., pour les marchandises on a
combiné toute une série de tarifs spéciaux. Le tarif
général a été subdivisé dans l'intérêt du commerce;
on y a introduit aussi ce qu'on appelle le tarif diffé-
rentiel, qui consiste en une réduction croissante de
la taxe. Ainsi, si les premiers 100 kilomètres sont à
8 centimes le kilomètre, les 200 kilomètres suivants
sont à 5 centimes, le reste à 4 centimes seulement,
car il est des marchandises qui ne pourraient supporter des frais trop considérables. Souvent la compagnie convient avec un groupe de fabricants de se
contenter pour leurs marchandises d'une taxe spéciale

modérée; mais alors l'avantage fait à ces fabricants profite à tous ceux qui se trouvent dans le même cas. Il y a quelquefois des tarifs réduits de telle gare à telle autre, mais de même il est entendu que les stations intermédiaires en profitent.

— Comment cela ?

— Supposez que pour une marchandise on ait fixé le prix de la tonne de A à B à 15 francs. Or la distance est de 200 kilomètres et le tarif général porte 10 centimes, soit 20 francs pour le trajet entier. Ces 20 francs ont été réduits à 15, mais entre A et B se trouve m, à 180 kilomètres de A ; d'après le tarif général, m devrait payer 18 francs, mais puisque B, qui est plus loin, paye 15 francs, m ne payera également que 15 francs.

— Il m'avait semblé, dit Louis, que les compagnies n'étaient pas tout à fait libres de faire ce qu'elles voulaient?

— C'est vrai, répond Bordain, les nouveaux tarifs doivent être homologués par le ministre des travaux publics. Le sens de ce mot est un peu obscur, c'est toujours une autorité administrative ou judiciaire qui homologue un acte privé pour lui donner force exécutoire; ce n'est pas une confirmation proprement dite, c'est plutôt une sorte de vérification authentique, c'est une sorte de déclaration de non-objection. J'entre dans ces détails parce qu'il y a eu, entre le ministère et les compagnies, discussion sur la portée de ce mot. Je crois inutile d'examiner les théories; dans la pratique, le ministère examine si un nouveau tarif proposé par une compagnie dans la limite de ses droits lèse ou non un intérêt public et refuse l'homologation quand, selon lui, un intérêt public est lésé. C'est une affaire d'appréciation.

— Je trouve, dit Louis, que c'est là une garantie précieuse pour le commerce et l'industrie.

— Ce n'est pas la seule, fait remarquer Bordain. Les cahiers des charges en renferment d'autres. Ainsi, les compagnies ne peuvent changer subitement leur tarif, les changements doivent être affichés un mois à l'avance, et, une fois admis par le ministre, ils doivent être rendus exécutoires dans chaque département par un arrêté du préfet. Ce n'est pas tout: un tarif abaissé ne peut être relevé qu'au bout de trois mois pour les voyageurs et au bout d'un an pour les marchandises. On comprend cela, car le commerce et l'industrie prennent souvent des engagements de longue haleine et doivent pouvoir compter sur un avenir d'une certaine durée.

— Il me semble, mon cousin, qu'il a été question tout à l'heure de l'impôt, de quel impôt s'agit-il?

— Il s'agit surtout, fut la réponse, des 20 0/0 (autrefois 10 0/0) ajoutés au prix des places de voyageurs. Cet impôt est ajouté aux prix, il est en dehors, ou en sus du prix. On trouve cette taxe bien élevée, mais, tant qu'elle existe, il faudra la payer. Les compagnies sont seulement chargées de la percevoir et de la verser au Trésor aux termes fixés par les règlements.

— Cet impôt est dû par toutes les voitures publiques et même les bateaux à vapeur qui transportent des voyageurs, n'est-ce pas? demanda Jacques.

— Oui, dit Bordain. Il est des personnes qui considèrent cette taxe comme un impôt de luxe, mais c'est plutôt une charge supportée par les affaires, selon moi du moins, car on voyage plus pour ses affaires que pour son plaisir.

— Je le crois volontiers, dit Louis, d'autant plus, chacun le sait, que le transport des marchandises est plus productif aux chemins de fer que le transport des voyageurs.

— Il est seulement bon, dit Jacques en riant, que les transporteurs soient responsables des dégâts qu'ils causent. S'ils vous cassent un bras ou une jambe, il faut qu'ils payent; s'ils perdent une marchandise, il faut qu'ils payent, et ils payeront encore, s'il y a simplement des avaries ou des dommages; c'est le code de commerce qui le dit (article 103).

— Tu oublies, ajoute Louis, que le « voiturier » est garant « hors les cas de force majeure. »

— Et qu'est-ce que la force majeure? demande Jean.

— Voilà, en effet, la difficulté, répond Bordain. Seulement la force majeure doit être prouvée par celui qui l'allègue comme une excuse. Il lui est, par exemple, difficile ou impossible de la prouver, s'il a négligé de faire dresser procès-verbal du fait, et cela, aussitôt que possible.

-- Que peut-on alléguer? demanda Jean.

— Les faits contre lesquels aucune résistance n'était

possible. Il faut aussi que le « voiturier » n'ait été ni imprudent ni négligent. Le code n'admet pas que le transporteur impose à l'expéditionnaire la condition de non-garantie. Lors même que l'expéditeur l'aurait signé, le « voiturier » resterait responsable, et c'est juste, car on ne peut pas se passer de lui, et s'il n'est pas responsable, il n'aura pas soin de la chose qu'on lui confie.

— Du reste, dit Louis, pour qu'il y ait moins d'accidents, l'administration doit d'abord vérifier la solidité des voitures et surtout les machines à vapeur, même sur les bateaux. Beaucoup de règlements de police s'y rattachent. Il y a des prescriptions sur la manière de s'éviter, sur la manière de s'annoncer de loin, la nuit (lanternes de couleur, clochettes, sifflements, selon le cas). D'autres mesures de protection sont prises dans l'intérêt de la sécurité du voyageur ou des marchandises; les choses ne sont pas abandonnées au hasard; cela n'empêche pas que chacun fait bien de veiller soi-même à ses intérêts. »

CHAPITRE VI

LA NAVIGATION

Dans une autre soirée, Bordain et les frères Chaumont continuèrent leur causerie sur les transports, car la question était pour eux ou plutôt pour leur entreprise presque une question de vie ou de mort. Il fallait absolument chercher et trouver le moyen de transporter leur lourde marchandise à des prix doux, s'ils ne voulaient pas voir leurs débouchés restreints à la fourniture des besoins du voisinage. Ils songèrent même à l'acquisition d'un bateau, car les droits de navigation sur les rivières et les canaux de l'État ont été supprimés, c'est aux frais du Trésor que sont entretenus les « chemins qui marchent » (rivières), comme les chemins sur lesquels on marche (routes); il n'y a plus qu'à faire jauger son bateau et à obtenir autorisation de naviguer, ce qui est une simple formalité, si le navire est en bon état. Il y a bien aussi les règlements locaux, mais c'étaient là des détails dont on s'occuperait une autre fois. Ce qui était bien plus pressé, c'était de voir ce qu'on pourrait faire sur mer. Non qu'on se disposât à se faire armateur, c'est-à-dire à acheter un navire de mer et à l'équiper, mais on voulait se rendre compte de ce qui existait et du parti qu'on pourrait en tirer.

On vit bientôt qu'il fallait distinguer entre la marine de l'État, qui est la marine de guerre uniquement chargée de la défense du pays ou de la protection des particuliers, et la marine marchande. Cette dernière est destinée aux transports du commerce, et c'est de celle-là seule qu'ils s'occupèrent. Ils distinguèrent d'abord le voyage au long cours du cabotage. Le voyage au long cours, on n'a pas besoin de l'expliquer, c'est le voyage à de grandes distances, c'est le vrai voyage maritime. Aussi le premier venu ne peut pas commander un navire ; il faut qu'il remplisse certaines conditions de savoir et qu'il en ait fait preuve par un examen. Il faut avoir navigué au moins soixante mois, dont douze sur un bâtiment de l'État et posséder les connaissances indiquées sur un programme rédigé au ministère de la marine. Celui qui en a fait preuve dans les examens reçoit un brevet de capitaine au long cours. L'armateur, celui qui possède et équipe des navires, peut choisir parmi les capitaines brevetés celui auquel il confie son bâtiment. Il peut aussi choisir un des officiers de la marine de l'État qui n'ont plus d'examen à passer. La responsabilité d'un capitaine est grande, tant envers celui qui lui confie un navire qu'envers l'État, mais les devoirs sont de nature différente.

Le terme de cabotage a deux acceptions différentes.

Selon l'une, c'est simplement la navigation côtière, ou celle qui ne perd pas longtemps les côtes de vue, mais, en tout cas, qui ne s'éloigne pas beaucoup du point de départ. Le texte primitif du code de commerce le définissait indirectement en déclarant voyages au long cours ceux qui se font aux Indes orientales et occidentales, à la mer Pacifique, au Canada, à Terre-Neuve, au Groënland et en général en Amérique et dans toutes les côtes et pays situés sur l'Océan, au delà des détroits de Gibraltar et du Sund. L'article 377 nouveau (loi du 14 juin 1854) se borne à fixer ainsi les limites : au sud, le 30° de latitude nord ; au nord, le 72° de latitude nord ; à l'ouest, le 15° de longitude ouest du méridien de Paris ; à l'est, le 44° de latitude est du méridien de Paris. Au delà de ces limites c'est le long cours, en deçà c'est le cabotage. Il y a même (loi de 1852) la navigation au *bornage*, quand des bateaux, qui ne jaugent pas plus de 25 tonnes, ne font que des trajets de 15 lieues au plus.

Pour la douane, le terme de cabotage a un autre sens, et cette acception du mot semble de plus en plus l'emporter sur l'autre ; pour la douane, le cabotage c'est la navigation d'un port français à un autre port français. Ici, un voyage de Calais à Douvres, qui se fait en 1 heure 1/2, est du long cours, tandis que de Calais à Nice, pour lequel il faut plus d'une semaine, c'est du cabotage. La douane distingue le petit cabotage, qui se fait dans la même mer, par exemple du Havre à Bordeaux ou de Toulon à Cette, du grand cabotage, qui se fait d'une mer à l'autre, de l'Océan à la Méditerranée et *vice-versa,* par exemple de Dunkerque à Marseille. Pour être « maître au cabotage, » c'est le titre officiel du capitaine, il faut également avoir navigué et passer un examen. On n'exige pas le brevet de ceux qui conduisent des barques au bornage.

Ces distinctions ne sont pas sans importance. Il suffit de signaler ce point que la loi distingue entre: 1° la navigation réservée et 2° la navigation de concurrence. La navigation réservée, ce n'est guère plus que le cabotage; il est réservé, sauf une petite exception, aux navires français, qui transportent ainsi de nombreuses marchandises de port français à port français sans qu'il y ait de taxes douanières à payer. Il n'y a que des frais de surveillance, d'ailleurs minimes, et en outre, bien entendu, les frais ordinaires de la navigation.

Autrefois la navigation coloniale était également réservée à la France; mais, depuis 1861, tout privilège a cessé, et elle n'est mentionnée ici que pour mémoire. Dans une certaine mesure on peut encore compter la pêche dans la navigation réservée; il en sera question tout à l'heure à un autre point de vue.

La navigation de concurrence est celle qui s'exerce concurremment avec les navires de tous les pays, ou, comme on dit aussi, avec tous les pavillons étrangers. Le pavillon est le signe de la nationalité, et, pour qu'un navire ait le droit de s'en couvrir, il doit remplir les conditions prévues dans les règlements. Les actes ou certificats (acte de francisation et autres) constatant que les formalités ont été remplies et que toutes choses sont en règle ne doivent pas quitter le navire, car tout navire de guerre et tout bureau de douane peut lui demander « ses papiers. »

Les navires sont chargés de différentes taxes, dont la plupart sont proportionnelles à la capacité du bâtiment. La principale taxe a précisément pour nom le *droit de tonnage,* c'est tant par tonne de jauge. Le jaugeage est une opération fort importante ; il est décrit dans le décret du 24 décembre 1872. Il y a ensuite des droits de quai, des droits d'expédition et autres. Ce serait entrer dans bien des minuties que de les énumérer tous ; il suffit de dire que telle taxe est un impôt, et rien de plus ; telle autre est une indemnité pour l'utilisation d'un quai, d'un bassin, etc., et telle autre est un moyen de contrôle pour savoir si toutes les formalités de surveillance et de revision ont été remplies.

Cette surveillance a un double et triple but. D'abord il faut s'assurer de l'état sanitaire du navire, pour qu'il n'importe pas dans le pays des maladies contagieuses, dont quelques-unes sont terribles. Si le navire a patente nette, c'est-à-dire si le certificat du point de départ atteste que tout va bien, le navire est admis à la libre pratique ; s'il y a patente brute, le navire est mis en quarantaine ou en observation, les voyageurs sont envoyés au lazaret pour un certain nombre de jours, et l'on prend telle mesure que les médecins prescrivent pour détruire le germe des maladies. Généralement le bateau des agents de la santé publique va à la rencontre des navires suspects et ne les laisse pas entrer dans le port.

Un autre genre de surveillance s'applique aux navires qui emportent des émigrants, pour empêcher que ces derniers soient trop mal logés, ou aux navires qui transportent des objets explosibles, etc. Mais la principale attention s'applique à tout ce qui influe sur les droits de douane à payer. On sait que les droits diffèrent selon les marchandises importées. Les unes sont chargées de droits spécifiques, c'est-à-dire taxées au poids ou à la mesure : tant par quintal, etc. ; les autres sont taxées à la valeur : cette valeur est estimée ou déclarée, et le droit est de 5, 10, 15 0/0 et au delà. Or la taxe diffère encore selon les pays. Il y a d'abord un tarif général, qui s'applique à toutes les contrées qui n'ont pas fait avec nous un traité particulier, une convention commerciale. Dans ces traités, on se fait généralement des concessions, et la douane les applique. Elle doit donc constater d'où viennent les marchandises, pour appliquer selon le cas le tarif conventionnel, le tarif convenu.

Ce n'est pas tout, car il y a des taxes différentielles. Notre tarif accorde une faveur aux marchandises qui viennent de loin, de l'Inde ou de la Chine, par exemple, et aussi à celles qui viennent en droite ligne du pays d'origine, par exemple les marchandises anglaises d'Angletere, les marchandises allemandes d'Allemagne ; mais, si les marchandises ont fait un détour, par exemple, si l'on a acheté en Es-

pagne des marchandises d'origine italienne ou brési-
lienne, la taxe est plus élevée ; cela s'appelle « importer des entrepôts, » le pays intermédiaire est
considéré comme entrepôt. Le législateur veut ainsi,
autant qu'il le peut, forcer le commerce à s'approvi-
sionner directement dans le pays d'origine ; mais
cela ne réussit pas toujours, car souvent plusieurs
considérations très diverses peuvent exercer leur
action à la fois ; il se peut que les unes engagent à
s'adresser à la source, tandis que d'autres rendent
plus avantageux de se contenter d'un intermédiaire.

Le législateur a cru devoir se borner à cette occasion, et dans d'autres encore, à envisager exclusivement l'intérêt de la marine marchande. D'abord
pour elle-même. Il trouve que c'est une industrie importante et que le pays doit s'imposer des sacrifices
en sa faveur. Ceux qui ont à supporter ces sacrifices
ne sont peut-être pas de cet avis, mais enfin c'est la
loi. Puis il pense que la marine marchande est la pé-
pinière de la marine de guerre, et qu'il faut encourager celle-là, pour que celle-ci ait toujours le nombre
de matelots nécessaire. Les encouragements accordés
à la marine marchande sont de différentes sortes ; il
suffit de parler de la pêche et des subventions.

La pêche dont il s'agit ici est la pêche maritime,
qu'on distingue en petite pêche et grande pêche. La
petite, c'est la pêche côtière. Les poissons qu'elle
prend entrent en franchise, tandis que les poissons
importés par des pêcheurs étrangers sont taxés. On
délivre aussi aux pêcheurs français du sel pour les

salaisons, franc de droit ; enfin, on les protège sur les lieux de pêche, autant que le droit international le permet, c'est-à-dire, surtout près de nos côtes.

La grande pêche va au loin chercher la morue et même la baleine. Pour ces opérations l'État paye des primes. Ces primes sont de deux sortes : 1° primes d'armement ; c'est une somme fixe, souvent 50 francs par homme d'équipage ; pour la baleine, c'est même 120 francs, 70 à l'aller et 50 au retour ; 2° primes sur les produits de la pêche, c'est 12 à 20 par quintal, selon la nature des produits. Malgré ces primes, la pêche à la baleine semble de plus en plus délaissée ; c'est que les pêcheurs des différentes nations faisaient à ce cétacé une véritable guerre d'extermination, ils coupaient l'arbre pour jouir plus vite des fruits.

Les subventions datent de la loi du 29 janvier 1881 et ont été accordées pour dix ans. On semblait supposer que notre marine est inférieure à celle des autres pays et qu'il fallait venir à son aide au moyen de primes. Ces primes sont également de deux sortes, des primes de construction et des primes de navigation. Les primes de construction sont données à ceux qui construisent des navires : c'est 60 fr. par tonneau de jauge pour les navires en fer (si le navire a 1,000 tonneaux, cela fait 60,000 francs) ; 20 francs par tonneau pour les navires de plus de 200 tonneaux ; 10 francs pour les navires en bois de moins de 200 tonneaux, 40 francs pour les navires mixtes (partie en bois, partie en fer), et en outre, pour la machine à vapeur, 12 francs par 100 kilog.

La prime de navigation est basée sur la distance parcourue : 1 fr. 50 par tonne pour 1,000 milles (le mille est à peu près de 1 kilom. 1/2) si le navire est neuf; cette prime décroît, à mesure que le navire vieillit, annuellement de 7 centimes 1/2 par tonne pour les navires en bois ou mixtes, et de 5 centimes pour les navires en fer. Ces faveurs dont le pays comble la navigation maritime doivent stimuler les armateurs et leur permettre de rendre leur industrie aussi florissante que possible. Jamais peut-être industrie n'a été choyée à ce point, et si elle ne fait pas les plus grands efforts pour progresser, comment pourra-t-elle se justifier vis-à-vis des autres industries?

CHAPITRE VII

DOUANES. — ENTREPÔTS. — MAGASINS GÉNÉRAUX.

Tout s'enchaîne dans la vie ; à peine nos amis avaient-ils un peu cherché à se rendre compte des conditions auxquelles étaient soumis les transports par terre et par mer, que les questions de douane, d'entrepôt et autres se présentèrent à leur esprit. Un soir qu'ils étaient réunis, ce qui leur arrivait souvent, ils se mirent à en causer.

« Les douanes, dit Louis, c'est-à-dire les taxes d'importation, d'exportation et de transit, sont portées aux nues par les uns et maudites par les autres ; elles ne méritent, comme dit ce vers qu'on cite à tout propos,

Ni cet excès d'honneur ni cette indignité ;

j'aime mieux ne pas en parler, d'autant plus que je n'aime pas les disputes. Nous sommes d'ailleurs désintéressés dans la question, puisque nous ne vendons qu'un objet breveté qui, par-dessus le marché, est très encombrant et ne se prête guère à la concurrence. Aussi, quand je songe aux douanes, je fais abstraction de toutes les marchandises qu'on taxe à l'entrée dans un intérêt de protection, c'est-à-dire dans l'intérêt de nos fabricants, et je suppose qu'il n'y a de droit d'importation que sur des objets qui ne se produisent pas en France. De cette façon, je raisonne beaucoup plus librement et rien ne m'influence. Mettons qu'il s'agisse de café, nous n'avons pas de caféier; je puis trouver, sans qu'on me contredise, qu'un impôt sur le café est à sa place.

— Tu oublies, dit Jean en riant, que j'aime beaucoup ma demi-tasse.

— Et que l'impôt est bien lourd, ajouta Jacques sur le même ton.

— Je ne l'oublie pas. Mais comme le Trésor a besoin de beaucoup d'argent, il mettra toujours une taxe sur le café; or, c'est précisément aux frontières qu'il est le plus commode de la lever.

— A certains égards, dit Bordain, cela est vrai; mais on pourrait en montrer l'inconvénient, si l'on n'avait pas trouvé le moyen de l'éviter.

— Je ne comprends pas bien, fit Louis.

— C'est cependant bien simple. Voici un négociant qui reçoit du Brésil tout un navire plein de café; il y a là dedans assez de café pour que l'impôt à payer s'élève à 5 ou 600,000 francs, rien que l'impôt, le vendeur faisant crédit pour la marchandise. Comprend-on qu'un négociant débourse ainsi un demi-million et au delà en impôt? Si la vente subissait un retard, comment ferait-il honneur à la lettre de change que le vendeur ne manquera pas de tirer sur lui ?

— Est-ce que le gouvernement ne fait pas crédit? demanda Jean.

— Il fait crédit dans certains cas, répond Bordain, mais alors il veut être payé au terme fixé.

— Je devine, s'écrie Louis, où tu veux en venir, à l'entrepôt.

— A l'entrepôt, tu l'as dit. L'entrepôt permet d'ajourner le payement de l'impôt et même de ne pas le payer du tout...

— Par exemple! s'écrièrent les trois frères à la fois.

— Je ne plaisante pas. Le café arrive, on le porte aux docks, c'est à peu près la même chose que l'entrepôt. De cette façon le café est censé ne pas être entré en France; il est encore comme à l'étranger et ne doit rien. Immédiatement le négociant cherche des acheteurs. Supposons qu'il prévoie bientôt ne pouvoir obtenir un bon prix en France, tandis qu'il pourra faire une affaire excellente à Londres, où les prix seraient plus élevés. Sans retard il fera reprendre les sacs dans les docks, les chargera sur un navire et les enverra en Angleterre. Il n'a pas d'impôt à payer en France, où le café « n'est pas entré en consommation; » il doit seulement l'emmagasinage, c'est peu de chose.

— De cette façon, les choses s'expliquent, dit Jacques.

— Le système des entrepôts est un grand bienfait pour le commerce, continue Bordain; depuis Colbert, époque où on l'a inventé, jusqu'à nos jours, on a beaucoup travaillé l'idée, et, à côté de l'entrepôt réel dont je viens de parler, on a trouvé l'entrepôt fictif, les magasins généraux et tout ce qui s'ensuit.

— Je comprends l'entrepôt réel, dit Louis, c'est un bâtiment où l'on place les marchandises et que les douanes sans doute surveillent; mais qu'est-ce que l'entrepôt fictif?

— C'est une des formes sous lesquelles le payement de l'impôt est ajourné. L'entrepôt fictif, c'est la permission donnée à un importateur de déposer la marchandise dans ses propres magasins. Il est bien entendu que des mesures d'ordre et de surveillance sont prises : la douane connaît la quantité et la qualité des marchandises, sait l'endroit où elles ont été déposées ; elle peut les faire vérifier périodiquement, elle peut même prélever des échantillons pour qu'on lui présente toujours identiquement les mêmes marchandises. L'impôt est payé lors de la vente, et au plus tard à la fin d'une année. Cependant, toutes les marchandises ne sont pas admises à l'entrepôt fictif; ce sont généralement les matières brutes seulement qu'on y admet.

— Ces matières prennent beaucoup de place, dit Louis, elles sont encombrantes, la fraude est moins facile et moins lucrative. D'ailleurs, beaucoup de matières premières entrent en franchise et n'ont rien à payer du tout; il n'y a pas lieu à l'entrepôt pour celles-là. Quant aux marchandises exclues de l'entrepôt fictif, elles ont l'entrepôt réel.

— C'est très juste, dit Bordain. Du reste, l'entrepôt

public ou réel rend des services inappréciables, surtout si l'on pense qu'une marchandise peut y rester trois ans sans payer d'impôt et que, dans certains cas, la durée de l'entrepôt peut encore être prolongée; on a donc tout le temps d'attendre le bon moment de vente.

— Il n'y a pas partout des entrepôts, dit Jacques, mais il y en a dans les villes de frontière et surtout dans les ports de mer.

— C'est une institution communale, en ce sens que le gouvernement n'a pas à en prendre l'initiative; mais il accorde volontiers le droit d'entrepôt si on lui offre les bâtiments appropriés, car il s'agit toujours d'assurer la surveillance. Le bâtiment doit être assez grand pour que les marchandises y puissent être convenablement distribuées et classées; il doit y avoir un corps de garde pour les douaniers, qui auront une des deux clefs, l'autre sera entre les mains de l'agent du commerce. C'est généralement la chambre de commerce qui nomme cet agent. Les villes ou les chambres de commerce qui les représentent doivent pourvoir aux dépenses causées par l'entrepôt. La ville qui obtient la concession d'un entrepôt peut aussi le concéder à une compagnie d'actionnaires.

— Dans ce cas, dit Louis, l'entrepôt prend le nom de magasin général.

— Pas nécessairement, dit Bordain. Il y a une certaine parenté entre ces deux établissements, et dans certains cas on peut les confondre, par exemple lorsqu'on a conféré le droit d'entrepôt au magasin général. Mais ce magasin est le plus souvent fondé à des époques de crise, il ne renferme pas nécessairement des marchandises étrangères, il peut ne contenir que des marchandises indigènes. Du reste, parmi les marchandises indigènes, il y en a qui doivent l'impôt, et il peut être désirable que ces marchandises puissent y être déposées avant que l'impôt ait été acquitté. Dans ce cas, le droit d'entrepôt est conféré par l'administration des contributions indirectes, qui se charge aussi de la surveillance.

— Mais pourquoi crée-t-on le magasin général en temps de crise ? demanda Jean.

— J'y arrive, répond Bordain. En pareil moment, la confiance qui facilite les affaires manque. Beaucoup d'engagements ont été pris, mais beaucoup de personnes sont hors d'état de les tenir. Par exemple, si C avait pensé s'acquitter envers A au moyen de l'argent que B lui a promis et que B ne puisse pas tenir parole, alors C lui-même est en danger de manquer à ses engagements. Pourtant, il a de quoi payer ; seulement, son bien n'a pas la forme de monnaie, mais de marchandises. En pareil cas, il fait transporter ses marchandises au magasin général, et, sur ce gage, la compagnie du magasin général ou un capitaliste quelconque prête la somme exigible.

— C'est une bonne idée, dit Jacques.

— On l'a variée de différentes façons, et la chose a été trouvée si bonne qu'on a créé plus tard des magasins généraux pour en faire des établissements permanents. La loi du 28 mars 1858 et le décret du 12 mars 1859 sont intervenus, et la loi du 31 août 1870 est encore allée au delà. Actuellement, toute personne et toute société commerciale, industrielle ou de crédit, peut ouvrir un magasin général, en vertu d'une autorisation donnée par un arrêté du préfet, après avis de la chambre de commerce, à son défaut (s'il n'en existe pas) de la chambre consultative, et, à défaut de l'une et de l'autre, du tribunal de commerce.

— Il faut naturellement que les représentants du commerce et de l'industrie déclarent que l'établissement est utile, dit Louis.

— Évidemment. Mais, comme on sera obligé de confier des valeurs plus ou moins importantes au concessionnaire du magasin général, on lui impose un cautionnement de 20,000 à 100,000 francs. Depuis 1870, et en vertu de ce cautionnement, il n'est plus nécessaire de demander l'autorisation du gouvernement.

— Mais quelle utilité tire-t-on maintenant des magasins généraux? demanda Jean.

— J'en vois une première dans le fait qu'un négociant n'a plus besoin d'avoir un magasin à lui. Il peut y faire déposer toutes ses marchandises en louant la place ; c'est un droit de magasinage à payer.

— Ce n'est pas la principale, dit Bordain. La principale est que ces marchandises peuvent être vendues et passer de main en main avec une grande facilité.

— Et comment l'acheteur peut-il apprécier la qualité de la marchandise?

— Sur échantillon. L'acheteur a soin de s'en munir ; du reste, il n'est pas du tout impossible d'entrer dans le magasin général et de se faire montrer les objets à vendre.

— Voyons la marche des affaires. J'ai déposé, mettons, 100 balles de coton au magasin général, ou aux docks, comme on dit quelquefois.

— En déposant ces 100 balles de coton, dit Bordain, on inscrit l'entrée sur un registre et l'on donne un récépissé. Le récépissé renferme toutes les indications nécessaires : tes nom et domicile, comme propriétaire de la marchandise, la nature de celle-ci et les indications propres à en déterminer la valeur, enfin l'endroit où elle est déposée. Ce ne sont là que des mesures d'ordre qui sont usitées partout ; mais à chaque récépissé est annexé un bulletin de gage, qui, sous la dénomination de warrant, renferme les mêmes mentions que le récépissé. Soit dit en passant, *warrant* est un mot anglais qui veut dire garantie, et quelquefois autorisation.

— Pour le bulletin de gage, le mot ne peut signifier que garantie.

— Soit. — Te voilà nanti de tes deux papiers. Si tu vends tes 100 balles de coton, tu n'as qu'à endosser ces deux pièces au nom de l'acheteur (écrire au dos le fait de la vente), par cet endossement la marchandise passe au nouveau propriétaire. Tu peux aussi ne pas trouver à vendre et emprunter 1,000 francs sur la marchandise. Cet emprunt sera garanti par le warrant ; le montant du prêt y est inscrit, et ce bulletin de gage est remis au créancier, qui en fait porter le contenu sur un registre spécial. Maintenant, si les deux pièces sont séparées, on sait qu'il y a une dette ; cela n'empêche pas de vendre le récépissé ; mais le propriétaire du récépissé ne peut pas retirer les marchandises sans consigner le montant du prêt. Le warrant aussi peut être endossé et changer plusieurs fois de propriétaire ; mais peu importe, les 1,000 francs sont quelque part en sécurité et seront payés en temps et lieu.

— C'est vraiment très ingénieux, dit Jacques. »

CHAPITRE VIII

CHAMBRES DE COMMERCE ET CHAMBRES CONSULTATIVES DES ARTS ET MANUFACTURES

Il a plusieurs fois été question, dans les conversations que nous avons reproduites, des chambres de commerce et même des chambres consultatives des arts et manufactures; le moment est venu d'insister. Les élections étaient proches, et les frères Chaumont auraient voulu pousser leur cousin Bordain. Ils étaient seulement dans le doute s'il fallait préférer pour lui une place dans la chambre ou dans le tribunal de commerce.

Ils en causèrent un soir, mais Bordain n'était pas encore décidé à se mettre sur les rangs; une candidature gêne trop les hommes très occupés. Il était assez d'avis que la plupart des fonctions honorifiques où il s'agit de réfléchir, de consulter l'expérience, de donner des conseils, devaient être réservées à des hommes âgés ou retirés des affaires, jouissant des loisirs nécessaires pour se consacrer aux études, aux recherches et aux travaux que leur emploi leur impose. Toutefois, il savait qu'il fallait aussi des hommes encore jeunes et actifs ; mais il hésitait à se présenter par crainte de ne pas pouvoir suffire à tout ce dont il serait chargé. Il accordait une grande importance aux chambres du commerce comme représentant les intérêts et les vues du commerce et de l'industrie. Il savait que l'institution datait de loin ; elle existait à Marseille dès 1650, et les années 1700 et 1701 ont vu créer celles de Lyon, Bordeaux, Toulouse, Dunkerque et autres. Depuis lors la législation et les règlements sont souvent intervenus, mais Bordain se borna à exposer à ses cousins, sur leur demande, la législation en vigueur.

« C'est par un décret du Président de la République, le Conseil d'État entendu, dit-il, que la Chambre de commerce est créée. Tout groupe de citoyens peut en demander la création, mais le gouvernement, avant de l'accorder, fait une enquête. Il consulte le Conseil général, les Conseils d'arrondissement, s'il y a déjà une autre chambre de commerce dans le département, aussi celle-là, pour savoir si la nouvelle institution, qui coûtera de l'argent, est justifiée par l'intérêt public. Puis le préfet, le ministre du commerce, le conseil d'État, donnent leur avis, et, s'il n'y a pas d'objection grave, la chambre est instituée.

— Où? demanda Jacques.

— C'est le décret qui le dit, en lui assignant une circonscription. Si le décret était muet sur ce point, la circonscription comprendrait le département entier, s'il n'y avait encore aucune chambre de commerce, et, en présence d'une autre, c'est à son arrondissement qu'elle est réduite.

— Et de combien de membres se compose une chambre de commerce?

— De 9 à 21, selon l'importance ou plutôt la variété des intérêts du commerce et de l'industrie. Le préfet ou le sous-préfet en sont en outre membres de droit.

— Les membres sont élus par les mêmes électeurs que ceux du tribunal de commerce, dit Louis.

— C'est cela, et nous reparlerons de la liste des électeurs, répondit Bordain. On vote au scrutin de liste, chacun inscrivant à la fois les 10, 15 ou 20 noms qu'il préfère. Si au premier tour on n'arrive pas à la majorité absolue, au second tour la majorité relative suffit. Les procès-verbaux de l'élection sont soumis au ministre du commerce, et s'ils sont trouvés réguliers, il charge le préfet d'installer la chambre de commerce. Si l'élection présentait un vice de forme, une irrégularité, on recommencerait.

— Le préfet assiste-t-il souvent aux séances?

— Je ne le crois pas, il a autre chose à faire. Quand il vient, il préside de droit ; mais le président, le vice-président, le trésorier, le secrétaire, sont élus par la chambre.

— Et combien de temps durent les fonctions des membres?

— Elles durent six ans; la chambre se renouvelle par tiers, tous les deux ans.

— Ce qui est le plus important, dit Louis, ce sont

les attributions; on leur a donné des pouvoirs nombreux.

— C'est vrai, fit remarquer Bordain, elles sont très chargées, mais pas trop. Elles sont d'abord les organes officiels du commerce, elles répondent au gouvernement chaque fois qu'il les consulte; mais elles peuvent aussi prendre l'initiative et faire connaître les vœux et les besoins du commerce. Elles peuvent proposer des mesures, se plaindre de lois qui gênent l'essor de la prospérité, donner leur avis sur des questions de douane, de chemins de fer, de navigation, etc. J'arrête l'énumération, car elle serait bien longue si je voulais la rendre complète.

— Le gouvernement réclame-t-il souvent l'avis des chambres de commerce? demanda Jean.

— Très souvent, répondit Bordain. Mais, en dehors des avis qu'elle a à donner, elle a encore une mission qui peut devenir très absorbante, car elle n'est pas seulement l'organe du commerce, c'est-à-dire celui qui parle pour lui, mais aussi son mandataire, c'est-à-dire celui qui agit en son nom. En cette qualité, elle gère ou administre les institutions d'intérêt commercial. Ainsi, elle administre la Bourse, s'il y en a une dans la ville; cela veut dire qu'elle s'occupe des recettes et des dépenses et nomme le personnel des surveillants, sans préjudice des droits qu'exerce le préfet ou le maire en qualité de chef de la police locale. S'il y a un entrepôt, un bureau pour le titrage de la soie, des cours publics ou des écoles spéciales pour l'enseignement commercial, ces établissements sont plus ou moins étroitement placés sous la dépendance de la chambre de commerce.

— Mais où trouve-t-elle tout l'argent dont elle a besoin? fit Jacques.

— Dans son budget, dit Jean, en riant.

— C'est très sérieusement vrai, dit Bordain à son tour. Les chambres de commerce dressent un budget des recettes et des dépenses. Les dépenses, nous les connaissons; les recettes proviennent des revenus de leurs propriétés ou de leurs établissements si elles en ont, puis de centimes additionnels à la patente des commerçants de leur circonscription. Ce budget est envoyé par l'intermédiaire du préfet au ministre du commerce, qui, après examen, le fait approuver par un décret.

— Cette question du budget, dit Louis, doit être plus compliquée qu'on ne pense quand la chambre gère un certain nombre d'établissements, car, au fond, chaque établissement a son propre budget, qui est dressé, ou du moins approuvé par la chambre de commerce.

— C'est sans doute cette question du budget qui a donné l'idée de créer les chambres consultatives des arts et manufactures, car celles-ci n'ont pas de budget, et leurs faibles dépenses sont supportées par le budget municipal des villes qui en ont demandé la création. Elles sont d'ailleurs élues par les mêmes électeurs que les chambres de commerce; elles sont consultées par le gouvernement et peuvent adresser leurs vœux au ministre du commerce.

— Je crois, dit Louis, que ces chambres ont été
d'abord créées uniquement pour l'industrie, car dans
les chambres de commerce, quoique le nombre des
industriels soit considérable, les commerçants do-
minent. Plus tard, comme, dans beaucoup de cas, la
même personne est commerçante et industrielle, il
s'est trouvé aussi des commerçants dans les chambres
consultatives et cette distinction a disparu actuellement. La chambre consultative est une chambre de
commerce sans budget. »

CHAPITRE IX

LE TRIBUNAL DE COMMERCE

« Tu as promis de nous parler des tribunaux de commerce, rappela Jean à Bordain qui se levait pour s'en aller.

— C'est vrai, dit-il en se rasseyant ; il s'agissait du mode d'élection de ses membres, les électeurs du tribunal de commerce étant aussi ceux de la chambre de commerce.

— J'aurais une question préalable à faire, fit Louis. Je me demande pourquoi on a institué ces tribunaux spéciaux ; n'aurait-on pas pu se contenter des tribunaux civils ?

— On pourrait tout aussi bien demander pourquoi il y a un code de commerce à côté du code civil.

— La réponse serait facile : le code de commerce s'applique à un ordre de faits différent, spécial, mais il ne faut qu'un juge pour tout le monde.

— Eh bien, tout en admettant ce principe, je vais te montrer qu'on peut justifier le tribunal spécial pour le commerce. Ce qu'il faut, c'est qu'il y ait une même loi pour tous : tous ceux qui commettent une contravention sont renvoyés devant le tribunal de simple police; tous ceux qui commettent un délit, devant le tribunal correctionnel; tous ceux qui commettent un crime, devant les assises; tous les militaires, devant les tribunaux militaires; tous les marins, devant les tribunaux maritimes; tous ceux qui enseignent devant le conseil supérieur de l'instruction publique; tous les commerçants, devant le tribunal de commerce; tous les ouvriers devant les prud'hommes. Quant aux affaires civiles, pour lesquelles il n'y a qu'un seul tribunal, on pourrait très bien, si les affaires étaient assez nombreuses, subdiviser la juridiction selon les chapitres du code, et avoir un tribunal spécial pour l'application de chaque chapitre. Tous les hommes sont donc égaux et soumis à la même loi; on subdivise seulement les infractions ou les litiges selon leur nature, et, pour chaque branche, on a des juges différents, mais les mêmes pour tous. De là vient le double sens du mot compétent : homme compétent, tribunal compétent.

— Je retire mon observation, dit Louis, je suis écrasé sous les arguments.

— Oh ! ma munition n'est pas épuisée, dit Bordain en souriant. En effet, en matière commerciale, les négociants qui vivent dans les affaires sont mieux préparés que les juges pour comprendre les litiges et pour prononcer une bonne décision; il y a en outre la question de la procédure. Celle des tribunaux civils est lente et chère, peut-être l'est-elle trop, mais elle l'est; celle des tribunaux de commerce, ou tribunaux consulaires, comme on dit aussi, est relativement rapide et coûte beaucoup moins.

— Nous voici aux électeurs du tribunal; ce sont des commerçants, naturellement? fit Jean.

— Avez-vous un code de commerce sous la main? demanda Bordain à son tour, vous n'avez qu'à l'ouvrir aux articles 618, 619, 620, 621, voilà votre affaire. Mais attention à la date! il faut qu'il ait été imprimé postérieurement au 21 décembre 1871, car une loi de cette date en change sensiblement la rédaction.

— Voici le code, dit Louis, et voici l'art. 618. Il lit : « Les membres des tribunaux de commerce seront nommés dans une assemblée d'électeurs pris parmi les commerçants recommandables par leur probité, esprit d'ordre et économie... »

— Cela a l'air d'être du vieux langage, exclama Jean.

— Louis, continuant sa lecture : « Pourront aussi être appelés à cette réunion : les directeurs des compagnies anonymes de commerce, de finance et d'industrie, les agents de change, les capitaines au long cours et les maîtres au cabotage ayant commandé des bâtiments pendant cinq ans et domiciliés depuis deux ans dans le ressort du tribunal. — Le nombre des électeurs sera égal au dixième des commerçants inscrits à la patente ; il ne pourra dépasser 1,000, ni être inférieur à 50. Dans le département de la Seine, il sera de 3,000. »

— Un mot avant de continuer, dit Jacques. Pourquoi ces limitations? Ne vaudrait-il pas mieux que tous les commerçants sans exception fussent appelés à prendre part à l'élection ? Je voudrais bien savoir ce que l'on peut dire en faveur de la limitation.

— Bien des choses, mon cousin, répondit Bordain. Il faut d'abord avoir présent à l'esprit qu'autrefois, selon le code de commerce primitif, ce furent les « notables commerçants » qui étaient électeurs. Les notables étaient choisis par le préfet ou par le gouvernement. Lorsque éclata la révolution de 1848, on ne crut pas pouvoir maintenir cette organisation, il n'y eut plus de notables. Tous les patentés furent appelés à concourir à l'élection. Mais le suffrage universel fit défaut : il se présenta si peu d'électeurs, que l'élection ne put avoir lieu. On reconstitua les tribunaux comme on put, et, en 1852, on rétablit l'ancienne méthode. On aurait dû l'améliorer, mais on ne le fit pas. Vint la révolution de 1870. De nouveau on s'adressa au suffrage universel des patentés, cependant en laissant de côté les patentés des dernières classes (très petits industriels, colporteurs, etc.). Toutefois, avant que ce décret pût être mis à exécution, un projet de loi fut déposé qui aboutit à la loi du 21 décembre 1871 actuellement en vigueur.

— Et qu'a-t-on dit en sa faveur ?

— On avait à répondre à l'objection que Jacques vient de faire. On admit d'abord qu'il ne fallait pas laisser le choix des électeurs (les électeurs remplacent les notables) au préfet ou au ministre du commerce. Conserver ce pouvoir à l'administration, disait-on, ce serait introduire la politique dans la composition du corps électoral; on proposa donc d'instituer, à la place du préfet et du ministre, une commission composée d'éléments multiples, empruntés pour la plupart à des corps indépendants. La désignation par cette commission offre assez de garantie pour qu'on n'ait pas besoin d'exiger des conditions de toute sorte afin d'éviter les erreurs d'un mécanisme automatique institué par la loi.

— Je ne comprends pas, dit Jean.

— Si la loi faisait dépendre l'inscription sur la liste électorale de quelques conditions extérieures, âge, domicile, fortune, il se pourrait que des hommes indignes remplissant ces conditions fussent inscrits de droit, sans examen, tout seuls (automatiquement); mais, en disposant qu'un choix sera fait par une commission offrant toute garantie, ce danger n'est pas à craindre plus que les abus de la politique. — Je reprends le raisonnement du rapporteur.

« Il se demande comment sera déterminé le nombre des électeurs ? Le code se bornait à indiquer un minimum de 25, sans fixer de limite supérieure ; on se disait que le nombre des notables pouvait s'accroître et qu'il fallait laisser ouverte la porte de la notabilité. En remplaçant les notables par des *électeurs* on pouvait plutôt en fixer le nombre, et le rendre invariable. Quant aux chiffres, il est toujours un peu arbitraire ; on s'arrêta aux chiffres de 50 à 1,000 et 3,000 que nous connaissons déjà. Le rapporteur entre dans de nombreux détails qui n'ont plus aucun intérêt et qui d'ailleurs n'ont pas empêché les objections de se produire.

« C'est, je me rappelle, M. Dufaure qui a donné la réponse principale. Il a analysé le tableau des patentés et en a tiré cette induction que tous les hommes ne sont pas également bien préparés pour choisir de bons juges. Tout le monde n'a pas les mêmes lumières, la même éducation, par conséquent n'est pas aussi apte à fonctionner comme juge. Mais ceux qui appartiennent à cette classe illettrée sont les plus nombreux ; si, comme ce serait assez à craindre, ils choisissaient de préférence des hommes de cette catégorie, mal préparés aux fonctions de juge, les tribunaux pourraient-ils rendre le service qu'on leur demande ? On aurait pu, sans doute, faire des catégories d'électeurs, mais le classement aurait pu paraître blessant pour les exclus ; on préféra nommer une commission chargée de choisir dans l'ensemble un nombre illimité d'électeurs. L'article 619 du code indique la composition de cette liste.

— Le voici, dit Louis, mais je ne veux pas le lire en entier, il suffit d'en faire connaître l'esprit. La commission comprendra : les présidents du tribunal de commerce et de la chambre de commerce, un juge du tribunal de commerce, trois conseillers généraux, le président du conseil des prud'hommes et le maire (à Paris, le président du conseil municipal). Ce sont tous des personnages élus par leurs concitoyens. La liste en est envoyée au préfet qui la fait afficher, et tout patenté est admis à faire ses observations. — L'article 620 dispose que tout homme porté sur la liste des électeurs est éligible, s'il est âgé de 30 ans, s'il est inscrit sur la liste des patentés depuis 5 ans et domicilié au moment de l'élection dans le ressort du tribunal. Nul ne pourra être juge s'il n'a été suppléant. — Je trouve cela excellent, il faut faire un apprentissage. Il n'y a presque pas de conditions pour être électeur, mais il y en a pour être juge. — L'article 621 prescrit la procédure qu'on aura à suivre pour les élections et d'autres détails analogues très utiles à connaître au moment des opérations.

« Vous voyez, mes amis, que les tribunaux de commerce se défendent aisément ; aussi les a-t-on imités dans la plupart des autres pays. Il y a cependant encore un certain nombre de villes en France, villes petites et peu commerçantes, il est vrai, où, à défaut de tribunal de commerce, le tribunal civil juge les matières commerciales. »

CHAPITRE X

LES MONNAIES ET LE MONNAYAGE

Tout le monde sait, ou croit savoir, ce qu'est l'argent ; on connaît les monnaies, et pourtant il y a plus d'une question à résoudre en cette matière. La loi ne prescrit pas tout ; il est même impossible au législateur de tout prescrire, car il ne peut pas tout prévoir, et dans une certaine mesure les prévisions seraient même superflues, car il y a la nature des choses et l'intérêt bien entendu, qui suppléent aux prescriptions et comblent les lacunes. Il est vrai que l'intérêt aime à tirer à soi et à se faire la part du lion ; mais comme on tire des deux côtés, l'équilibre se rétablit. En effet, pour les genres d'affaires qui se renouvellent fréquemment, et afin d'éviter la répétition d'inutiles tiraillements, on est convenu librement de certaines règles qui s'appellent *usages commerciaux,* et qui, une fois bien établies, sont respectées par les tribunaux à l'égal des lois. Beaucoup de lois commerciales ont même commencé par être des usages commerciaux et n'ont été insérées dans le code, que parce qu'elles étaient déjà en vigueur. Les usages commerciaux sont le pendant des coutumes.

L'argent se trouve indubitablement dans ce cas. Ce n'est pas un gouvernement quelconque qui a institué les métaux précieux et même le cuivre comme moyen d'échange ; cela s'est fait tout seul, personne ne saurait dire au juste comment, ni quand ; mais depuis lors cet usage commercial a pris une importance tellement colossale qu'elle dépasse toute mesure. C'est précisément à cause de cette importance que les gouvernements ont cru devoir intervenir, et l'un d'eux s'est dit, — il y a au moins 2,500 ans de cela, — qu'il rendrait service en découpant en morceaux égaux l'or, l'argent, le cuivre, et en marquant chaque pièce de son sceau pour en attester la pureté et le poids. Une fois l'idée née, elle se répandit rapidement et ne s'est plus perdue.

N'avez-vous pas lu un jour qu'avec un milligramme de telle matière tinctoriale, on pouvait teindre en rouge ou en bleu tout un bassin d'eau, parce que les atomes colorés s'étendaient au loin, qu'on les voyait, mais qu'on ne pouvait pas les saisir ? Eh bien, une idée est bien autrement ténue, se répand bien autrement loin et se mélange d'une manière bien autrement intime avec les autres idées, on dirait même avec les choses, et pourtant ne perd jamais sa physionomie propre. On comprend donc que les monnaies ont une histoire, qu'on en a déjà imprimé nombre de volumes, et que pourtant tout n'en est pas encore dit, puisqu'on continue à en imprimer. C'est dans ces volumes qu'il faudra chercher, si l'on y tient, comment il est arrivé qu'on a presque partout abusé de l'idée du monnayage et qu'il est venu un moment, à peu près partout, où il n'y avait plus que des monnaies qui avaient tous les défauts, et pas une qualité, une grande variété de types, incertitude sur le titre et le poids, divisions incommodes et autres. En France, ce fut la Révolution de 1789 qui mit fin à cette situation.

Louis Chaumont aimait à connaître les choses à fond; il avait donc cherché dans les recueils de lois l'histoire de la refonte de nos monnaies, et il faisait part, au fur et à mesure, à ses frères de ce qu'il trouvait. Il admira l'ingénieuse idée de mettre en rapport notre système monétaire avec celui de nos poids et mesures. C'est sur un poids de 5 grammes d'argent au 9/10ᵉ de fin que fut établie, si l'on peut s'exprimer ainsi, toute la hiérarchie monétaire. Louis n'eut pas à expliquer que 9/10 ou plutôt 900/1000 signifie 9 parties d'argent pur et 1 de cuivre, ses frères le savaient; mais il leur révéla un trait d'opportunisme bien étonnant pour une époque où dominaient les idées les plus abstraites, qui demandaient toujours « table rase, » ce qui était un radicalisme des plus prononcés. Et, quand il eut ainsi excité leur curiosité, il leur montra que la pièce fondamentale de 5 grammes était une faute contre le système décimal, qui procédait toujours par dizaines; c'est dix grammes qu'on aurait dû prendre, la pièce aurait valu 2 francs, ou mieux, le franc aurait pesé 10 grammes au lieu de 5. « Et savez-vous pourquoi on a pris 5 grammes au lieu de 10? » leur demanda-t-il.

Ils ne purent le deviner.

« C'est que la monnaie courante d'alors, la livre valait, à 1 centime 1/2 près, le franc; en adoptant le franc de 5 grammes on ne changeait presque pas les habitudes du peuple, qui n'eut pas à faire de difficiles calculs pour ajuster les prix lors de l'achat des objets de ménage. »

Louis voulait aussi se rendre compte des idées qu'on avait alors sur le rapport de valeur entre les deux métaux précieux, l'or et l'argent. L'emploi du système décimal pour le monnayage se rencontre pour la première fois dans le décret du 24 août 1793, mais ce n'est que dans le décret du 28 thermidor an III (15 août 1795) que le *franc* apparaît. Cette loi dispose que : « l'unité monétaire portera désormais le nom de *franc*, » que « la pièce de 1 franc sera à la taille de 5 grammes, » et que l'alliage sera de 1/10. Il n'est pas question de l'or dans cette loi, mais du cuivre. Le même jour et sous la même date parut une autre loi, qui parle seulement de l'or et dit que les pièces seront « de la taille de 10 grammes. » A la bonne heure ! voilà du système métrique. Seulement, le législateur n'a pas pensé le moins du monde au rapport entre l'or et l'argent. Il faudra bien qu'il y pense un jour.

Jacques se mit à calculer combien peut valoir une pièce de dix grammes d'or, lorsque la pièce de 20 francs en or pèse 6 gr. 451. Il trouva très près de 31 francs.

Mais Louis continue son analyse des lois, et s'arrête un moment à la véritable loi fondamentale de notre système monétaire, celle du 7 germinal an **XI** (28 mars 1803). La forme de cette loi est singulièrement expressive. Elle commence par une « disposition générale » ainsi conçue : « 5 grammes d'argent, au titre de 9 dixièmes de fin, constituent l'unité monétaire, qui conserve le nom de franc. » Puis viennent les articles 1 à 22. Cette *disposition générale* est pour ainsi dire la constitution sur laquelle toutes les autres lois monétaires sont fondées. Il serait donc inexact de dire que la loi française ait institué le double étalon, — cela veut dire deux mesures de la valeur des choses ; — elle n'a institué qu'une seule et unique mesure, *le franc d'argent.* Elle ne considérait à proprement parler que ce métal blanc comme matière à monnaie usuelle, comme la véritable unité monétaire, et la preuve en est, qu'elle a d'abord songé à une pièce de 10 grammes d'or. Seulement, cette pièce ne s'étant pas trouvée pratique, la loi du 7 germinal a créé une pièce d'or de 20 francs, *vingt francs,* c'est encore le FRANC qui est l'unité. La loi prescrit de frapper la pièce d'or à raison de 155 par kilogramme d'or au 9/10 de fin, cela fait 6 gr. 4516 dix-millièmes de gramme. La valeur de l'or est prise ici comme 15 1/2 fois celle de l'argent. Le gouvernement se bornait à constater le fait du moment.

Jacques trouve que le kilogramme d'argent vaut 200 francs (1,000/5) et le kilogramme d'or $155 \times 20 =$ 3,100 francs. Et 3,100 divisés par 200 donne un quotient de 15,5 ou 15 1/2.

Voilà quelle est la législation fondamentale. A cette époque tout le monde put apporter de l'or et de l'argent à la Monnaie, et la Monnaie frappa (donne l'empreinte) à des prix fixés par décret. Ce sont uniquement des frais de fabrication ; il n'y a pas de droit ou de taxe (dit seigneuriage) à payer, car on comprend mieux depuis lors la signification de la monnaie, qui doit avoir une valeur intrinsèque égale à ce qu'elle prétend être, la contre-valeur de l'objet qu'on achète.

Ici Jean interrompit pour demander si le gouvernement ne peut pas fixer la valeur de la monnaie à volonté.

« Y penses-tu ? répond Louis. As-tu oublié qu'en France et dans d'autres pays les rois ont eu cette prétention et qu'ils n'ont pas réussi ? Tout ce qu'ils ont gagné c'est d'être appelés faux monnayeurs. Du reste, en supposant qu'un gouvernement ait le pouvoir d'établir dans le pays une monnaie factice, et il le peut dans une certaine mesure, les autres pays n'en voudraient pas. Je vais t'en donner tout de suite deux preuves, l'une concerne le cuivre. La loi du 7 germinal renferme les prescriptions y relatives, et, depuis cette époque, on a frappé beaucoup de pièces de 1, 2, 5 et 10 centimes, en prenant des morceaux de cuivre ou de bronze d'une valeur inférieure à celle que ces pièces énoncent. La loi a eu soin en même temps : 1º de prescrire que le gouvernement pouvait seul en frapper, et 2º de limiter les quantités de monnaie de cuivre qu'un particulier était tenu d'accepter en une fois. Cela montre que ces pièces de cuivre n'étaient pas considérées comme des monnaies véritables, mais comme une sorte de jetons, garantis par l'État, pour la petite somme qu'elles énoncent. Et comment s'effectue cette garantie? Tout simplement par ce fait que les caisses de l'État les acceptent. Et comme tout le monde a des impôts à payer, il peut toujours se débarrasser de ses monnaies de cuivre. On sait que personne ne fait de difficulté pour les recevoir; mais, au fond, les monnaies de cuivre, comme les autres pièces d'or ou d'argent qui sortent des monnaies de l'État, ont cours légal, on ne peut les refuser quand elles sont conformes à la loi. Si un créancier les refusait, le débiteur ferait une « offre réelle, » c'est-à-dire les déposerait à la caisse des dépôts et consignations pour le compte du débiteur, et par ce fait serait libéré de sa dette. »

La seconde preuve que Louis donne concerne le papier-monnaie. Voici ce qu'il en est. Généralement, quand le gouvernement emprunte, il paye des intérêts. Qu'on pense à la *rente,* c'est l'intérêt des dettes de l'État. D'autres pays aussi (presque tous) ont des rentes à payer. Mais les intérêts constituent une dépense annuelle souvent très lourde; quelques gouvernements ont donc imaginé de contracter une dette sans intérêts : c'est le papier-monnaie. Le gouvernement émet une somme en ces papiers et leur donne cours légal. Ces papiers servent ainsi à payer les impôts, et, comme le papier est plus commode que les espèces, les particuliers s'en servent pour leurs affaires. Tant que les sommes de papier-monnaie ne dépassent pas le montant de l'impôt, tout va bien, chacun est tranquille, il sait qu'il pourra s'en débarrasser en payant ses impôts, le papier reste *au pair* (à la même valeur que les espèces sonnantes). Dès que le papier vient en quantités trop considérables, il perd de sa valeur, il se déprécie. Ainsi, l'Allemagne a très peu de papier-monnaie, il est au pair ; la Russie en a beaucoup trop, il y perd environ (si je ne me trompe) 40 0/0 de sa valeur, c'est-à-dire 100 roubles ne sont acceptés par le commerce que pour 60 roubles espèces. Il en est de même dans certains autres pays. Les gouvernements n'aiment pas cela, mais ils n'y peuvent rien. Le particulier, pour donner sa marchandise, demande une contre-valeur réelle, et la garantie du gouvernement ne vaut pour lui que dans la mesure de la fortune dont le gouvernement dispose. Le papier-monnaie n'a pas cours à l'étranger[1].

« Le papier-monnaie, dit Bordain, ressemble un peu, comme moyen de payement, aux chèques et aux lettres de change, qui remplacent dans une certaine

---

1. Louis donne *une* raison, qui est excellente, mais il aurait pu en offrir une *seconde*, s'il avait creusé ce fait que le papier-monnaie n'a pas cours à l'étranger. » Voici ce qu'il aurait trouvé. Toute chose surabondante diminue de valeur, par conséquent, aussi les monnaies d'or et d'argent. Comment sait-on que la valeur des monnaies baisse ? — En voyant hausser le prix de toutes les marchandises. — Si ce fait s'observe dans un seul pays, ce pays achètera beaucoup d'objets à l'étranger, où ils sont moins chers, et les payera avec ses monnaies. De cette façon il se débarrassera de son excédent, et l'équilibre se rétablira. Mais un excédent, un superflu de papier ne peut être envoyé à l'étranger, personne ne l'accepterait, car on ne peut pas le faire fondre et remonnayer. Ainsi **on** étouffe sous sa surabondance le papier **et il se déprécie.**

mesure la circulation des espèces. Mais les différentes sortes d'effets de commerce n'ont de valeur que s'il existe une couverture, c'est-à-dire de quoi les transformer en espèces, ou si on les « honore, » c'est-à-dire les rembourse. Quand il y a trop de papier-monnaie, le gouvernement ne peut le couvrir, ni par l'impôt, ni autrement.

— Pour vous montrer, dit ensuite Louis, en reprenant l'analyse des lois, combien la force des choses est plus puissante que tous les gouvernements réunis, je rappellerai que le rapport de l'or et de l'argent, fixé provisoirement par la loi du 7 germinal an XI, est resté pendant une série d'années à peu près dans le rapport de 1 poids d'or contre 15 1/2 d'argent ; je dis à peu près, parce qu'il y a eu des oscillations ; généralement l'or valait un peu plus, et alors il fallait donner un *agio* (la différence), mais enfin l'agio a été longtemps faible ; voilà qu'à partir de 1848 on en trouve beaucoup dans les « placers » de Californie et d'Australie, et l'or baisse de valeur. Un peu plus tard, l'Inde et la Chine demandent beaucoup d'argent, je parle du métal. Il s'ensuivit une sensible rareté de l'argent, et l'or devint relativement surabondant. Il fallait aviser.

— Un mot, dit Bordain. La vraie raison des difficultés qui s'élevèrent alors, c'est que la France, et d'autres pays, avaient deux sortes de monnaies d'égale valeur, ou, comme on dit aussi, deux étalons ; il en résultait que, surtout dans les rapports internationaux (et le montant de nos affaires avec l'étranger s'élève à des milliards), nous sommes obligés de payer avec la monnaie que demande l'étranger et d'accepter celle de nos deux monnaies qui a pour lui la moindre valeur. Quand l'or baisse, il nous paye en or, quand l'argent baisse, il nous paye en argent. Lorsqu'en 1864 ou 1865 la valeur de l'argent s'élevait, on nous envoyait des pièces de 20 francs contre quatre pièces de 5 francs; on pouvait même ajouter quelques centimes, si les quatre pièces de 5 francs valaient à l'étranger 21 francs. Dix ans plus tard on faisait, dans la mesure du possible, l'opération contraire : l'argent ayant beaucoup baissé par rapport à l'or, on nous envoyait des pièces de 5 francs. Un pays qui a deux étalons est donc toujours en perte [1]. C'est comme si l'on avait deux mètres, l'un pour acheter, l'autre pour vendre.

— Je continue, dit Louis. Pour retenir l'argent (le métal blanc) en France, le gouvernement songea donc à imiter l'exemple d'autres pays, en refondant la petite monnaie d'argent à un titre inférieur, afin d'en diminuer la valeur. En Angleterre, depuis longtemps les shillings (en argent) ne valaient pas la vingtième partie d'un souverain (en or), ils étaient devenus une simple monnaie d'appoint; en Suisse, où l'on avait aussi adopté le franc au titre des 9/10, lorsqu'on réforma le système monétaire, on réduisit le titre. Or,

____

1. On a voulu remplacer l'expression étalon unique par monométallisme (métal unique), et celle de double étalon par bimétallisme (2 métaux), mais ces nouveaux noms sont inexacts, car le monométallisme admet aussi plusieurs métaux.

comme la Belgique et l'Italie ont également un système basé sur le franc, les quatre pays intéressés, auxquels vint plus tard se joindre la Grèce, signèrent, le 23 décembre 1865, une convention dite l'Union monétaire, en vertu de laquelle le franc renfermerait chez tous seulement 835 millièmes d'argent; le reste serait du cuivre, car le poids total de la pièce est toujours de 5 grammes. On détermina en même temps, pour les pièces de 20 et 50 centimes, 1 et 2 francs, qui furent seules soumises à cette réduction, que le public n'était pas tenu d'en accepter, dans les payements, pour plus de 50 francs à la fois, tandis que les caisses de l'État devaient toujours accepter ce qu'on leur apporterait. Il va sans dire que les particuliers ne pouvaient plus faire frapper de cette monnaie dépréciée (elle ne valait plus, en argent pur, que 92 1/2 centimes); les gouvernements eux-mêmes s'étaient mutuellement interdit d'en fabriquer pour plus de 6 francs par habitant. C'était alors pour la France 239 millions de francs, la Belgique 32 millions, l'Italie 141 millions, la Suisse 17 millions.

— La pièce de 5 francs garda son titre de 900 millièmes? demanda Jean.

— Non seulement elle le garda, mais les particuliers purent en faire frapper, toujours à la monnaie de l'État, bien entendu, l'État seul pouvant frapper monnaie. Actuellement, la valeur de l'argent ayant encore baissé, depuis 1876 les États se sont interdit également de frapper des pièces de 5 francs, parce que, l'argent étant tellement déprécié que 5 francs en argent ne valent plus 5 francs en or; les particuliers ne peuvent donc plus faire frapper que des pièces d'or.

— Alors, dit Jacques, nous avons l'étalon unique d'or.

— Nous l'avons par la force des choses, qui est supérieure aux volontés humaines. Les circonstances pourront cependant changer un jour.

— Quant à la fabrication des monnaies, dit Louis en terminant, l'État les fait faire par ses fonctionnaires, qui sont étroitement contrôlés par une commission parlementaire. Tout est prévu, même la petite tolérance en poids ou au titre, etc., car on ne peut pas tomber absolument juste. Qu'est-ce qu'un millième de gramme? Aussi y a-t-il tantôt un millième en trop et tantôt un millième en moins, cela se balance. Les frais de fabrication ont été réduits au minimum depuis qu'on possède des machines à vapeur puissantes pour le monnayage.

CHAPITRE XI

DE CHOSES ET D'AUTRES

POIDS ET MESURES, TROMPERIE, ENSEIGNEMENT COMMERCIAL, COMPTABILITÉ, STATISTIQUE.

Nos amis, qui s'occupaient pendant la journée très sérieusement de leurs affaires, aimaient à s'entretenir le soir d'une question commerciale, et naturellement on revint plus d'une fois à la même, et souvent on en effleura trois ou quatre dans la même séance, selon les hasards de la conversation. C'est la conversation d'une de ces soirées où l'on causa de choses et d'autres qu'on va rapporter. On commença par les poids et mesures, non pas qu'on se mît à expliquer le mètre, le litre et le gramme avec leurs multiples et leurs divisions, cela s'apprend à l'école; mais, en leur qualité d'industriels, leurs poids et mesures, comme ceux des commerçants, doivent ou devraient être périodiquement revisés, et justement ils se demandaient si leur industrie comportait des poids et mesures, et lesquels? Ils trouvèrent bientôt que, puisqu'ils vendaient leurs produits au mètre cube, ce n'est que de cette mesure-là qu'on pourrait leur imposer l'obligation de rendre compte. Ils n'ont pas à faire vérifier et repoinçonner leurs balances puisqu'ils n'en ont point.

Louis avait pris ses informations, et il en rendit compte. Il y a dans chaque arrondissement un vérificateur des poids et mesures qui donne l'estampille aux balances, poids et mesures neufs, et qui va en outre annuellement dans toutes les communes vérifier l'exactitude de ceux dont on fait usage dans le commerce. Du reste, les agents de police peuvent à chaque instant vérifier les balances ou les mesures de chaque marchand pour s'assurer du *fidèle usage* de ces instruments, — il s'agit ici d'éviter les tromperies volontaires ; — il y a des vérificateurs spéciaux parce que toute balance peut se fausser par l'usure ou par accident. Pour la vérification, les industriels et commerçants supportent un droit annuel, mais les octrois et autres établissements publics en sont exempts ; pour eux le poinçonnage a lieu gratuitement, car il faut que le poinçon constate que la vérification ait eu lieu. Le montant du droit est fixé par un tarif ; on sait ce que chaque industrie ou commerce doit avoir de poids et de mesures, et chacun de ces patentés est porté sur une liste, ou « un rôle, » d'après lequel le percepteur lève la taxe.

Jean trouvait cette surveillance très utile et il parla avec conviction des devoirs que l'honnêteté nous impose. Il prêchait des convertis. Bordain trouvait même que la loi du 27 mars 1851 qui punit la trom-

perie et les falsifications de marchandises n'était pas
assez sévère, bien que la falsification de matières alimentaires avec des substances nuisibles puisse valoir
deux années de prison à l'inculpé. C'est que, quand
'es substances ne sont pas nuisibles, il n'y a quelquefois qu'une simple amende à payer.

Jacques raconta alors qu'en passant dans la rue il
avait entendu un marchand de vin se plaindre que la
loi du 5 mai 1855, qui applique aux boissons la loi
de 1851, l'empêche de mettre assez d'eau dans le vin
qu'il vend, car, avait-il dit, s'il en mettait davantage,
il s'exposerait à être puni comme ayant trompé l'a-
cheteur. Vous voudriez donc vendre de l'eau pour du
vin? avait répondu son interlocuteur, et les assistants
s'étaient mis à rire aux éclats. C'est ce que firent
aussi ceux qui écoutèrent le récit de Jacques.

Jean trouvait que, si l'on était plus instruit, on ne
songerait pas à s'enrichir par des moyens frauduleux,
et il se demandait surtout ce qu'on avait fait pour
l'enseignement commercial. Chacun rapporta ce qu'il
avait appris là-dessus, et il se trouva qu'il existe un
certain nombre d'institutions fondées par des municipalités ou par des particuliers. L'État était inter-
venu par ses « écoles secondaires spéciales. » Les
institutions communales ont fondé soit des écoles
commerciales, soit aussi des écoles primaires supérieures (à Paris on les appelle : école Turgot, école
Jean-Baptiste-Say, etc.), qui fournissent une préparation à la carrière commerciale, du moins pour les
commis ordinaires, mais qui ne suffit pas pour les

chefs ou les employés principaux. Il existe pour eux à Paris et dans d'autres villes des écoles supérieures de commerce ; la capitale a même en outre une école des hautes études commerciales. On ne saurait donc prétendre que rien n'a été fait, on a même fait beaucoup. Du reste, beaucoup de commerçants se sont instruits en employant bien leurs soirées.

On causa aussi des matières enseignées. Jacques insistait sur l'utilité des langues étrangères ; Jean sur la géographie, l'arithmétique et les autres connaissances analogues ; Louis voulait qu'on étudiât les différentes sortes de marchandises, à quoi Bordain fit remarquer que personne n'aura à les vendre ou à les acheter toutes ; selon lui, c'est la pratique seule qui pourra donner sur ce point un bon enseignement. En somme, ce qui lui parut le plus important, c'est la connaissance du droit commercial et une grande habileté à se servir de la comptabilité. Il insista beaucoup sur l'in-dis-pen-sa-bi-li-té, c'est lui qui détailla ainsi les syllabes, d'une bonne tenue des livres. Il avait beau jeu, car le code de commerce est en sa faveur ; il cita l'article 8, qui est ainsi conçu :

« Tout commerçant est tenu d'avoir un livre-journal qui *présente,* jour par jour, ses dettes actives et passives, les opérations de son commerce, ses négociations, acceptations et endossements d'effets, et généralement tout ce qu'il reçoit et paye, à quelque titre que ce soit ; et qui *énonce,* mois par mois, les sommes employées à la dépense de sa maison, le tout indépendamment des autres livres usités dans le

commerce, mais qui ne sont pas indispensables. — Il
est tenu de mettre en liasse les lettres missives qu'il
reçoit et de copier sur un registre celles qu'il envoie. »
Tout cela constitue des affaires d'ordre, et celui qui
les néglige s'expose à de graves embarras, et, en cas
de faillite, à de sévères peines.

Après avoir dit chacun leur opinion sur l'instruction commerciale, ils furent unanimes pour reconnaître l'importance du commerce pour l'approvisionnement, la production, le bien-être et la prospérité du
pays. De cette importance quelques chiffres peuvent
contribuer à donner une idée. Les chiffres, cependant,
ne s'appliquent qu'au commerce extérieur, à celui
qu'on fait avec les pays étrangers et les colonies; en
ce cas, les importations et les exportations sont con-
statées et notées à la frontière par les agents des
douanes, qui font bonne garde. A l'intérieur, on a bien
peu de moyens de connaître le montant des affaires :
on relève ce qui s'importe de certains produits dans
les villes à octroi, on sait ce qui est transporté par
les chemins de fer, les rivières et les canaux, et l'on
possède encore quelques autres données, mais l'ensemble du mouvement commercial de l'intérieur nous
échappe. Quand on achète « un petit pain d'un sou, »
on fait du commerce, — en tout cas le boulanger en
fait, — tout comme s'il s'agissait de millions. Or des
gens entendus évaluent le montant du commerce intérieur à 20 ou 30 fois le montant du commerce extérieur, et avec raison, car presque toutes nos dépenses
alimentent le commerce, et beaucoup de marchan-

dises passent par plusieurs mains, avant d'atteindre le consommateur.

Ils trouvèrent intéressant d'ouvrir le volume dans lequel la douane rend périodiquement compte de l'entrée et de la sortie des marchandises. Ils y virent de gros chiffres, différant d'une année à l'autre, montrant ainsi que les affaires vont tantôt mieux, tantôt moins bien. Ils durent aussi se rendre compte de la signification des mots *commerce général* et *commerce spécial*. C'est ce dernier seulement qui indique les véritables achats et ventes, car le commerce général comprend les marchandises qui n'ont fait que traverser le pays sans être déballées (transit), et celles qui sont restées en entrepôt attendant la décision qui les fait, ou entrer en consommation, ou réexporter.

C'est donc au commerce spécial qu'on s'arrêta. On regarda les chiffres de plusieurs années, mais il suffit de reproduire ceux de l'année 1880 pour montrer les points qui les ont le plus intéressés. Le montant des importations de marchandises de 1880 a été de 5,033 millions de francs, non compris pour 295 millions d'or et d'argent en lingot ou monnayés, les métaux précieux étant toujours comptés à part. En comparant cette année avec d'autres, on voit qu'il est entré en 1880 plus de marchandises qu'à n'importe quelle autre année, mais aussi qu'il est venu beaucoup moins de métaux précieux; on en a déjà importé deux et même trois fois autant qu'en 1880, — trois fois, c'est exceptionnel, il est vrai.

Le chiffre de 5,033 millions est si gros, qu'il faut le

subdiviser. Nous voyons alors qu'il se compose de 2,008 millions d'objets d'alimentation, somme inouïe, qui explique à elle seule bien des choses. Dans ces 2,008 millions, les céréales entrent pour 788 millions 1/2, le vin pour 314 millions, le bétail pour 177 millions et le reste à l'avenant. Aux 2,008 millions de matières alimentaires se joignent 2,310 millions pour des matières premières servant à la fabrication de nos produits : des matières textiles, laine, coton, lin ; des minerais, des matières tinctoriales, du charbon de terre, puis 462 millions d'objets fabriqués, des tissus, des machines, etc., enfin 253 millions de marchandises diverses ; nous retrouvons ainsi les 5,033 millions de ci-dessus.

A l'exportation, le total général n'est que de 3,467 millions, chiffre qui a déjà été dépassé, mais qui est cependant normal. C'est le chiffre de l'importation qui ne l'est guère, il s'explique surtout par les mauvaises récoltes qui nous ont forcés de combler nos déficits au moyen de produits étrangers. Aux 3,467 millions, qui ne s'appliquent qu'aux marchandises, il faut ajouter 470 millions de métaux précieux, c'est une somme très forte pour l'exportation.

Parmi nos exportations, les objets fabriqués, pour 1,873 millions, sont en première ligne, c'est une année moyenne ; puis viennent les matières alimentaires pour 730 millions, les matières premières pour 677 millions, les autres marchandises pour 187 millions, ensemble 3,467 millions. Une faible partie des matières exportées avaient d'abord été importées, c'est une réexportation, mais nous exportons aussi de nos produits propres dans toutes ces grandes classes de marchandises ; nous importons souvent des produits analogues ou similaires (semblables) à ceux que nous exportons. C'est qu'il y a, par exemple, vin et vin ; on fait venir du madère, du porto ou d'autres, et on exporte du bordeaux ou du champagne. De même, à Nice ou à Toulon on fera venir du bétail de l'Italie, et dans le Nord on fournira peut-être des bœufs à la Belgique. On pourrait citer ainsi un grand nombre d'exemples.

Il s'ensuit que lorsqu'on veut connaître le montant de la consommation en France d'une denrée ou d'une marchandise quelconque, il ne suffit pas d'en relever les quantités produites dans le pays et dire : Nous récoltons un million d'hectolitres, donc nous consommons un million d'hectolitres ; il faut mettre en regard de la production l'importation et l'exportation. La consommation est égale à la production et l'importation réunies, diminuée de l'exportation, ce qu'on pourrait exprimer brièvement ainsi : $C = P + I - E$. Il convient de dire que, dans les études qu'on fera sur le tableau des douanes, lorsqu'on ne considère qu'une marchandise à la fois, on doit préférer les quantités aux valeurs. Les valeurs ne représentent pas toujours les mêmes quantités, mais 100 kilogrammes sont toujours 100 kilogrammes.

Ces quelques exemples suffisent pour montrer combien les affaires commerciales, en s'agrandissant, s'enchevêtrent et deviennent compliquées ; aussi celui qui veut réussir dans la carrière du négoce doit posséder des qualités et du savoir. Les qualités sont le plus souvent le produit de l'éducation, le savoir est plus facile à acquérir, car celui qui ne l'aurait pas reçu dans son enfance et à l'école peut se le donner à soi-même, à tout âge, et alors deux choses suffisent pour s'assurer ce bienfait : de la bonne volonté et des livres. Il faut sans doute aussi avoir pris l'habitude d'ouvrir les yeux et posséder l'intelligence nécessaire pour comprendre ce que l'on voit, et qui osera soutenir, ô lecteur, que ces deux qualités vous manquent!

L'INDUSTRIE

CHAPITRE PREMIER

L'APPRENTISSAGE ET L'ÉCOLE PROFESSIONNELLE

Un dimanche, Maniol, cordonnier de son état, causait avec sa femme de la nécessité de mettre leur fils Jean en apprentissage. « Il a 13 ans sonnés, dit le père, il sait lire et écrire, met l'orthographe, calcule bien, comprend une carte géographique, etc., etc. Dans notre jeunesse, on aurait dit, c'est un savant ; aujourd'hui, il n'est pas plus avancé qu'un autre gamin de son âge qui a fréquenté une bonne école primaire. C'est le progrès !

— Ne me parlez pas du progrès, dit sa femme ; c'est ça qui fait monter le prix des légumes, et de la viande, et du vin, et de tout ! »

Son mari se mit à rire : « Oh ! je le sais bien, tu n'aimes pas ce mot, mais tu veux la chose, et tu travailles pour l'obtenir. Pour en revenir à nos moutons,

Jean est préparé pour entrer en apprentissage, et si je travaillais à la maison au lieu d'aller à l'atelier, le mieux serait d'en faire mon propre apprenti. Je devrais peut-être me mettre en chambre, c'est-à-dire travailler ici, je pourrais demander de la besogne à plusieurs patrons; qu'en penses-tu, mon amie?

— Je pense que nous pourrons examiner cela un jour, mais Jean ne doit pas être cordonnier; le médecin nous a dit qu'il faut lui chercher une profession qui le tienne debout, qui l'oblige à se remuer beaucoup, si nous ne voulons pas qu'il retombe dans sa maladie. J'attends mon frère pour aujourd'hui, il ne va pas tarder, nous verrons ce qu'il nous dira. Tu sais, il est très entendu... »

On frappait justement à la porte. Le frère entendu et attendu, Robin, entra avec deux amis, Bardon et Lantrèque, que la famille Maniol connaissait déjà. On parla d'abord de choses et d'autres. Mais Maniol était trop occupé de l'apprentissage de son fils pour ne pas y ramener l'entretien. Il aborda le sujet assez brusquement, en disant à son beau-frère:

« Tout cela est bien, mais que ferai-je de Jean?

— Un brave ouvrier, je pense, répondit Robin sans hésiter.

— Sans doute, reprit Maniol avec un mouvement d'impatience, mais sa mère ne veut pas qu'il soit cordonnier, je ne peux lui apprendre que ce métier-là, que faire? où le placer?

— Et Jean, quels sont ses goûts?

— Il n'a pas de préférence bien marquée. Si je con-

naissais un bon patron, ayant une profession avantageuse...

— Un brave homme, ajouta Mme Maniol, qui traite
bien les jeunes gens...

— Et qui ait toutes sortes d'autres qualités; un
Phénix, quoi? ajouta son frère en riant.

— C'est qu'un mauvais patron pour un apprenti
est un malheur, dit Bardon. Je ne parle pas des re-
buffades qu'il peut recevoir, des mauvais traitements
qu'il peut avoir à subir, mais de l'apprentissage du
métier proprement dit. Le patron l'envoie en course
et ne le fait pas travailler.

— Je crois, fit Lantrèque, qu'on exagère beaucoup
le mal dont on se plaint. Je ne conteste pas qu'il n'y
ait des abus, mais depuis qu'il y a des ateliers, ça a
toujours été le plus jeune qui faisait les commissions.
C'est naturel. L'heure de l'ouvrier ou du « compagnon » vaut plus que l'heure de l'apprenti, et il faut
que les courses soient faites. D'ailleurs, le gamin ne
peut pas encore travailler avec la même assiduité
qu'un homme fait; la course, l'interruption du travail, ne peuvent qu'être utiles à sa santé.

— Et dans ses courses, il s'amuse, dit Bardon.

— Les plus jeunes, quelquefois, répondit Lantrèque.
Mais enfin l'enfant ne peut pas travailler dès son entrée à l'atelier. Tenez, moi, je suis bijoutier. Pouvait-
on me mettre entre les mains des métaux précieux
dès le premier jour? Assurément non. Je tirais le
soufflet de la forge, je donnais des coups de main à
droite et à gauche, je voyais faire, je m'inprégnais

de l'atmosphère de l'atelier, j'apprenais les termes techniques, et un jour, le patron, voyant que je n'avais rien à faire — je regardais travailler — me donna du fil de laiton et me dit : « Fais-moi des bagues et autres choses ; je vais voir ce que tu sais faire. » Je pouvais abîmer le laiton sans causer de perte, il eût été plus grave d'abîmer un objet en or.

— Oui, dit Robin, il y a en toutes choses le pour et le contre. Depuis quelque temps on parle beaucoup d'écoles d'apprentissage, il y en a même de différentes sortes. J'en ai vu une où les enfants apprennent à faire de petits travaux en carton et en bois, et où l'on exerce les grands à manier le rabot, la scie et le marteau.

— On dit même, fait remarquer Bardon, qu'on annexera des ateliers à toutes les écoles primaires.

— Quant à cela, s'écria Lantrèque, j'en doute ; il faudrait reconstruire toutes les maisons d'école.

— Et puis, ajouta Maniol, on ferait de toute la jeunesse de France des cartonniers et des ébénistes. On ne pense donc pas aux souliers ?

— Ni aux habits, fit sa femme.

— Ni aux bijoutiers, ajouta Lantrèque en riant. Il pensait sans doute au fameux : Vous êtes orfèvre, monsieur Josse.

— Il ne faut pas trop rire de cette nouvelle institution, reprit Robin, elle ne formera pas des ouvriers, cela est sûr, mais elle exercera les mains et les yeux, ce qui n'est nullement à dédaigner. Mais j'ai dit qu'il y avait plusieurs sortes d'écoles d'apprentissage, je viens de parler d'une sorte qui ne prépare qu'au travail en général; les autres sont toutes consacrées à une seule profession déterminée. Dans l'une on fait des fauteuils et des chaises, dans l'autre des fleurs, dans une troisième de la typographie. L'une de ces écoles est simplement un atelier dirigé par un ouvrier habile, dans d'autres on réserve deux ou trois heures par jour — ou par soirée — pour des leçons de dessin et d'autres.

— A la bonne heure, dit Maniol, voilà ce qu'il faudrait! J'aimerais bien diriger une école de cordonniers.

— Moi, ajouta sa femme, je ferais la soupe pour les apprentis.

— Malheureusement, c'est un rêve, reprit son mari, et il ne faut pas rêver, car cela fait oublier les affaires. Avons-nous pensé un moment à Jean avec tout cela?

— Je n'ai pas du tout oublié Jean, s'écria Robin. Je vous promets de m'occuper sérieusement de lui, et mes amis ici présents m'aideront à lui chercher soit une place dans un atelier-école, si c'est possible, soit un patron. J'espère que je réussirai. On m'a montré la loi du 22 février 1851; tenez (il montre un papier), j'en ai copié les principales dispositions. Il paraît que la loi du 29 mai 1874 sur le travail des enfants doit également être consultée, je tâcherai de me la procurer.

— Vous allez nous faire connaître la loi de 1851?

— Je vais essayer. D'abord, il faut avoir présent à l'esprit qu'il s'agit d'un contrat.

— D'un contrat ?

— Mais oui. Un père qui donne son fils (ou sa fille) en apprentissage fait une convention, ou un contrat, avec le maître ou patron auquel il confie son enfant.

— Il faut donc que l'acte d'apprentissage soit écrit ?

— Cela n'est pas absolument nécessaire, mais c'est fort désirable. S'il était purement verbal, il serait très difficile de prouver qui a raison, s'il s'élevait une contestation. Du reste, le père et le patron peuvent s'entendre tout seuls et rédiger ensuite un écrit sur papier timbré, simple mais très clair et bien complet. Ce qui vaut mieux, c'est qu'on aille ensemble soit chez le notaire, soit chez le secrétaire du conseil des prud'hommes, soit chez le greffier du juge de paix, qui savent mieux rédiger cet acte que nous autres.

— Mais ces messieurs se font payer cher.

— Tout travail mérite salaire. Cependant la loi a voulu que cet acte ne cause qu'une faible dépense ; aussi l'officier public ne reçoit que 2 fr., et le droit d'enregistrement est de 1 fr., le papier timbré de 60 centimes, cela fait en tout 3 fr. 60.

— Ce n'est pas trop cher, dit Mme Maniol.

— Et que met-on dans cet acte? demanda son mari.

— On y inscrit les obligations du patron aussi bien que celles de l'apprenti et de son père ou tuteur, fit observer Lantrèque.

— C'est parfaitement cela. La loi a d'ailleurs prévu les principales dispositions qu'on doit y mettre, et si l'une de ces dispositions avait été oubliée, la loi y suppléerait.

— Voyons donc ce qui concerne le patron ou maître.

— Le maître est tenu d'enseigner à l'apprenti, progressivement et complètement, l'art, le métier ou la profession qui fait l'objet du contrat. Si l'apprenti n'a pas 16 ans et qu'il ne sache pas lire, écrire et compter, ou qu'il n'ait pas terminé son éducation religieuse, le maître doit lui accorder deux heures par jour pour compléter son éducation. Il doit surveiller sa conduite et ses mœurs. S'il constate des penchants vicieux, il doit avertir les parents. Par exemple, si l'apprenti cause des dommages, c'est le maître qui est responsable, sauf s'il prouve qu'il n'a pas pu l'empêcher.

— Je trouve tout cela très bien, dit Mme Maniol.

— Moi aussi, ajouta son mari.

— Ce n'est pas tout. Le maître ne doit pas employer l'apprenti à des travaux qui ne se rattachent pas à l'exercice de sa profession et moins encore à des occupations insalubres ou au-dessus de ses forces. Il doit aussi le laisser reposer les dimanches et fêtes.

— Je crains bien que ces dispositions ne soient pas toujours appliquées, dit Bardon.

— C'est possible, mais les manquements sont plus rares qu'on croit, car, en cas d'infraction, on paye des amendes, on s'expose à une demande en résiliation de contrat.

— Et quelles sont les obligations des apprentis ?

— L'apprenti doit à son maître obéissance, fidélité et respect. Il doit l'aider par son travail, et même, s'il a été malade pendant plus de quinze jours, il doit prolonger d'autant la durée de son apprentissage.

— Est-ce que la loi ne parle pas du prix de l'apprentissage ?

— Elle n'a pas à en parler, le prix est stipulé par les parties intéressées. Il peut y avoir apprentissage sans que rien ne soit payé.

— Ce qui est regrettable, dit Lantrèque, c'est que souvent ces contrats d'apprentissage ne sont pas exécutés loyalement.

— A qui la faute ?

— Tantôt au maître, tantôt à l'apprenti. Le maître ne remplit pas ses devoirs envers l'apprenti, ou celui-ci le quitte avant d'avoir achevé son temps.

— Que fait-on alors ?

— Ou on résilie le contrat d'un commun accord, ce qui sera le plus souvent le parti le plus sage à prendre, ou l'on va devant les prud'hommes, s'il y en a dans la localité, ou devant le juge de paix. Celui qui a tort paye des dommages-intérêts.

— On peut en imposer au patron, qui est en état de payer, mais l'apprenti ?

— Si son père n'est pas en situation de payer l'amende l'apprenti conservera le reproche sur le dos, sa réputation en souffrira, et il n'est pas bon d'entrer dans la vie avec une tache sur la réputation. Le jeune homme peut n'avoir été coupable que d'une étourderie, mais un manquement à un arrangement est une chose grave.

— Mon fils ne manquera pas au sien, dit Maniol.

— Oh non ! » ajouta sa femme.

CHAPITRE II

L'ENSEIGNEMENT INDUSTRIEL

La mère Maniol rêvait pour son fils de plus hautes destinées que celle de devenir apprenti menuisier ou forgeron. Une voisine avait un fils qu'elle avait pu garder auprès d'elle jusqu'à l'âge de 15 ans et qui fut ensuite reçu dans une école, une grande école à Châlons, et il en sortit capable de devenir contremaître. Il l'est même devenu depuis. Voilà ce que voulait la mère Maniol, et elle tourmenta son mari, qui était un peu nonchalant, jusqu'à ce qu'il promit de prendre des renseignements. Dans l'intervalle, son frère Robin vint la voir, pour lui parler d'une maison où Jean serait bien, mais le patron demandait 600 fr. Les Maniol étaient des gens rangés, ils avaient un livret à la caisse d'épargne et ils possédaient quelques obligations de la ville de Paris. Ils étaient donc en état de faire une dépense pour leur fils, et, je les connais bien, ils auraient au besoin fait tous les sacrifices possibles pour lui; mais, disait la mère, si nous devons dépenser de l'argent, nous aimerions mieux pousser Jean plus loin. Il fut convenu entre le frère et la sœur qu'on ne déciderait rien avant de s'être bien informés, et Robin promit de revenir le dimanche prochain, avec les poches pleines de renseignements.

Il tint parole, amenant ses deux amis. Maniol aussi avait causé avec son patron, qui était un homme très entendu, il avait vu d'autres personnes, il croyait en savoir long. Tout le monde étant ainsi rempli du sujet, on ne tarda pas à mettre la question sur le tapis. C'est Robin qui l'aborda, non sans y mettre quelque solennité.

« Mes amis, dit-il, ce ne sont pas les écoles qui manquent en France, on a, en quelque sorte, l'embarras du choix. Nous avons à notre disposition un enseignement primaire industriel, un enseignement secondaire et un enseignement supérieur de l'industrie ; il y en a pour tous les goûts et pour toutes les bourses...

— Mais il n'y en a pas pour tout le monde, dit Bardon, qui jouait quelquefois le malin.

— Il n'y en a pas pour tout le monde, répondit Robin d'un ton sévère, parce que tout le monde ne les recherche pas. On finirait par en établir davantage s'il le fallait, mais tant qu'il n'y en aura pas pour tout le monde, il est juste de donner de préférence les places aux plus capables.

« Il y a donc, dis-je, beaucoup d'écoles, il y en a à Paris et dans beaucoup d'autres villes. Nous savons déjà que dans certaines écoles primaires on manie le marteau, la scie, le rabot, la lime, mais ce n'est là, selon moi, qu'un moyen d'exercer, de former la main.

— J'aime mieux, pour cela, les écoles de dessin, dit Lantrèque.

— On ne dessine pas toute la journée, fut la réponse. Il y a, en outre, des écoles spéciales de dessin, des cours du soir où peuvent aller ceux qui travaillent le jour ; ces cours sont généralement gratuits, la caisse municipale les subventionne ; mais on dessine aussi dans toutes les bonnes écoles primaires. La ville de Paris y envoie des professeurs spéciaux, qui ont passé un examen.

— Surtout dans les écoles primaires supérieures, fit Maniol.

— Dans les écoles du type Turgot, comme on dit à Paris, ajouta Robin. Ces écoles reçoivent les jeunes gens qui veulent dépasser la mesure de savoir qu'on donne dans l'école primaire. C'est une bonne préparation pour plus d'une profession, mais, pour les futurs ouvriers, il y a d'autres établissements.

— Des écoles spéciales pour certains métiers, dit Lantrèque.

— Précisément. Leur nombre est même assez grand. Ainsi, quelques grandes maisons consacrent un atelier particulier à l'apprentissage ; ou le syndicat d'une industrie est chargé par ses commettants d'entretenir un pareil atelier ; ou la commune organise ou seulement subventionne un établissement. Pour entrer chez des particuliers il suffit de leur convenir. Chacun a bien ses idées, fait ses conditions, mais passera souvent sur ceci ou sur cela, s'il y a une compensation ; par exemple : ce gamin est moins fort, mais il est plus intelligent. Une commune, un département, l'État qui fondent des écoles industrielles, font des règlements généraux, c'est-à-dire font connaître les conditions d'entrée, l'âge minimum ou maximum, les connaissances qu'il faut posséder, et si l'école est payante, on indique comment on peut obtenir une bourse.

— Il n'y a donc pas d'école gratuite?

— Je n'ai pas dit cela, quoique je ne sache pas les conditions exigées dans les différentes villes. Mais je comprends très bien qu'on demande souvent une rétribution; il faut entretenir le local, payer les professeurs, souvent acheter des instruments, des matières premières. La rétribution est aussi un moyen d'écarter ceux qui ne veulent pas suivre la carrière, qui auraient choisi telle école, parce qu'elle est la plus proche et auraient ainsi pris la place de ceux auxquels elle est destinée. En instituant un certain nombre de bourses, c'est-à-dire de places non payantes, on a ouvert la porte à des gens méritants, mais dénués de ressources.

— Les bourses sont données au concours, au plus instruit, n'est-ce pas?

— Généralement. Il peut y avoir des conditions spéciales dans les diverses localités. En effet, si ce sont les villes où domine telle ou telle industrie qui ont ouvert des écoles, ces écoles ont donc dû être plus ou moins spécialisées. Dans l'école de la Martinière de Lyon — qui a été fondée par un legs — le cours d'études est de deux années; il comprend la chimie appliquée à la teinture, le dessin des machines, les éléments des mathématiques et de la physique, la sculpture pratique et la théorie de la fabrication des tissus avec des démonstrations sur le métier. A Besançon, la municipalité a établi une école d'horlogerie. Nîmes, Lille, Tourcoing, Flers, Reims et autres villes ont des écoles, ou au moins des cours de tissage ; à Amiens et à Saint-Étienne on enseigne la teinture ; à Caen, Bayeux, Mende et autres endroits on apprend à faire des dentelles, et il y a encore beaucoup d'institutions analogues dont l'existence n'est connue que dans un petit coin de la France.

— Ce qu'il importerait surtout de connaître, fit remarquer Lantrèque, ce sont les établissements entretenus par l'État.

— L'État, répondit Robin, abandonne ce qu'on appelle l'instruction technique primaire aux communes ou à l'initiative privée, car cette sorte d'enseignement doit s'adapter le plus possible aux besoins locaux, à des spécialités, et son mérite consiste à enseigner ces métiers non plus seulement en montrant le procédé et en le faisant imiter (les savants diraient : empiriquement), mais en expliquant, en motivant. Le pourquoi est ici toujours à côté du comment, et c'est en cherchant ainsi la raison des choses qu'on trouve le progrès. Eh bien! tout cela doit être surtout local ; l'État confère plutôt l'enseignement technique secondaire et même supérieur.

— Je sais, dit Maniol, qu'il y a des écoles d'arts et

métiers; autrefois il y en avait trois, mais on en a créé encore d'autres en 1881. C'est là-dessus que ma femme et moi nous voudrions être renseignés, parce que nous viserions à pousser Jean vers une de ces écoles.

— Oh ! ce qui est relatif aux trois anciennes écoles d'arts et métiers est connu, dit Lantrèque ; je pense que les nouvelles n'en diffèrent pas sensiblement, qu'en penses-tu, Robin ?

— Parle-nous d'abord, répliqua ce dernier, de ces trois écoles, j'ajouterai ensuite le peu que je sais des autres.

— Les trois écoles en question sont à Châlons-sur-Marne, Angers et Aix. Les écoles d'arts et métiers sont destinées à former, en unissant la pratique à la théorie, des ouvriers instruits et habiles dans la fonderie, la forge, l'ajustage, la serrurerie, les travaux de tour, la construction des modèles et de menuiserie. Chacune de ces écoles peut renfermer 300 élèves, tous internes. On y entre au concours à l'âge de 15 à 17 ans. Pour être admis au concours, il faut, outre les certificats d'usage, un certificat délivré par un chef d'industrie ou d'institution, constatant que le candidat est familiarisé avec le travail manuel, sans parler de l'engagement pris par les parents.

— Mais Jean n'a pas appris à travailler de ses mains, fit Maniol.

— Puisqu'il n'a que 13 ans, il a le temps de l'apprendre, répondit Robin.

— Et combien coûte la pension? demande Mme Maniol.

— La pension est de 600 fr. par an. La première année, il faut, en outre, verser 250 fr. pour le trousseau, puis 50 pour l'entretien (linge, chaussures, etc.).

— Cela fait 900 fr. la première année et 650 fr. les autres.

— Puisqu'il y a concours, dit Bardon, c'est qu'il sera donné des bourses.

— Le concours, expliqua Robin, ne fait conquérir que la place. Les bourses, ou des fractions de bourses, sont accordées par le ministre aux élèves qui ont justifié de l'insuffisance de leurs ressources. Les parents d'un élève, qui, par des circonstances imprévues, se trouvent hors d'État de payer la pension peuvent en être dispensés.

— En quoi consiste le concours? demanda Lantrèque.

— Le concours se fait en deux fois, fut la réponse. Un premier examen est passé dans les chefs-lieux de département sur les matières enseignées dans l'école primaire, y compris une épure de dessin linéaire, puis un travail manuel en bois ou en fer, selon la profession que les élèves auraient exercée. Après cet examen, ceux qui sont complètement insuffisants sont éliminés; les autres, admis provisoirement, se présentent devant un juge spécial pour chaque école, qui procède à un examen définitif et classe les candidats sur une liste. Le ministre nomme les cent premiers, qui deviennent ainsi élèves d'une des écoles d'arts et métiers.

— Combien de temps reste-t-on dans l'école?

— Trois années. Pendant ces trois ans, les jeunes gens reçoivent un enseignement théorique et pratique. On leur fait des cours de géométrie, de mécanique, de physique, de chimie, de comptabilité, etc., etc. L'enseignement pratique se donne dans quatre ateliers, savoir : modèles et menuiserie, — fonderie, — forges, — ajustage. Les élèves, à leur arrivée, sont répartis par moitié dans les deux ateliers d'ajustage et de modèles et passent, à tour de rôle, une moitié de la première année dans chacun de ces ateliers. Au commencement de la deuxième année, il sont répartis définitivement entre les quatre ateliers, suivant les besoins présumés de l'industrie, les aptitudes particulières et, autant que possible, le désir des élèves et de leurs familles. Pendant la deuxième année, les élèves ajusteurs passent un semestre à l'atelier des forges et les élèves modeleurs en passent un à l'atelier de la fonderie. Les élèves fondeurs et forgerons restent l'année entière dans leur atelier spécial. Durant la troisième année, les élèves demeurent, sans distinction, attachés à leur atelier.

— Tout cela me paraît très bien entendu, dit Lantrèque, et je pense qu'il y a de fréquents examens, des diplômes, etc.

— Évidemment.

— Je crois qu'on fera quelque chose de semblable dans les écoles nouvellement créées. Elles ont été votées en 1881 par les Chambres et, pour la plupart, n'entreront en activité que lorsque les constructions auront été faites ou aménagées. J'ai noté, continua

Lantrèque, ce que les journaux ont rapporté. Ainsi, une loi du 10 mars 1881 a créé à Lille une école d'arts et métiers, et une autre loi de la même date, une école nationale spéciale à la grosse chaudronnerie et aux grandes constructions en fer. Une loi du 15 juin 1881 a établi une école nationale d'art décoratif et un musée décoratif à Limoges. L'école de Limoges existait comme établissement communal, et le musée a été légué à l'État par l'homme de mérite qui en avait réuni les éléments. A Limoges, on enseigne l'art de décorer la porcelaine et la faïence. Enfin une loi du 18 août 1881 a doté Roubaix d'une école nationale des arts industriels, sur laquelle je n'ai pas encore de renseignements.

— On fait maintenant, dit Bardon, beaucoup d'efforts en faveur des arts industriels, des industries artistiques, de l'art appliqué à l'industrie; en un mot, on perfectionne le goût par l'enseignement, les bons modèles, etc.

— J'ai encore à dire un mot, reprit Robin, de l'enseignement supérieur de l'industrie. Il n'y aurait à mentionner ici que deux établissements : le conservatoire des arts et métiers, et l'école centrale des arts et manufactures. Je ne sais au juste si l'école centrale lyonnaise doit être comptée avec l'enseignement supérieur ou l'enseignement secondaire.

— Le conservatoire, fit Maniol, je connais cela; ce sont des cours gratuits que tout le monde peut suivre, c'est pour des hommes faits. Des ouvriers qui veulent s'instruire y vont le soir, c'est ouvert à tout le monde.

« — Et le jour, dit Bardon, on voit la bibliothèque et les belles collections de machines et d'instruments.

— L'école centrale des arts et manufactures, dit Lantrèque, forme des ingénieurs civils, des chefs de manufactures. On y paye 800 francs rien que pour l'instruction, car les élèves sont externes. On y entre au concours, car les élèves affluent à cette célèbre école.

— Je crains bien, dit Maniol, que cette école-là ne soit pas celle où Jean entrera, mais il pourra bien arriver à une école d'arts et métiers. Il s'agirait seulement, puisqu'il n'a que treize ans, de le faire passer encore deux années en études préparatoires en lui fournissant l'occasion de travailler de ses mains, puisqu'on l'exige.

— On a le choix entre deux moyens, fit observer Robin. Jean peut aller dans un atelier pendant le jour, et suivre le soir un de ces cours comme il y en a beaucoup à Paris et consacrer une partie du dimanche à l'étude. Jean pourrait aussi entrer dans une de ces écoles qui consacrent une partie de la journée aux travaux manuels. Le choix à faire dépend du tempérament de l'enfant, et puisque mon neveu est studieux et aime la lecture, j'opinerai en faveur de l'atelier ; qu'il aille le jour chez le maître menuisier que je vous recommande, et le soir aux cours de la rue X... On verra après. »

C'est ce qui fut décidé.

CHAPITRE III

TRAVAIL DES FEMMES ET DES ENFANTS. — DURÉE DU TRAVAIL

Depuis qu'il s'agissait de placer son fils en apprentissage, Mme Maniol était toujours à s'informer, non seulement des meilleures places, mais aussi des lois et des règlements qui pouvaient intéresser son fils. La femme de son cousin — la cousine Martin — qui avait déjà une fille assez grande, était également préoccupée de ces questions; on saisit donc la première occasion qui se présenta pour en causer. Robin était au courant de tout, et quand il découvrait une lacune dans son savoir — ce qui était assez fréquent, il faut l'avouer — il n'avait trêve ni repos jusqu'à ce que la lacune fût comblée.

« Vous voulez que je vous parle de la législation sur le travail des femmes et des enfants? dit Robin.

— Oui, répondit-on, d'une voix.

— Et commencez par le commencement, ajouta Bardon.

— Le commencement est qu'en aucun cas un enfant

de moins de 10 ans ne peut être admis à travailler dans un atelier.

— 10 ans, c'est bien jeune, soupira Mme Maniol.

— Un instant, c'est une pure exception. Il faut une autorisation spéciale pour pouvoir employer des enfants de 10 à 12 ans, et elle n'est accordée que pour un certain nombre d'industries et sous deux conditions : 1º l'enfant ne travaillera pas plus de six heures, coupées par un repos; 2º il ira tous les jours à l'école pendant la moitié de la journée. Cela s'appelle le demi-temps.

— Mais à 12 ans?

— C'est différent. A 12 ans, si les enfants savent lire et écrire, ils peuvent travailler comme une grande personne, mais jamais plus de douze heures, coupées par des repos.

— Alors, pas d'heures supplémentaires?

— En aucun cas. Je trouve que c'est bien assez, répondit Robin.

— Et moi je trouve que c'est trop! s'écria Mme Maniol.

— N'oubliez pas, madame, dit Lantrèque, que la loi de 1874 (19 mai) n'ordonne pas aux enfants de travailler 12 heures. Elle le permet seulement.

— C'est que, ajouta Bardon, les parents ont souvent besoin du travail de leurs enfants ; ils ont besoin de ce qu'ils gagnent. Et que feraient les enfants s'ils ne travaillaient pas?

— Tout cela n'est que trop vrai! s'écria la cousine.

— Mais, dit Maniol, si l'enfant ne sait pas lire et écrire?

— Alors, répondit Robin, jusqu'à l'âge de 15 ans, il ne peut travailler que six heures et doit aller à l'école.

— Et s'il n'y allait pas?

— Oh! il y a de la surveillance! L'enfant qui est tenu d'aller à l'école doit avoir un petit cahier, qui est signé toutes les semaines par l'instituteur et doit être présenté tous les lundis au patron qui ne peut pas recevoir l'enfant si le cahier n'est pas signé. S'il le recevait néanmoins, l'inspecteur devrait dresser procès-verbal et le patron aurait à payer une amende.

— Ainsi, les enfants sachant lire et écrire sont traités tout à fait comme de grandes personnes, des adultes?

— Non, pas tout à fait, dit Lantrèque, car les adultes sont libres de travailler aussi longtemps qu'ils veulent.

— Ils doivent savoir ce qui leur convient, fit Bardon. Il y en a qui ont des charges de famille.

— C'est mon avis aussi, qu'ils savent ce qui leur convient, reprit Robin, mais les enfants ne sont pas aussi libres que cela. D'abord, je crois déjà l'avoir dit, ils ne peuvent pas dépasser 12 heures de travail, et cela jusqu'à l'âge de 16 ans; puis on ne peut pas les occuper la nuit, c'est-à-dire de 9 heures du soir à 5 heures du matin. Dans les usines et manufactures, les jeunes filles sont exclues du travail de nuit jusqu'à l'âge de 21 ans.

— Voilà qui est bien! dit la cousine.

— Il me semble cependant, fit Bardon, que j'ai déjà vu travailler la nuit des gamins de 13 à 14 ans.

— Exceptionnellement, en cas de chômage résultant de force majeure, et avec l'autorisation de l'inspecteur ou de la commission de surveillance locale. Mais je n'en ai pas fini avec les restrictions, ajouta Robin. La loi dispose encore que les enfants âgés de moins de 16 ans et les filles âgées de moins de 21 ans ne pourront être employées à aucun travail, par leurs patrons, les dimanches et fêtes reconnus par la loi, même pour rangement de l'atelier, ou nettoyage du magasin.

— Il y a des exceptions, dit Lantrèque.

— C'est vrai. Dans les usines à feu continu, les enfants peuvent être employés la nuit ou les dimanches ou jours fériés aux travaux indispensables; mais ce n'est là qu'une tolérance entourée de restrictions, les enfants doivent avoir des repos, la règle des 12 heures ne souffre pas d'exception et — ce point est très important, — les enfants ne peuvent être occupés au maximum que 6 nuits sur 15.

— Je vois, dit Mme Maniol, qu'on s'occupe des pauvres petits.

— Je suis loin d'avoir tout dit encore sous ce rapport, continua Robin. Il est un travail particulièrement pénible, c'est celui des mines. Ce sont des travaux souterrains, dans des puits et des galeries souvent basses et étroites, où dans certains pays on faisait volontiers travailler de jeunes garçons et de jeunes filles. En France, aucune femme ou fille n'est admise dans les mines, et les garçons doivent avoir au moins 12 ans. Jusqu'à l'âge de 16 ans ils ne peuvent travailler que 8 heures sur 24, et ces 8 heures doivent être coupées d'un repos d'une heure. Ils ne doivent pas être occupés au travail le plus dur (abatage des roches), mais aux travaux accessoires (triage, etc.) ; en un mot, on ne doit pas excéder leurs forces.

— Je comprends cela, dit Lantrèque, et je comprends aussi qu'on ne laisse pas travailler les enfants dans les industries dangereuses ou malsaines, où l'on manipule des matières explosibles, des poisons et autres choses analogues. C'est déjà assez que nous autres, hommes faits, nous soyons obligés par notre profession à nous exposer à ces dangers de toutes sortes, mais nous, au moins, nous avons l'âge de raison, nous avons la prudence et avons acquis les connaissances, l'habileté et l'expérience nécessaires.

— Tout cela est bel et bon, murmura Maniol, ce sont de bonnes intentions, l'enfer en est pavé.

— Mais pas du tout ! s'écria Robin, tout cela est bien sérieux. La loi a pris toutes les précautions possibles. D'abord, elle doit être affichée dans tous les ateliers où l'on occupe des enfants.

— On ne la lit pas.

— Je crois que si ; mais tant pis pour ceux qui ne connaissent pas leurs droits et leurs devoirs. Toutefois cela n'est qu'un détail, car la loi a pris encore d'autres mesures.

— Voyons-les.

— Eh bien, le patron ne doit accepter aucun enfant sans livret. Ce livret se donne à la mairie (à Paris, à la préfecture de police), et on ne l'obtient qu'en présen-

tant un extrait de l'acte de naissance. De cette façon
on sait très exactement l'âge de l'enfant, et aucune
fraude n'est possible sur ce point.

— J'ai vu un livret, dit Bardon. Il contenait le nom
de l'enfant, le lieu et la date de sa naissance, son
domicile, le temps pendant lequel il avait suivi l'école
et autres renseignements. Le patron y avait inscrit la
date de l'entrée dans l'atelier, et il y avait une place
pour inscrire la date de la sortie.

— Les patrons, reprit Robin pour continuer son
exposé, sont obligés de tenir un registre où toutes ces
indications sont répétées à côté du nom du jeune
ouvrier. Les patrons gardent le livret et aussi le certificat d'école, s'il y en a un, tant que l'enfant reste
dans l'établissement et le lui rendent à sa sortie. Les
inspecteurs doivent prendre connaissance du registre,
et au besoin des livrets.

— Qui est-ce cela, les inspecteurs ? demanda
Mme Maniol.

— Ce sont des fonctionnaires spéciaux, répondit
Robin.

— Je ne comprends pas bien, fit Mme Martin.

— Cela ne sera pas difficile à expliquer. Quand l'autorité veut que quelque chose se fasse, elle en charge
quelqu'un qui en est responsable. Si ce quelqu'un a
beaucoup d'autres choses à faire, il pourra négliger
cette nouvelle besogne; mais si on le charge exclusivement d'une seule tâche, en lui assurant une rétribution convenable, on peut être sûr que cette tâche
sera remplie. Or, la surveillance du travail des enfants

et des jeunes filles est d'une grande importance, et il y a assez d'ateliers pour occuper tout le temps de la personne qui s'y consacre ; il était donc naturel d'instituer des fonctionnaires spéciaux.

— Sont-ils nombreux, les inspecteurs? demanda Maniol.

— Peut-être pas assez, fut la réponse. Le gouvernement nomme et rétribue quinze inspecteurs divisionnaires, chargés chacun d'une division de la France, c'est-à-dire généralement de plusieurs départements. Le département de la Seine forme à lui seul une division. Dans les autres départements, le conseil général peut nommer pour son département un et même plusieurs inspecteurs rétribués qui sont placés sous la direction de l'inspecteur divisionnaire. Si le nombre des fabriques y est grand, une ville peut nommer un inspecteur spécial également rétribué, s'il y en a moins, on charge quelques citoyens de la surveillance, mais sans les rétribuer. Les « commissions locales » de chaque département veillent à ce que les inspecteurs visitent régulièrement les fabriques et les manufactures, où les commissions ont d'ailleurs leurs entrées.

— Ce sont des hommes compétents qu'on charge de ces fonctions, dit Lantrèque : pour qu'ils inspectent les établissements industriels, il faut qu'ils s'entendent en industrie.

— C'est en effet ce que prescrit la loi, dit Robin.

— Pourront-ils entrer dans tous les établissements, dans tous les ateliers ? demanda Maniol.

— C'est évident. Si la loi ne leur donnait pas ce droit, comment pourraient-ils surveiller, constater les contraventions, dresser procès-verbal ? Dans les mines, les gardes-mines ont également le droit de dresser procès-verbal.

— Il me semble, dit Bardon, que les inspecteurs, tout en n'étant chargés que de protéger les enfants, nous sont, à nous autres ouvriers, plus utiles qu'on ne pense.

— Je le crois bien ! s'écria Robin, et beaucoup plus même que tu penses. Ainsi ils ont à veiller à ce que les ateliers soient tenus dans un état constant de propreté et convenablement ventilés, et qu'ils présentent toutes les conditions de salubrité nécessaires à la santé des enfants. Nous en profitons pour notre part. De plus, la loi prescrit que, « dans les usines à moteur mécanique, les roues, les courroies, les engrenages ou tout autre appareil, dans le cas où il aura été constaté qu'ils présentent une cause de danger, seront séparés des ouvriers, de telle manière que l'approche n'en soit possible que pour les besoins du service. » De plus, « les puits, trappes et ouvertures de descente doivent être clôturés. » Que veut-on de plus ?

— Je pense, fait observer Lantrèque, que cette disposition sauvera la vie à plus d'un de nos camarades. Elle seule suffit pour que nous nous attachions à cette institution. Nous pouvons considérer les inspecteurs comme des protecteurs. Les patrons eux-mêmes doivent être contents qu'on les force à organiser tous les moyens de préservation possibles, puisqu'ils peuvent être rendus responsables des malheurs qui arrivent chez eux.

— Tel est aussi l'avis des patrons intelligents, dit Robin.

— Je suis heureuse, dit Mme Maniol, de tout ce que j'ai entendu ce soir, je vois qu'on protège les faibles, les enfants et les jeunes filles. Qu'en penses-tu, ma cousine ?

— Si tout cela est exécuté, c'est excellent, » dit-elle.

CHAPITRE IV

COALITIONS, GRÈVES, CHAMBRES SYNDICALES

Robin et Lantrèque s'étaient mis en campagne et ils avaient été assez heureux pour trouver, l'un, un bon menuisier où Jean aurait été bien, et l'autre, pour la jeune Louise Martin, un magasin de mercerie où plusieurs jeunes filles étaient constamment occupées à exécuter les commandes des clientes; elle apprendrait ainsi à la fois à travailler à l'aiguille et à servir les clientes, l'industrie et le commerce. Avis avait déjà été donné aux parents de la découverte de ces places, rendez-vous même avait été pris pour s'entendre entre les patrons d'une part et les parents de l'autre. Voilà qu'à quelques jours d'intervalle deux événements très différents, mais également tristes, mettent obstacle à la réalisation des deux projets. Le mercier a le malheur de perdre sa femme presque subitement, une violente maladie l'emporta en deux jours, et la loi de 1851 sur l'apprentissage défend aux célibataires et aux veufs de prendre de jeunes apprenties; de son côté, le menuisier avait été obligé de fermer son atelier, car ses ouvriers s'étaient mis en grève. On le prévoyait bien, mais maintenant la grève était déclarée, et Jean resta pour le moment chez ses parents, ce dont il était loin de se plaindre.

Mais il s'agissait bien de lui ! La maison que ses parents habitaient contenait plusieurs familles d'ouvriers, dont deux de menuisiers ; il en demeurait aussi dans des maisons voisines, et, comme on n'avait rien à faire et qu'on était excité, on se réunissait fréquemment, et l'on causait chaque fois qu'on se rencontrait. De quoi s'agissait-il ? Vous le devinez, d'une augmentation de salaire : on demandait 21 centimes par heure ou 1 franc par journée en plus. Ils avaient pour argument que la vie devenait chère, que la ménagère ne pouvait plus joindre les deux bouts. On se contentait de faire valoir bien haut cet argument réellement fort quand il est fondé, et ils ajoutaient tout bas, quand ils étaient entre eux, qu'ils n'étaient pas moins que les charpentiers qui venaient d'obtenir une augmentation ; d'ailleurs leurs patrons avaient beaucoup de commandes, les prix s'élevaient, et il était juste qu'ils en eussent leur part.

Les voisins venaient en parler le soir à Maniol et discutaient dix fois de suite la question : les patrons céderont-ils ou ne céderont-ils pas ? On cherchait à prévoir combien de temps la grève durerait, on examinait ce qu'il pouvait y avoir à faire dans les différents cas. La préoccupation était grande. Cependant, bien que les ménagères se tinssent encore tranquilles, car on avait quelques avances, et on pouvait espérer

obtenir des fournisseurs qu'ils feraient un peu de crédit, on ne désirait pas voir la grève se prolonger.
Mais on se trompe si souvent dans ses prévisions !

Nos amis, Maniol, Robin, Lantrèque, Bardon, dont
aucun n'était menuisier, avaient gardé leur sang-
froid, et, quoique ouvriers eux-mêmes, par conséquent disposés à donner raison de préférence aux
ouvriers, ils ne fermaient pas les yeux à l'évidence.
C'étaient d'honnêtes gens qui tenaient à leurs droits
et savaient les défendre, mais qui reconnaissaient
sans difficulté les droits des autres. La grève leur
paraissait une chose extrêmement fâcheuse ; c'était
à leurs yeux comme une guerre où l'on se fait mal
des deux côtés. Robin avait trouvé là-dessus un raisonnement dont il était passablement fier, et qui me
semble réellement bien fort.

Voici comment il s'exprimait : Celui qui nie la solidarité qui existe entre le capital et le travail, entre
les patrons et les ouvriers, et qui néanmoins fait
grève, commet un acte de folie, il faut l'envoyer en
droite ligne dans une maison d'aliénés. De deux choses
l'une : ou la solidarité est réelle, et alors vous ne pouvez faire de mal aux patrons qu'en vous en faisant à
vous-mêmes, ce qui ressemble à un certain duel où
les adversaires se disent : que chacun s'arrache un
œil, et l'honneur sera satisfait ; ou la solidarité
n'existe pas, et alors vous souffrez tout seuls, et ne
pouvez obtenir aucun résultat, ce qui serait la bêtise
même. Mais incontestablement la solidarité existe,
cela a été mille et mille fois prouvé.

« Mais nous ne sommes pas les plus forts, » dit Lantrèque en secouant tristement la tête.

Robin était d'avis que cela n'était que partiellement exact et que la victoire dépendait des circonstances. Si nous étions toujours les plus forts, ajoutait-il, nous en abuserions, tout comme les autres.

« Une chose du moins est bonne, dit Bardon, nous pouvons nous entendre, la loi ne l'empêche plus. »

Maniol se rappelait bien le temps où les coalitions étaient interdites et où il suffisait de s'entendre sur les salaires pour être puni. Il avait copié dans des livres la législation sur les coalitions, qui avait plusieurs fois changé, et il rapprocha les diverses rédactions du Code pénal, car c'est là qu'il faut la chercher. Il s'agit des trois articles 414, 415, 416. Dans le Code de 1810, la coalition entre patrons, ou entre ouvriers, n'est pas aussi sévèrement punie que dans la rédaction de la loi du 27 novembre 1849. Dans cette dernière, l'article 414 est ainsi conçu :

« Sera punie d'un emprisonnement de six jours à trois mois et d'une amende de 16 francs à 3,000 francs : 1° toute coalition entre ceux qui font travailler des ouvriers, tendant à forcer l'abaissement des salaires, s'il y a tentative ou commencement d'exécution ; toute coalition de la part des ouvriers pour faire cesser en même temps de travailler, interdire le travail dans un atelier, empêcher de s'y rendre avant ou après certaines heures et en général pour suspendre, empêcher, enchérir les travaux, s'il y a tentative ou commencement d'exécution. — Dans les cas prévus par les deux paragraphes précédents, les chefs ou les moteurs seront punis d'un emprisonnement de 2 ans à 5 ans.

Dans la rédaction de 1864 nous trouvons ceci :

« Sera puni d'un emprisonnement de six jours à trois ans et d'une amende de 16 francs à 3,000 francs ou de l'une des deux peines seulement, quiconque *à l'aide de violence, voies de fait, menace ou manœuvres frauduleuses* aura amené ou maintenu, tenté d'amener ou de maintenir une cessation concertée de travail, dans le but de forcer la hausse ou la baisse des salaires ou de porter atteinte au libre exercice de l'industrie ou du travail.

Dans les deux ou plutôt les trois rédactions, en comprenant celle de 1810, la coalition est interdite aux patrons comme aux ouvriers; ce qui caractérise la rédaction de 1864 c'est que la coalition n'est pas punissable par elle-même, elle ne le devient que si l'on a fait usage de violence ou de manœuvres frauduleuses. Ce sont ces moyens abusifs que la loi punit avec raison, mais non le fait de se concerter. Lantrèque a été obligé de reconnaître que l'amélioration était grande, car les violences sont toujours blâmables. Mais on est si souvent entraîné, dit-il, on est quelquefois violent presque sans le savoir.

Robin trouvait de son côté que des hommes raisonnables doivent savoir se contenir. Il n'était pas bien sûr, d'ailleurs, que les coalitions produisent tout le bien qu'on en attend. Si les ouvriers demandent trop, les patrons ne peuvent pas adhérer, ils ne peuvent pas élever à volonté le prix de leurs marchandises; s'ils allaient trop loin, les consommateurs ne les suivraient pas, si la vente se ralentissait, les ouvriers en souffriraient les premiers, parce qu'on ferait moins travailler. Le côté commercial des affaires est beaucoup plus compliqué que l'ouvrier ne pense, et Robin ne cachait pas que plus d'une victoire, remportée à coups de grèves, lui semblait douteuse, car, si le patron cédait dans un mouvement de presse, en revanche, lorsque les affaires diminuaient, il ne se gênait pas pour revenir aux prix précédents. Il y a des choses qu'on n'obtient pas de force.

Maniol était disposé à admettre ces idées. Il travaillait dans une boutique et observait les allées et venues des acheteurs; on n'obtient pas toujours d'eux ce que l'on veut. Lantrèque de son côté constate que, si la coalition sans violence est permise, la grève l'est aussi, car la grève n'est que l'exécution d'une coalition. Seulement, lors d'une grève, l'autorité fait quelquefois venir des troupes, ce qui le chiffonnait. Là-dessus Robin lui démontre clair comme le jour qu'il a tort. Puisque des violences se commettent souvent dans les grèves, il est naturel que l'autorité prenne des précautions. Doit-elle attendre que le mal soit fait? On a dit que la présence des soldats excite les ouvriers. Cela lui paraît drôle; alors la présence d'un parapet au pont est une excitation à se jeter dans la rivière. On dit bien des choses qui ne sont pas vraies; en ces matières, on aime trop les déclamations, on aime en entendre les phrases sonores, et on est heureux de pouvoir en débiter soi-même, les uns parce qu'ils sont glorieux de parler du haut d'une tribune, les autres parce qu'ils y trouvent leur profit d'une façon quelconque.

La conversation, en se prolongeant, toucha aux syndicats ouvriers. On constata que les syndicats avaient longtemps été interdits, puis tolérés, et qu'enfin on se préparait à les légaliser, peut-être même à les encourager.

« J'avoue, dit Bardon, que je ne sais pas trop ce qu'on entend par syndicat. Ou plutôt, je sais l'idée que mes camarades et moi nous entendions exprimer ; mais, depuis quelque temps on fait des syndicats à toutes sauces ; on les charge de ceci, on les charge de cela ; on attend d'eux de vrais miracles. Que les ouvriers se plaignent de n'importe quoi, on répond : faites des syndicats, adressez-vous aux syndicats, les syndicats y pourvoiront. Toujours des syndicats et rien que des syndicats.

— Notre ami Bardon est éloquent ce soir, dit Lantrèque en riant, qu'est-ce qui l'a excité à ce point ?

— Quand je ne comprends pas, je suis excité par le désir de comprendre. Vos explications, ajouta-t-il en souriant, me calmeront.

— J'ai toujours considéré, dit Maniol, les syndicats comme des comités composés, soit de patrons, soit d'ouvriers d'une même profession, élus par leurs pairs. Ainsi les patrons cordonniers ont leur syndicat ; nous, les ouvriers, nous avons élu un certain nombre d'ouvriers, c'est notre syndicat, au besoin, ces comités peuvent s'entendre sur nos intérêts communs.

— C'est bien cela, reprit Bardon. Dans notre profession nous avons également élu un comité ou une chambre syndicale, mais cette chambre n'a rien à faire, elle se réunit rarement.

— Oui, autrefois un syndicat était une chambre, une réunion d'élus, dit Robin, maintenant on prend souvent l'ensemble des adhérents à une chambre comme le syndicat. Les mêmes personnes, j'ai lu cela dans des discussions qui ont eu lieu à la Chambre des députés, emploient le mot dans les deux sens : comme ensemble des adhérents, et comme le comité directeur de ces adhérents. J'ai remarqué un passage où le rapporteur dit que deux personnes peuvent s'associer et former un syndicat, ces deux membres forment nécessairement en même temps la chambre. Ce manque de clarté ne peut pas faire de bien.

— Moi, j'aime bien que les ouvriers puissent s'associer, fit Maniol.

— Évidemment ! s'écria Bardon. Nous sommes tous de cet avis. Mais il paraît qu'on veut donner des privilèges aux syndicats ou aux chambres, je ne sais pas auxquels, peut-être à tous les deux. Je ne demande certes pas mieux que de jouir de privilèges, mais qu'on les donne à tous à la fois, et non à quelques-uns. Si l'on disait : tous les ouvriers bijoutiers, cordonniers, menuisiers ou autres se réuniront et nommeront une chambre syndicale, laquelle aura tels droits, je l'accepterais avec plaisir. Mais si 100 ouvriers sur 1,000 se réunissent et forment une chambre, cette chambre nous tyrannisera tous, édictera des tarifs, exclura ceux qui lui déplairont des meilleurs ateliers. Car ce seront souvent les plus autoritaires qui se feront élire.

— Bardon n'a pas tort, dit Robin. Des associations libres, tant que vous voudrez ; mais des chambres syndicales armées de privilèges, on ne peut les supporter que si ces chambres représentent l'ensemble des patrons ou ouvriers d'une profession. Ces chambres pourraient faire quelque bien, mais pas tant qu'on le dit, il faut l'avouer. Elles pourraient créer des bureaux de placement, mais feraient-elles des sociétés de secours mutuels? J'en doute un peu. Elles n'auraient pas de membres honoraires, ce qui les empêcherait de mettre à la caisse de retraite. D'ailleurs n'emploieraient-elles pas leur argent comme caisse de chômage pour soutenir des grèves, comme nous en connaissons des exemples, et n'arriverait-il pas, après une lutte, qu'on n'aurait rien à donner aux malades?

— Les chambres se changeront en société coopérative, dit-on, fait remarquer Lautrèque.

— Cela me paraît un peu contradictoire, répond Robin. Les chambres s'occupent de l'intérêt général, tandis que les sociétés coopératives sont des entreprises privées et libres. Je ne vois en tout cela que des idées confuses; attendons quelque temps, elles s'éclairciront peut-être, lorsque les utopies et les intérêts ambitieux se seront déposés au fond du vase.

CHAPITRE V

LE CONSEIL DES PRUD'HOMMES

C'était peu de temps avant une élection de prud'hommes. Les intéressés se concertaient entre eux sur les choix à faire, les candidats étaient en route, et les opinions en présence s'entre-choquaient sans produire la moindre étincelle. Nos amis se rencontrèrent, comme toujours, chez Maniol, et comme la petite réunion comprenait encore deux jeunes ouvriers qui allaient figurer pour la première fois sur la liste électorale spéciale des prud'hommes, — ils venaient d'avoir 25 ans, — la conversation s'engagea sur cette institution que tout le monde connaît de nom, mais qui mérite d'être étudiée de plus près.

« Il faut des juges, dit Robin, car l'ouvrier et le patron ne sont pas toujours d'accord sur les questions de travail et de salaire. En pareil cas, à qui s'adresser ?

— Au juge de paix, fit l'un des jeunes gens.

— Sans doute, répondit Robin, dans beaucoup d'endroits il n'y a pas moyen de s'adresser ailleurs, car il n'y a pas partout des conseils de prud'hommes, il ne peut y en avoir que dans les villes industrielles.

— Ainsi, vous préférez le conseil au juge de paix ?
demanda-t-on.

— Je crois avoir raison de le faire. Les questions de
travail et de salaire ne sont pas toujours assez simples
pour qu'il suffise d'avoir l'esprit juste et le cœur équi-
table pour les résoudre : il faut souvent encore posséder des connaissances techniques, quelquefois même
être au courant des traditions du métier, ce qu'on ne
peut pas espérer trouver chez le juge de paix.

— Pour en arriver là, il faudrait un conseil par profession, fit-on observer.

— Il faut en tout une mesure. Une seule profession
ne donnerait pas assez d'occupation à un conseil de
prud'hommes, qui n'est pas sans causer une certaine
dépense. D'ailleurs, tous les cas n'exigent pas ces connaissances spéciales, le plus souvent du bon sens
suffit. Il y a, au surplus, de grandes ressemblances
entre les diverses professions, on les a donc groupées
en réunissant les métiers similaires, mais en prenant
le mot similaire en un sens très large, par exemple!
A Paris, il y a quatre conseils de prud'hommes, l'un
pour les métaux, l'un pour les tissus, le troisième pour
les produits chimiques, le quatrième pour les industries diverses, et, comme chacun de ces conseils est
composé de 26 membres, on peut y faire représenter
une centaine d'industries ou professions différentes.

— Nous n'avons pas de conseil de prud'hommes, dit
l'un des jeunes ouvriers qui était d'un chef-lieu d'arrondissement du centre de la France. Que faudrait-il
faire pour qu'on en établisse un?

— Il me semble, dit Lantrèque, qu'avant tout l'industrie intéressée doit désirer la création d'un conseil de prud'hommes, elle doit le demander.

— C'est au conseil municipal qu'elle s'adressera, car il vote les fonds. Si ce conseil adhère, le maire passe la demande au préfet en lui indiquant les raisons qui existent en faveur de cette création. Le préfet consulte la chambre de commerce, la chambre consultative des arts et manufactures, c'est-à-dire, il fait une sorte d'enquête et en envoie les résultats, avec son avis, au ministre de l'industrie et du commerce qui est compétent en ces matières. Seulement, comme il s'agit de rendre la justice, il faut que le ministère de la justice soit également entendu, et s'il n'y a pas d'objection, le ministre du commerce fait préparer le décret qu'il soumet à la signature du Président de la République.

— Voilà bien des formalités, dit quelqu'un.

— Pas une de trop. Il faut consulter tous ceux que la chose regarde, fut la réponse. Que dirait-on, si on ne le faisait pas?

— Le décret entre-t-il dans des détails?

— Il faut bien qu'il détermine les industries qui seront justiciables du conseil et l'étendue de la circonscription ; qu'il dispose que ce conseil sera composé de patrons et d'ouvriers en nombre égal ; qu'il fixe le nombre des membres, au moins trois patrons et trois ouvriers ; qu'il indique les sous-groupes d'industrie qui les fourniront et tout le reste.

— « Le reste, » dit Bardon, est encore beaucoup.

— Je croyais qu'on le connaissait, car la loi est du
1ᵉʳ juin 1853, et on a eu le temps de se familariser avec
elle ; la loi du 7 février 1880 n'y change que la nomination du président.

— Je réclame de plus amples détails, dit un assistant.

— Vous voulez savoir sans doute qui est électeur et
qui est éligible ? Je vais vous le dire. Le corps électoral se compose : 1° des patrons âgés de 25 ans au
moins, patentés depuis cinq ans et domiciliés dans la
circonscription depuis trois ans ; 2° des chefs d'atelier
(ouvriers en chambre), contremaîtres et ouvriers
âgés de 25 ans, exerçant leur industrie depuis cinq
ans au moins et habitant la circonscription depuis
trois ans. Le maire, assisté d'un patron et d'un ouvrier,
dresse la liste, la laisse pendant un certain temps
ouverte pour pouvoir tenir compte des réclamations
et l'envoie au préfet. Celui-ci convoque les électeurs,
les patrons à part et les ouvriers à part, et chaque
réunion nomme un nombre égal de prud'hommes au
scrutin secret et à la majorité absolue. Pour être élu,
il faut être âgé de 30 ans et remplir les autres conditions que je viens d'indiquer. Il est bien dit aussi
qu'il faut savoir lire et écrire ; mais bientôt on mon-
trera au doigt ceux qui ne le savent pas, et ceux-ci
iront se cacher pendant un mois pour l'apprendre. Il
n'en faut pas davantage.

— Autrefois, dit Maniol, c'est le gouvernement qui
nommait le président et le vice-président, lesquels
n'avaient pas besoin d'être du métier. Il y avait des

gens qui trouvaient que cela était utile pour départager les opinions, mais je crois que généralement les questions sont trop peu importantes pour que les opinions influent sur le jugement. Actuellement, la loi de 1880 semble dire : arrangez-vous et entendez-vous, sinon, tant pis pour vous.

— C'est l'assemblée des membres du conseil qui élit le président et le vice-président, l'un étant pris parmi les patrons et l'autre parmi les contremaîtres ou ouvriers. Ils président alternativement.

— Mettons que le conseil soit constitué, dit un jeune ouvrier, quelle sera sa besogne ?

— Je puis vous dire cela, répond Robin, et même très exactement, ayant pris quelques notes pour les prochaines élections. Je vais vous lire ces notes. Les conseils de prud'hommes sont chargés :

1° De concilier les différends qui s'élèvent entre les fabricants et les chefs d'atelier, contremaîtres, ouvriers ou apprentis, et de prononcer sur ces différends (par jugement) quand ils n'ont pu les concilier (loi du 18 mars 1806) ;

2° De juger les demandes à fin d'exécution — ou de résolution (résiliation) — des contrats d'apprentissage, ainsi que les réclamations dirigées contre des tiers en cas de détournement d'apprentis (loi du 22 février 1851) ;

3° De régler, à défaut de stipulations expresses, les indemnités ou restitutions dues au maître ou à l'apprenti en cas de résolution de contrat d'apprentissage (même loi) ;

4° De juger les contestations relatives à la délivrance des congés d'acquit où à la rétention des livrets d'ouvriers (loi du 14 mai 1851);

5° D'accomplir diverses formalités en matière de dessins ou modèles de fabrique;

6° Les manquements graves des apprentis envers leurs maîtres peuvent être punis, par le conseil, d'un emprisonnement qui n'excède pas trois jours (loi du 3 août 1810).

— C'est tout à fait un tribunal, dit Bardon.

— Non, dit Lantrèque, c'est une justice de paix.

— C'est, en effet, plus exactement cela, à cause de la formalité de la conciliation.

— Puisque tu as été membre du conseil, tu pourrais bien nous donner encore quelques détails.

— Volontiers. Quand le conseil se réunit pour la première fois, il nomme son président et son vice-président, puis son secrétaire, s'il n'y en a pas. Ce secrétaire est rétribué, c'est un véritable greffier. Le conseil rédige ensuite, pour la tenue des audiences, un règlement qui est approuvé par le ministre du commerce. Comme les prud'hommes sont renouvelables par moitié tous les trois ans, lors de la création d'un conseil (ou si, pour une raison quelconque, il y avait une réélection totale), on tire au sort ceux qui doivent partir les premiers.

— Qu'est-ce que cela veut dire : bureau particulier? demanda-t-on.

— Un peu de patience, j'y arrive. Toute affaire qui est soumise au conseil des prud'hommes doit, comme chez le juge de paix, passer d'abord par la conciliation. Ce n'est pas le conseil entier qui siège alors, mais ce qu'on appelle le « bureau particulier, » composé d'un patron, d'un ouvrier et du président ou vice-président. Le bureau fait des efforts pour obtenir un arrangement amiable entre les deux parties. S'il réussit, tout est dit ; on s'arrange, et il n'y a pas eu, à proprement parler, procès. S'il ne réussit pas, il dresse procès-verbal — c'est-à-dire qu'il constate qu'il y a eu tentative de conciliation — et l'affaire est renvoyée au conseil siégeant en « bureau général. » Ici le conseil peut siéger en entier, mais cela serait difficile dans la pratique, puisqu'il faut que le nombre des patrons et celui des ouvriers soient toujours égaux ; la règle est que deux patrons et deux ouvriers, et en outre le président ou le vice-président forment le bureau général. Comme il y a beaucoup d'affaires, on alterne. Ce bureau prononce des jugements.

— Est-ce qu'on est cité devant ce tribunal ?

— Évidemment. Comment voulez-vous qu'on sache si l'on doit venir et quand il faut venir ?

— Mais si l'on était malade ou empêché ?

— On enverrait un parent ou ami.

— Ou un avocat.

— Ah, mais **non**. Je ne veux pas seulement dire que la rétribution due à l'avocat dépasserait généralement la valeur du litige, mais il est dans l'intention de cette législation qu'on vienne soi-même s'expliquer simplement et clairement La science juridique n'a que faire ici, ni la procédure coûteuse non plus, c'est comme devant le juge de paix. Tout est simple, peu coûteux et finit sans délai, car le bureau prononce sur-le-champ.

— Et sans appel?

— Si le montant de l'affaire ne dépasse pas 200 francs l'appel n'est admis que s'il s'agit de sommes plus grosses, on va alors devant le tribunal de commerce.

— Je crois, dit Lantrèque, que c'est bien cela et que Robin n'a rien oublié d'essentiel; d'ailleurs on m'a dit plusieurs fois que les détails de la procédure sont ceux qu'on applique dans les justices de paix, ces détails ne m'intéressent pas. Seulement j'ai entendu parler des bureaux d'arbitrage qui existent en Angleterre, je ne sais pas comment ils diffèrent de nos conseils; si Robin pouvait nous renseigner?...

— Je le puis, répond Robin. La différence est même claire et nette : nos conseils de prud'hommes jugent après, les bureaux des arbitres jugent avant.

— Qu'est-ce que cela veut dire? s'écria tout l'auditoire d'une voix.

— C'est une plaisanterie de Robin, ajouta Lantrèque.

— Pas du tout, pas du tout, assura Robin. Pour nos conseils, le fait est évident. Il faut qu'il y ait plaintes pour qu'il prononce. Quelqu'un se prétend lésé, il cherche à obtenir justice. Les bureaux d'arbitrage ont une autre fonction. Les ouvriers demandent une augmentation de salaire, les patrons veulent le diminuer, on ne s'entend pas, la grève est imminente, ou même déjà déclarée. Alors — cela ne se fait pas toujours, mais cela s'est vu — les ouvriers nomment des experts, les patrons également, les experts choisissent un président, et voilà le tribunal d'arbitrage formé. S'il prononce, il dira au patron : vous donnerez tant; ou aux ouvriers, vous vous contenterez de tant. Vous voyez, je parle au futur.

— Quant à moi, dit Bardon, je ne me laisserai pas prescrire le taux du salaire par une tierce personne, je veux débattre moi-même mes intérêts avec le patron.

— Et moi aussi, dit chacun des autres, non sans donner à entendre qu'on ne connaissait pas assez les arbitres pour leur donner tant de pouvoir que cela.

CHAPITRE VI

ASSOCIATION ET COOPÉRATION. — LA SOCIÉTÉ A CAPITAL VARIABLE.

On était encore une fois réunis chez Maniol. Lui et sa femme étaient de braves gens, laborieux, rangés, serviables ; le frère de Mme Maniol, Robin, était instruit et sympathique ; ses amis, Lantrèque et Bardon, l'aimaient beaucoup, ces trois hommes ne se séparaient que pour aller chacun à son travail. Aucun d'eux ne fréquentait le cabaret, et, quand ils le pouvaient, ils se réunissaient le soir chez Maniol ; c'était leur quartier général, et quelquefois ils y amenaient des camarades qui revenaient volontiers. Souvent la chambre, qui n'était pas un salon, était pleine, et l'on s'asseyait comme on pouvait.

Ce soir-là, la conversation tomba tout d'abord sur l'association et la coopération. Quelqu'un demanda en quoi ces deux termes différaient, et on lui apprit qu'ils disaient la même chose, seulement le mot *association* était né français, parlait français, tandis que le mot *coopération* était d'origine anglaise et naturalisé français, parlait anglais avec une prononciation française [1]. On trouva cela drôle, je ne sais si c'est la chose ou l'explication, mais on voulut en savoir plus long.

On était devenu de bonne humeur : « Fais-nous une conférence, Robin, s'écria Lantrèque. Raconte-nous l'histoire de ces deux mots.

— Mais il n'y a pas de tribune, » répondit Robin en souriant.

Il se fit un peu prier, reprit son sérieux et dit :

— « Je vais vous communiquer le peu que j'en sais. Le mot association a été pendant une série d'années en grand honneur, on croyait que c'était le remède à tous les mots sociaux.

— On appelle cela une panacée ! s'écria un assistant.

— N'interrompez pas, n'interrompez pas ! dirent les autres.

— L'association, continua Robin, est en effet une excellente chose, la ressource du faible. Tout le monde est faible à son tour. Le millionnaire qui voudrait construire un chemin de fer trouverait bientôt qu'il a assumé une entreprise au-dessus de ses forces, et cherchera des aides, des associés. Ceux auxquels les millions font complètement défaut...

— Comme à nous.

— N'interrompez pas !

— Ne pourraient pas même songer à entreprendre la plus petite affaire. Des gens qui nous voulaient du

---

1. En effet, les Anglais prononcent *co-operécheunne*.

bien, quelquefois aussi des gens qui voulaient en
avoir l'air, disaient sur tous les tons : « Ouvriers, associez-vous, vous ajouterez à votre salaire les bénéfices qu'empoche le patron. » Associez-vous ! c'était
facile à dire, mais pour s'associer il faut des capitaux : il faut des avances pour les outils et machines,
des avances pour les matières premières, pour la
nourriture et le reste. Comment se procurer ces
avances? Par l'épargne, répondit-on, et déjà il s'était
formé quelques groupes pour essayer de ce moyen
lorsque la révolution de 1848 éclata. Je ne vous ra-
conterai pas ce qui se passa en 1848 et comment nos
pères furent entraînés à faire les journées de juin.
Qu'auraient-ils fait de la victoire? Le savaient-ils eux-
mêmes? Mais ils furent battus. Cependant on ne leur
garda pas rancune. Il y avait alors beaucoup de personnes qui croyaient à la vertu de l'association, et
l'Assemblée nationale mit plusieurs millions à la disposition de ceux qui voulurent s'associer.

— Combien de millions?

— Trois millions. — Une idée me vient! Pardon,
mes amis, si je m'interromps moi-même, mais vous
n'y perdrez rien. Maniol, donne-moi donc le paquet
de vieux journaux et d'imprimés que je t'ai prêté la
semaine dernière... »

Maniol prit le paquet dans le placard où il était soigneusement enveloppé dans un papier. Robin déplia
ce papier et en tira un imprimé jauni par le temps,
qu'il montra à son auditoire.

« Voici, dit-il, le morceau du *Moniteur universel*,

alors journal officiel, qui renferme le rapport de M Corbon, autrefois ouvrier, en ce moment-là représentant du peuple, aujourd'hui sénateur ; le rapport est suivi de la loi du 5 juillet 1848 qui accorde le prêt. Je ne vous lirai pas la loi, les détails n'ont aucun intérêt pour vous en ce moment, mais voici un passage de ce remarquable rapport :

« Le moment est venu, citoyens représentants, d'aborder franchement et nettement cette question de l'association dans le travail, question séduisante pour les uns, irritante pour beaucoup d'autres ; question grosse d'espérances fondées et en même temps d'espérances illusoires ! — L'association est d'ailleurs le grand besoin de notre époque ; c'est au nom de l'association qu'on a enlevé à l'État les chemins de fer ; c'est au même titre que l'on combat le rachat de ces chemins. Pourquoi les simples travailleurs ne tenteraient-ils pas, eux aussi, de jouir des bénéfices de l'association ? Si le principe est fécond, il ne le sera pas moins lorsqu'il s'agira de l'appliquer au travail que lorsqu'il s'agit de l'appliquer à la spéculation.

« Il n'est assurément personne dans cette assemblée qui ne veuille de tout son cœur l'élévation progressive des classes tenues jusqu'ici dans l'infériorité. Et, pour notre part, nous avons l'intime conviction qu'un jour viendra où la plupart des travailleurs auront passé de l'état de salariés à celui d'associés volontaires, comme autrefois ils ont passé de l'état d'esclaves à celui de serfs, et comme de serfs ils sont devenus salariés libres. Mais cette transformation sera l'œuvre du temps et des efforts particuliers des travailleurs. L'État doit y aider, sans doute, mais quelle que puisse être sa part dans la lente réalisation de ce progrès, elle doit être, elle sera de beaucoup inférieure à la part qu'y devront prendre les ouvriers eux-mêmes. Il faut que le travailleur soit le fils de ses œuvres, et que, s'il possède un jour, d'une manière ou d'une autre, l'instrument de son travail, il le doive avant tout à ses propres efforts... »

Robin s'arrêta, et il y eut un moment de silence recueilli.

Il continua ainsi :

J'aurais bien un commentaire à faire, mais je ne veux pas abuser du privilège que vous me donnez, de

parler seul. Je me bornerai donc à dire que les trois
millions furent distribués à un certain nombre d'associations qui se formèrent alors ; mais, sauf deux ou
trois, toutes ces associations firent de mauvaises affaires et périrent. Pourquoi ? parce qu'il ne suffit pas
de fabriquer, il faut encore vendre. Et je ne vous dis
ici que la principale raison. Or, plus avait été grande
l'espérance qui se rattacha à la mesure décrétée en
1848, plus fut profonde la déception ressentie dans le
monde des travailleurs. On ne voulut plus entendre
parler d'association, ou plutôt on haussait les épaules
quand il en était question.

« Et pourtant, il y a du vrai dans l'idée, car elle
eut ailleurs un succès au moins partiel. Il y eut aussi
en France des individus qui lui restèrent fidèles, et
qui surent la réintroduire chez nous sous un nouveau
nom, la coopération, surtout en racontant les brillants succès d'une société anglaise, les « équitables
pionniers de Rochdale. »

— Oui, oui, j'en ai entendu parler, dirent plusieurs
assistants.

— On recommença sur de nouveaux frais. Les ouvriers furent moins illusionnés et plus pratiques ; certaines affaires réussirent ; le gouvernement de 1852
se montra aussi bienveillant que la république de
1848 ; les économistes prêchèrent la coopération, ils
avancèrent même des fonds, enfin le gouvernement
modifia même la législation pour faciliter la création
de sociétés coopératives, auxquelles tout le monde
était devenu favorable.

« Eh bien, êtes-vous contents de ma conférence ? »
demanda Robin en riant.

Et tout le monde d'applaudir.

« Maintenant que j'ai payé mon tribut d'applaudis-
sement, dit Lantrèque, j'ai le droit de critiquer...

— Quoi?

— La brusque terminaison de la conférence. Tu
nous montres du doigt la nouvelle législation, et tu
te retires sans nous la donner.

— C'est la loi sur les sociétés à capital variab'e (du
24 juillet 1867) que vous désirez me voir exposer ?
cela n'est pas impossible, quoique ce soit plus difficile que vous le pensez. J'ai lu beaucoup de lois, et
des discussions sur des lois, qui m'ont prouvé que le
législateur ne peut pas faire absolument tout ce qu'il
veut; il faut qu'il tienne compte des lois existantes
pour qu'il n'y ait pas de contradiction. Chaque loi a
sa raison d'être, une prescription contradictoire
pourrait l'annuler, c'est ce qu'il faut toujours éviter.
Eh bien, il existe déjà toutes sortes de formes de société :

1° *La société en nom collectif.* C'est une société de
2, 3 ou 4 personnes, dont les noms figurent généralement tous (collectivement) sur l'enseigne, et qui
sont complètement solidaires. Chacun est responsable, avec la totalité de sa fortune, des engagements
de la société.

2° La *société en commandite.* Ici c'est le gérant qui
répond avec toute sa fortune, car lui seul agit; il est
interdit aux commanditaires (ceux qui ont fourni

l'argent) de se mêler de l'affaire. En revanche, ces derniers ne courent de risques que jusqu'à concurrence de la somme qu'ils ont mise dans l'affaire.

3° La *société anonyme*, qui est toujours par actions, et où les actionnaires ne risquent que le montant de leurs actions. Ils administrent eux-mêmes l'affaire ou la font administrer par un directeur, mais ne sont toujours responsables que pour leur mise.

« La société à capital variable n'est pas une 4e sorte de société commerciale, c'est une modification spéciale s'appliquant à chacune des trois formes existantes qui, en adoptant la modification, devient, en même temps, société à *capital variable ;* c'est la forme légale de la société coopérative.

— Mon cher Robin, dit Bardon, tu deviens si savant que je ne te comprends plus.

— Tu as peut-être raison, mon ami, je vais m'y prendre autrement. Une société coopérative est une société de gens qui ne sont pas riches, qui ne peuvent pas payer d'un coup des actions de 500 fr. ni même de 100 fr. ; il faut leur laisser la faculté de faire de petits versements successifs. Est-ce compris?

— Oui, oui, il faut pouvoir verser successivement.

— Bon. Puis il faut avoir la faculté d'admettre de nouveaux membres, pour que les sociétés s'agrandissent et il faut qu'on puisse en sortir.

— Et qui pourrait l'empêcher? demanda-t-on.

— Doucement! personne ne veut rien empêcher. Ne perdons pas de vue qu'il s'agit de fonder une société qui aura affaire au public, qui achètera des uns et vendra aux autres, qui, même si elle ne fait pas crédit à ses clients, en aura besoin pour elle...

— Ah, cela non ! s'écria Maniol.

— Voyons, Maniol, supposons une société coopérative de cordonniers, dont tu serais le gérant. Tu aurais besoin de 1000 kilog. de cuir ; ayant l'argent dans ton tiroir, tu écrirais au tanneur de t'envoyer le cuir ; le payement étant immédiatement à sa disposition, il faut encore qu'il ait confiance en ta parole, un tout petit peu de confiance, soit ; mais s'il venait de grandes commandes, par exemple d'une maison américaine, ne travaillerais-tu pas pour l'exportation ? Or il faut que tu aies confiance en cette maison, qu'elle ait confiance en celle que tu diriges, et enfin tu ne pourrais pas accepter la commande, si tu ne pouvais espérer obtenir du crédit chez le tanneur, qui, de son côté, ne vendrait pas tout son cuir, s'il n'en avançait pas à d'honnêtes cordonniers comme toi, qui le payeront après avoir livré les souliers. Il faut donc du crédit.

— Peut-être que oui.

— Certainement. Eh bien, pour qu'on sache combien de crédit on peut accorder à une maison, il ne suffit pas de savoir que le chef est honnête, il faut encore connaître de quelles ressources il dispose, car il peut se tromper, entreprendre des affaires désavantageuses, et s'il y perd, il doit supporter seul ses pertes et ne pas les faire subir à ceux qui ont eu confiance en lui.

— Et où en veux-tu venir ? demanda Lantrèque.

— Tu vas le voir, je n'ai pas encore fini. C'est qu'il y a encore une autre circonstance à considérer. Dans les affaires entre individus, il y a en présence deux personnes réelles, Pierre et Paul; mais les sociétés, qui est-ce? Ce n'est ni Pierre, ni Paul; si la société se dissout, que reste-t-il? Par toutes ces raisons, la loi veut que les sociétés publient leurs statuts, qui indiquent le montant de leur fortune, le genre de leurs affaires, etc., et que rien ne puisse être changé à ces statuts, sans que ce soit publié. Il faut que le public sache ce que vaut la société qui lui offre des services. Il est même dans l'intérêt de la société que le public sache tout cela.

— Je ne vois pas encore...

— Nous arrivons au point essentiel. La nécessité de publier le chiffre du capital fit penser d'abord qu'on ne pouvait pas faire de société dont le capital se formât par petits versements, qui augmentait ou diminuait selon les mouvements de l'épargne ; c'est seulement la loi de 1867 qui a permis de fonder des sociétés dont le capital est variable. Par les statuts, le public sait que le capital varie ; seulement, il ne sait pas à chaque instant de combien, c'est une chance qu'il doit courir, mais qu'il court sciemment.

— Eh bien, alors !

— Alors? Ah! si on laissait pareille latitude aux affaires qui émettent des centaines de millions et qui jouent à la Bourse, vous en verriez de belles ! Que d'affaires véreuses on pourrait faire, que de gens simples, peu au courant, on pourrait dépouiller. C'est une concession très grande que la loi a faite aux sociétés coopératives, elle a donc dû prendre quelques précautions. D'abord, ces sociétés ne doivent pas être fondées avec un capital de plus de 200,000 francs ; il n'y a guère de société coopérative qui puisse réunir plus que cela en commençant, mais elle peut augmenter son capital de 200,000 francs par an. Elle doit indiquer, dans les statuts publiés, le chiffre au-dessous duquel son capital ne puisse pas descendre. Enfin, et ce point est particulièrement important, les actions ne peuvent pas être au porteur, elles restent toujours nominatives. Toutes ces dispositions ont pour but d'empêcher qu'on n'abuse des facilités données par la loi à ces sociétés, pour entrer dans des spéculations qui ne doivent pas être favorisées.

— Ainsi donc, dit Bardon, pour former une société coopérative, il faut d'abord examiner si on veut lui donner la forme d'une compagnie en nom collectif, ou en commandite, ou anonyme. Ce point décidé, on met dans les statuts les dispositions prescrites pour que cette société soit en même temps à capital variable.

— C'est là, dit Maniol, une simple affaire de rédaction ; mais là ne gît pas la difficulté, on trouvera aisément des modèles d'actes ou de statuts. La difficulté, c'est la réunion des hommes, et un peu de l'argent. Si on trouve les hommes, l'argent viendra tout seul ; qui donc a allumé la lampe en plein midi pour chercher un homme ?

— C'est Diogène.

— Je parie qu'il ne l'a pas trouvé. Les hommes

s'ils voulaient bien faire une société coopérative, éco-
nomiseraient l'argent nécessaire; ils auraient bientôt
de quoi commencer. Ils commenceraient petitement
et s'agrandiraient peu à peu.

— Je voudrais bien savoir, fit Lantrèque, pourquoi
tant de sociétés réussissent dans d'autres pays et
qu'on en trouve si peu chez nous de florissantes.

— Je crois que cela vient de la nature des sociétés
préférées, répond Robin. La coopération va à beaucoup d'entreprises, mais non à toutes. Nous sommes
volontiers radicaux, nous nous attaquons de préférence aux choses les plus difficiles — le mot *impossible* n'est pas français, disent les mauvais plaisants
— nous voulons aussi réussir du premier coup, nous
nous décourageons souvent au premier insuccès. Ailleurs on va du facile au difficile, en y mettant de la
persévérance.

« Vous paraissez en douter. Tenez, la société coopérative la plus facile est la société de consommation;
elle est très répandue en Angleterre; nous la dédai-
gnons, parce qu'elle n'a d'autre résultat que de nous
faire faire quelques centaines de francs d'économie
par an sur nos consommations. En Allemagne et en
Italie, ce sont surtout les sociétés de crédit qui floris-
sent; c'est déjà un peu plus difficile, mais pas trop.
Nous, au contraire, nous ne voulons entendre parler
que des sociétés de production. Ce sont les plus difficiles, ce sont partout les moins nombreuses. Nous
voulons cesser d'être salariés, comme si l'échange du
travail contre un prix fixe nous abaissait. Est-ce que

tous les fonctionnaires, militaires, prêtres, professeurs, ingénieurs et autres ne sont pas salariés?

— Voulez-vous que je vous dise confidentiellement
ma pensée? demanda Maniol. Eh bien, écoutez : Si
l'on supprimait le « salariat, » des millions d'ouvriers
le redemanderaient bien vite. Demandez aux ménagères si elles n'aiment pas mieux gagner avec certi-
tude 30 fr. par semaine, qu'une semaine 20 fr. et
une autre 50, et puis 10, et ensuite 60 et quelquefois
rien du tout. Quand le patron ne gagne rien, il faut
qu'il nous paye tout de même. Oh! l'incertitude est un
grand mal !

— Voilà ce qui est parler, » dit Mme Maniol avec un
sourire d'adhésion.

CHAPITRE VII

INSTITUTIONS DE PRÉVOYANCE; CAISSE D'É-
PARGNE; SOCIÉTÉ DE SECOURS MUTUELS;
CAISSE DE CHOMAGE; CAISSE DE RETRAITE;
ASSURANCE EN CAS D'ACCIDENT, ETC.

La conversation sur les sociétés coopératives avait laissé d'assez vifs souvenirs dans l'esprit de ceux qui y avaient pris part. Il en avait été question dans plusieurs ateliers, et un soir que la réunion était au complet chez Maniol, on en reparla. Ce furent les jeunes gens qui les remirent sur le tapis. Maniol leur dit, non sans une petite intention de malice :

« Eh bien, mes amis, si vous voulez établir une société coopérative, mettez-vous-y. Personne ne vous empêche. Il y a des entreprises qui s'y prêtent, allez, coopérez.

— Et l'argent?

— Faites comme d'autres ont fait avant vous : épargnez.

— Et pouvoir !

— Dans certaines professions cela est en effet

difficile pour le père de famille, mais le célibataire, l'homme seul, peut toujours.

— Oh, oh !

— Toujours, vous dis-je. C'est que vous ne voulez pas vous priver. Ah, vous voulez que l'alouette vous tombe toute rôtie dans la bouche, n'est-ce pas ? Ce temps est passé. Aujourd'hui, il faut guetter l'alouette, il faut l'abattre et la rôtir, sinon, non ! »

Il y eut un peu de tumulte, car tout le monde se mit à parler en même temps. Alors Robin se leva et, d'un ton d'autorité, s'écria : Silence ! et tout le monde se tut.

« Nous ne sommes pas ici dans une réunion publique, dit-il, et puisque vous avez fait du tapage, vous allez être punis. En vertu de mes pouvoirs discrétionnaires, je vous condamne tous et chacun, l'un après, l'autre, à raconter l'histoire d'au moins une personne de votre connaissance qui s'est fait peu à peu une position, en commençant par économiser. »

Tout le monde se mit à rire ; mais Robin tint bon et chacun dut nommer au moins une personne qui a dû son aisance à l'épargne. Et chacun nomma des personnes, ou raconta quelques anecdotes intéressantes ; on s'anima, et plus d'une résolution féconde fut prise ce soir-là.

« Malheureusement, dit un jeune ouvrier, il y a tant de tentateurs et tant de tentations. Comment résister quand on a l'argent dans la poche ?

— A quoi servent donc les caisses d'épargne ? dit Mme Maniol, qui en connaissait bien le chemin.

— C'est vrai, mais on ne les a pas toujours sous la main.

— Il faut y mettre un peu de bonne volonté. Du reste, depuis 1881 (loi du 9 avril), aux caisses d'épargne anciennes (datant de 1818) sont venues s'ajouter les caisses d'épargne postales, et comme la poste est partout, bientôt la caisse d'épargne sera partout.

— Voici comment on devra procéder, fit observer Lantrèque. Au jour de la paye, mettons qu'on reçoive, pour dire une somme ronde, 100 francs, on aura calculé qu'il faudra dépenser 85 francs jusqu'à la prochaine paye, on comptera 5 francs pour dépenses imprévues et les 10 francs restant on les portera immédiatement à la caisse. La somme une fois inscrite, le déposant pourra s'écrier : Sauvée ! elle est sauvée, en effet.

— Tout cela n'est pas bien difficile, dit Mme Maniol. On se présente au bureau et on demande à verser. La première fois, on reçoit un livret, et les autres fois les versements y sont inscrits au fur et à mesure. Et quand on a besoin d'argent, on peut aller à la caisse et en demander, c'est un remboursement. Toujours avec son livret sur soi, bien entendu.

— L'argent déposé à la caisse rapporte 3 fr. 25 pour 100 francs.

— A la caisse d'épargne postale : quelques caisses d'épargne donnent davantage.

— Et qu'est-ce qu'elles gagnent là-dessus ? demanda un jeune ouvrier.

— Qu'est-ce qu'elles gagnent ? s'écria Robin, imforme-toi plutôt de ce qu'elles perdent. Ni l'État, ni les communes, ni les particuliers qui contribuent à leur fondation ne prétendent rien gagner; ils veulent rendre un service, voilà tout.

— Mais alors je vais me faire donner plusieurs livrets, dit le même jeune homme.

— Oh non! cela ne va point, fait observer Mme Maniol. On ne donne qu'un livret. A quoi bon, d'ailleurs, puisque vous pouvez tout faire inscrire dans le même livret?

— On ne peut avoir qu'un livret, dit Bardon, car la loi fixe un maximum; il est maintenant de 2,000 fr. Ce serait tourner la loi que d'avoir plusieurs livrets.

— Mais si je veux économiser davantage?

— La caisse vous achète des rentes, sans frais.

— La caisse postale, dit Robin, a introduit quelques facilités que les autres caisses d'épargne, je l'espère, pourront accorder également. Ainsi, un enfant, un mineur, peut, en apportant un franc, c'est le minimum des versements, se faire ouvrir un livret, et s'il a 16 ans, il peut retirer de l'argent sans être accompagné de ses parents ou tuteur. De même pour les femmes mariées, elles n'ont plus besoin d'être accompagnées de leurs maris. Bien d'autres facilités ont été données en même temps.

— Je ne vois guère, fit Lantrèque, ce qu'on pourrait améliorer aux caisses d'épargne.

— Il y a la limitation à 2,000 francs, dit Maniol.

— Mais, mon ami, s'écria Robin, la limitation n'es

qu'une apparence comme le soleil qui tourne, ou la
rive qui fuit aux yeux du navigateur. Ce n'est pas
celui qui veut épargner qui est limité, puisqu'on lui
achète autant de rentes qu'il veut, c'est l'État qui se
limite lui-même, car il est responsable des fonds
versés aux caisses d'épargne, il est obligé de tenir
toutes prêtes à être rendues de grosses sommes d'argent dont il paye l'intérêt, sans rien recevoir lui-même.
Cela s'appelle une dette flottante; il trouve avec raison plus prudent de se limiter et de s'obliger à
acheter des rentes pour les sommes qui dépassent
la limite.

— J'ai donc raison, reprend Lantrèque, de louer les
caisses d'épargne, mais j'aurais mes petites objections
contre les sociétés de secours mutuels.

— Je voudrais bien voir ces petites objections avant
qu'elles grandissent.

— Eh bien, je n'aime pas qu'il y ait des sociétés
libres, des sociétés approuvées, des sociétés autorisées, des sociétés reconnues, que sais-je? il y en a
peut-être d'autres.

— C'est que tu n'y as pas réfléchi, mon ami, dit
Robin. Les sociétés reconnues (comme établissements
d'utilité publique) datent de la loi de 1850; elles sont
très rares, la « reconnaissance » leur donne le droit
de posséder des immeubles, voilà à peu près tout leur
privilège; la loi de 1850 était une erreur, n'en parlons plus. Les sociétés libres sont celles qui ont existé
antérieurement sans attache du pouvoir; mais, tant
que le Code pénal (art. 291) ne permettra que les

associations de moins de vingt personnes, il faudra une autorisation. C'est ce qui explique les sociétés autorisées. La société approuvée a été créée par le décret du 26 mars 1852. Il n'y a guère en présence que la société *approuvée* et la société *autorisée*.

— Et quelles sont les différences?

— Les sociétés autorisées ou libres sont dans le droit commun, ce qui veut dire qu'elles ne jouissent d'aucune faveur; toutefois, les sociétés de secours mutuels sont si utiles, qu'on leur a néanmoins accordé certains avantages. Ainsi elles peuvent verser en leur nom une somme plus forte à la caisse d'épargne et constituer des pensions à leurs membres, elles peuvent aussi les envoyer en convalescence, pour 1 fr. par jour, à Vincennes, ou au Vésinet. Les faveurs sont réservées aux sociétés approuvées—mais toutes les sociétés peuvent se faire approuver,— elles n'ont qu'à envoyer leurs statuts et une liste de leurs membres, au préfet, dans les départements, au ministre de l'intérieur, à Paris, pour obtenir l'approbation demandée, sauf si les statuts renferment quelque disposition nuisible. Et encore, ne refusera-t-on pas purement et simplement, on dira seulement : mes amis, tel article est mauvais, supprimez-le, et vous serez approuvés.

— Et pourquoi ne nous laisse-t-on pas faire comme nous l'entendons? demanda-t-on.

— On vous laisse faire, fut-il répondu. Tant que vous ne demandez rien, on ne vous impose pas de conditions; les conditions n'ont d'ailleurs d'autre but que de vous rendre dignes des faveurs que vous demandez, en vous mettant en état de tenir vos promesses.

— Comment cela?

— C'est très facile à expliquer. Vous donnez 1 ou 2 francs par mois pour recevoir, en cas de maladie, une indemnité journalière et les soins d'un médecin ; vous payez peut-être vos cotisations depuis 10 ans, 15 ans, lorsque vous tombez malade. Si à ce moment-là on venait vous dire : Il n'y a plus d'argent ! Qu'en penseriez-vous ? Cela pourrait pourtant arriver si votre société avait mal calculé ses proportions, ou si elle ne les avait pas calculées du tout. Mais le ministre de l'intérieur en a l'expérience. L'administration vous dira, je suppose, ceci : comment, vous ne demandez qu'un franc par mois et vous promettez 3 fr. par jour? Cela n'ira pas, nous savons cela pour l'avoir vu essayer : il faut demander plus, ou accorder moins Les proportions dépendront aussi de l'âge des participants. Les observations qu'on nous fait ainsi sont uniquement dans notre intérêt.

— Quels sont, au juste, les avantages qu'on retire de l'approbation? demanda Bardon.

— Je vais tâcher de me les rappeler, dit Robin : 1° on peut prendre à bail des immeubles, posséder en commun des objets mobiliers et recevoir des dons et legs dont la valeur n'excède pas 5,000 fr.; 2° la commune est obligée de donner gratuitement un local pour les réunions, ainsi que les livrets et les registres de comptabilité; 3° on est exempt des droits de timbre et d'enregistrement pour les actes concernant la société; 4° on jouit de divers avantages et faveurs auprès des caisses d'épargne, d'assurance et de retraites; 5° d'une réduction des 2/3 du droit municipal sur les convois; 6° le diplôme de membre sert de passeport, là où il en faut un; 7° les membres participants sont admis pour 0 fr. 75 par jour aux asiles de convalescence de Vincennes et du Vésinet, et j'en oublie.

— Je ne vois pas quel mal nous font ces faveurs, dit un jeune ouvrier.

— Ni moi non plus, fit Lantrèque, je trouve même que tout cela est bon à prendre. Je reproche seulement aux sociétés approuvées, et même aux sociétés autorisées, d'accepter des membres honoraires.

— La mariée est trop belle, dit Maniol d'un ton goguenard.

— Si l'on n'admettait pas les membres honoraires qui payent la cotisation sans recevoir de secours ou d'indemnité, on serait obligé de refuser les ouvriers qui ont passé un certain âge, et l'on ne pourrait jamais constituer des retraites.

— On m'a dit, fait observer un assistant, que les statuts ne pouvaient pas renfermer des dispositions en faveur du chômage. Il me semble cependant qu'il y a là une lacune.

— Je ne le crois pas, répondit Robin, je suis pour le principe : à chaque instrument, *sa* tâche. Il ne faut pas mêler les besognes et moins encore les caisses. La caisse de secours est organisée, et ses moyens sont

calculés pour le cas de maladie, l'argent des versements doit donc être réservé pour ces cas-là. Sans
doute, le chômage est une question d'une haute gravité ; seulement, si l'on veut fonder une caisse, qu'elle
soit à part.

— Pourquoi cela?

— La première raison, je l'ai déjà dit, c'est que le
nombre des jours de maladie peut être calculé ; il ne
diffère pas beaucoup d'une année à l'autre pour un
groupe de personnes, mais il n'en est pas de même
du chômage. Le chômage est irrégulier, on ne peut
pas en calculer la durée. Il faut même s'entendre sur
le mot de chômage — et j'arrive ainsi à ma seconde
raison ; — il y a deux sortes de chômages : 1° le chômage périodique, provenant des circonstances naturelles, de la nature des choses, et 2° le chômage voulu.
Le premier est forcé, mais prévu, par conséquent la
caisse n'est pas nécessaire. Celui qui sait que le travail n'est possible que pendant neuf mois doit réserver une partie de son salaire pour les trois mois
inoccupés, sauf si pendant ces trois mois il peut s'occuper d'une autre façon. Ce n'est pas, en réalité, aux
chômages périodiques qu'on pense quand on fonde
une caisse de chômage, mais aux grèves. J'avoue que
je n'en suis pas partisan, je ne les crois pas avantageuses ; les grèves sont du reste le plus souvent injustes ou déraisonnables, car, 9 fois sur 10, elles
manquent leur effet. Ceux qui veulent en faire une
n'ont qu'à demander des cotisations spéciales.

— Je suis de l'avis de mon beau-frère, dit Maniol,

loin de contribuer à une caisse de chômage, je verse à la caisse de retraites, cela profite à ma femme et à moi.

— A la caisse de retraites? je croyais qu'il n'y en avait pas, dit un jeune ouvrier.

— Si, si, elle a été créée en 1850, mais depuis quelque temps on demande la fondation d'une caisse de retraites comme s'il n'en existait pas, c'est ce qui a induit en erreur notre jeune camarade. Elle est même très avantageuse, car l'État l'administre pour rien et donne de gros intérêts.

— Mais comment se fait-il qu'on parle de fonder « une caisse, » d'autres disent « des caisses » de retraites?

— C'est en effet incompréhensible, à moins qu'on ne désire fonder une caisse qui donne des retraites à ceux qui ne les ont pas gagnées.

— Comment ! qui ne les ont pas gagnées?

— C'est tout simple. La caisse de retraites existante, celle qui a été fondée en 1850, donne une retraite à ceux qui y font des versements. On a calculé un tarif dans lequel on tient compte de l'âge et de l'intérêt composé (intérêt de l'intérêt), et la rente que chacun reçoit est en proportion des versements. Je vais donner un exemple. Quelqu'un veut obtenir une rente de 1,000 fr. à l'âge de 60 ans; s'il commence à 30 ans, il faut qu'il verse tous les ans, je suppose, — je ne sais pas au juste — mettons 20 francs; s'il commence à 20 ans, il aura à payer moins, mettons que ce soit 16 francs.

— Pourquoi moins?

— Parce qu'à 30 ans, ses versements dureront 30 ans, et à 20 ans, ses versements dureront 40 ans. Cet argent sera placé à intérêts et rapportera d'autant plus, qu'il travaillera plus longtemps.

— Ce n'est pas tout, dit Maniol.

— Je sais à quoi tu penses, à la chance de mort ? reprend Robin.

— C'est un des points auxquels je pensais, fit Maniol.

— Bon, nous allons y venir. J'ai dit la chance de mort. Il faut d'abord expliquer : qu'on peut placer son argent 1° *à capital aliéné,* cela veut dire que, si le déposant meurt, l'État hérite (on appelle cela aussi : placer à fonds perdus). Or dans les 30 années qui s'écoulent entre l'âge de 30 et l'âge de 60 ans — ou dans les 40 années entre les âges de 20 et 60 ans — un certain nombre de personnes meurent. Eh bien, l'État ne garde pas pour lui leur héritage, il le dis- tribue entre les autres déposants du même âge, car l'État est désintéressé. Voilà ce qu'on appelle capital aliéné, ce capital grossit sensiblement le montant des rentes. 2° Il y a ensuite *le capital réservé.* Ce capital revient, après sa mort, aux héritiers du déposant. Ici, l'intérêt composé, et la durée du dépôt agissent seuls.

— Enfin, 3° il y a les versements pour des époux : à la mort de l'un, l'autre reçoit la moitié de la rente, que le capital soit réservé ou aliéné. Est-ce cela, Maniol ?

— C'est parfaitement cela, fit Maniol.

— Combien de rentes peut-on se faire ? demanda Bardon.

— Depuis 5 fr. jusqu'à 1,500 fr., c'est le maximum.

— Lors du premier versement, dit Maniol, il faut apporter son acte de naissance ; si l'on est marié, il faut l'acte du mari et celui de la femme. Un mineur de moins de 18 ans doit apporter encore l'autorisation de ses parents ou de son tuteur.

— Et quel est le minimum d'un versement ?

— Le minimum est de 5 fr., le maximum de 4,000 fr.

— Et si quelqu'un était déjà possesseur d'un livret au moment où il se marie ?

— Ce qu'il aurait versé jusqu'alors lui appartiendrait en propre ; ce qui serait versé après le mariage se partagerait entre les époux.

— Celui qui se propose de verser, dit Robin, fait bien d'aller à la caisse des dépôts et consignations (dans les départements, chez les trésoriers-payeurs, ou chez les receveurs des finances) ; on peut s'y procurer un petit livret où toutes les conditions sont indiquées. C'est là aussi qu'on fait ses versements. On pourra également s'informer de deux caisses d'assurances (loi de 1868) dont je vous dirai un mot, puisque nous parlons de ces choses-là.

— Deux caisses à la fois ?

— On pourrait tout aussi bien dire *une* caisse chargée à la fois d'assurances sur la vie et d'assurances contre les accidents.

— Empêche-t-elle la mort ou les accidents ?

— Hélas, non! Elle se borne, en cas de mort ou d'accident, à donner une somme d'argent aux survivants y ayant droit. Ainsi, si quelqu'un meurt après avoir payé la prime indiquée au tarif, sa veuve ou ses enfants peuvent recevoir, selon le cas, jusqu'à 3,000 fr., ce qui est souvent le moyen de gagner sa vie. 3,000 fr. est le maximum, la grosseur de la somme dépend du montant des versements. Quant aux accidents, pour s'assurer, on peut verser annuellement, à son choix, 3 fr., 5 fr. ou 8 fr. En ce cas, on a droit à 150 fr. ou 200 fr., et au maximum à 644 fr. de rente viagère. Les détails sont spécifiés dans les livrets. Les sociétés de secours mutuels peuvent assurer collectivement leurs membres.

— On n'en fait pas beaucoup usage, dit Bardon.

— C'est un tort qu'on a, répondit Lantrèque.

— Vous voyez, mes enfants, dit le *père* Maniol, comme on commençait à l'appeler à cause de quelques cheveux blancs au haut des favoris, il ne manque pas d'institutions où l'on peut placer son argent mieux que chez le marchand de vin, ce que je puis dire à vous autres, qui n'y allez jamais, sans vous contrarier. »

CHAPITRE VIII

BREVETS D'INVENTION. — PROPRIÉTÉ INDUSTRIELLE MARQUES. — DESSINS.

Bardon avait inventé un instrument, ou un outil, qui devait rendre de grands services dans sa profession ; il voulait avoir une récompense, ou tirer parti de son invention. Il en avait fait la confidence à Robin, et celui-ci lui avait donné le conseil de prendre un brevet d'invention. Bardon avait bien pensé un moment à s'adresser à son patron en qui il avait beaucoup de confiance, mais son patron n'aurait pu qu'acheter quelques exemplaires de l'outil, ce qu'il lui en fallait dans son atelier, et cela n'en valait pas la peine. Car Bardon aurait été obligé de fabriquer ces outils, ce travail aurait pris son temps, et, en attendant, il n'aurait pas eu de salaire.

Ce qu'il lui fallait c'était un fonds pour monter une petite fabrique d'outils ; encore aurait-on pu l'imiter et lui faire concurrence, ce qui aurait réduit ses bénéfices. Pour avoir de l'argent, il aurait d'ailleurs été obligé de montrer son invention, et il aurait pu tomber sur un homme de mauvaise foi, qui la lui aurait volée.

« Si tu prends un brevet, lui disait Robin, tu n'as rien à craindre, tout le monde pourra voir de près ton invention, sans pouvoir s'en emparer. »

Bardon demandait plus de détails que Robin ne pouvait lui en donner pour le moment, mais celui-ci promit de se procurer un livre où il trouverait tout ce qu'il fallait. On se donna rendez-vous chez Maniol, où l'on rencontrerait également Lantrèque. On fut exact, et Robin apporta le livre, qu'il avait d'ailleurs déjà consulté. La petite société fut bientôt au courant, on félicita Bardon, qui dit :

« Merci, merci, merci ! Tout cela est bon, mais jusqu'à présent mon outil ne m'a rapporté que de la peine ; quand me rapportera-t-il quelque chose de mieux, de solide, de sonnant ?

— Cela viendra, dit Mme Maniol.

— Qu'est-ce qu'il y a à faire ? demanda son mari.

— Je vais vous le dire, répond Robin, tout se trouve dans la loi du 5 juillet 1844. Bardon écrira une lettre au ministre du commerce, dans laquelle il demandera un brevet d'invention pour 15 ans (il pourrait se contenter de 5 ou de 10 ans). A cette lettre il joindra, en double, une description de son invention, et s'il le juge nécessaire, il ajoutera un dessin, également en deux exemplaires. Il mettra tout cela sous enveloppe cachetée et portera le petit paquet à la préfecture. J'allais oublier une chose essentielle. Il ira d'abord chez le trésorier payeur (à Paris, chez le receveur central) et payera cent francs, c'est la première annuité. On lui en donnera récépissé. Ce récépissé et le paquet cacheté, Bardon le portera à la préfecture, où se fera l'inscription sur un registre spécial ; on énonce la date et même l'heure du dépôt. Bardon signera le registre. Un procès-verbal est dressé, dont une copie lui est remise sur un papier timbré qu'il paye. A partir de ce moment il peut dormir sur les deux oreilles.

— Ce n'est que cela ?

— Un peu de patience, s'il vous plaît ? Le brevet ne lui sera remis que dans quelques semaines ; mais le procès-verbal suffit pour prouver qu'il a été le premier à apporter la découverte ou l'invention, et c'est tout ce qu'il faut.

— Et personne que lui ne pourra fabriquer son outil ?

— Personne que lui.

— J'en suis bien aise pour Bardon, dit Lantrèque, mais c'est tout de même dur pour les autres.

— Je ne vois pas cela, dit Maniol. Bardon a peiné pour appliquer son idée, il n'a rien pris à un autre, et il n'aurait pas de récompense ? Par exemple ! De quel droit un autre en jouirait-il gratuitement ?

— Il aurait pu la trouver, fit Lantrèque.

— Mais il ne l'a pas trouvée, s'écria Mᵐᵉ Maniol.

— Du reste, dit Robin, l'inventeur ne garde pas son privilège éternellement, il le garde tout au plus 15 ans ; au bout de 15 ans, l'invention tombe dans le domaine public, c'est-à-dire qu'elle appartient à tout le monde.

— Tout le monde doit prendre un brevet de 15 ans, dit Maniol.

— A peu près, répondit Robin. Il pourrait y avoir une raison de prendre pour 5 ou 10 ans, mais elle me semble rare. La voici : Le titulaire du brevet doit payer à l'État 100 francs par an, c'est un impôt. S'il oubliait une fois de le payer à jour fixe, il serait déchu. Lorsqu'on vend son brevet, l'acquéreur doit payer à la fois toutes les années qui restent à courir ; or, si l'invention n'est pas bien importante, on aime mieux avoir à débourser 500 ou 1,000 fr., que 1,400 ou 1,500.

— Que dira le ministre quand il verra mon brevet ? demanda Bardon, d'un air préoccupé ; ne fera-t-il aucune difficulté ?

— Il examinera, dit Lantrèque, si tu as vraiment fait une invention.

— Non, fit observer Robin, telle n'est pas la loi. L'examen préalable n'existe pas dans notre législation, ou plutôt ce n'est pas le ministre qui examine si l'invention est réelle, s'il y a nouveauté, mais les tribunaux...

— Les tribunaux ? Il n'en a pas encore été question.

— Oh ! les tribunaux ne prennent pas l'initiative de l'examen, ils attendent qu'on les saisisse. Voici comment les choses se passent. Supposons que l'outil de Bardon, au lieu d'être nouveau, fût connu antérieurement ; dans ce cas tout le monde pourrait continuer, malgré son brevet, à le fabriquer. Si Bardon laisse faire, tout est pour le mieux, il n'y a pas procès, seulement Bardon a jeté son argent par la fenêtre ; c'est comme s'il n'avait pas pris de brevet. Mais s'il s'oppose à la contrefaçon, s'il fait saisir les produits qu'il croit contrefaits et poursuit le contre-facteur, alors celui-ci dit au tribunal : Je ne sais ce que me veut ce prétendu inventeur, il n'a rien inventé du tout. Cet outil ? mais voici la preuve qu'il était connu antérieurement. Alors le tribunal examine, et s'il trouve que c'est vrai, il annule le brevet non mérité.

— C'est tout de même drôle, dit Maniol, que le ministre donne des brevets sans regarder.

— Il ne faut pas aller trop loin, répond Robin, le ministre est obligé d'y regarder de près. La loi défend de donner un brevet pour un médicament, ou pour un plan financier ; ces brevets, le ministre les refuse ; il n'en donne que pour des procédés de fabrication, ou pour des produits industriels.

— Il y aurait encore une question à faire, dit Lan-trèque, non pas si Bardon est sûr que son instrument est bien neuf, nous pouvons le croire sur parole, mais s'il l'a perfectionné autant que possible. Que ferait-il si un autre le perfectionnait après lui et prenait un brevet ?

— Oh ! je suis sûr de mon affaire, fit Bardon.

— Espérons-le, dit Robin. Du reste, si, après expérience, il restait une amélioration à faire, il suffi-rait à l'inventeur de prendre un « certificat d'addi-tion » en procédant comme s'il voulait prendre un brevet. Seulement, au lieu de 100 francs par an, il n'aurait que 20 francs à payer, une fois pour toutes.

Le certificat fait ensuite partie de son brevet. Lorsqu'on a vendu le brevet, on ne peut plus prendre de certificat, car c'est le propriétaire inventeur qui seul a ce privilège.

— Moi aussi, je veux poser une question, dit Maniol; l'étranger peut-il demander un brevet en France, et le Français à l'étranger?

— Parfaitement, répond Robin.

— Et moi donc, dit à son tour Mme Maniol, est-ce que je n'ai pas ma question! Si j'avais inventé un nouveau modèle de chapeau?

— Ma sœur, répondit Robin en riant, tu n'espères pas, je pense, qu'on portera ton chapeau pendant quinze ans! Je me hâte d'ajouter que la loi est trop aimable pour ne pas te donner satisfaction. Il y a des dispositions diverses, qui trouveront leur place dans un code de la propriété industrielle qu'on fera un jour ou l'autre. En attendant je vais dire ce qui existe. Les dessins et les modèles peuvent être *déposés;* le dépôt ne crée pas la propriété, elle existe par elle-même, mais il permet de la prouver, et en tout cas manifeste l'intention de l'inventeur de se la réserver. Le dépôt s'effectue au greffe du conseil des prud'hommes, et s'il n'y a pas de conseil, au greffe du tribunal de commerce, ou à défaut, du tribunal civil. Le nom du fabricant, et sa marque de fabrique ne peuvent pas être imités non plus (lois des 28 juillet 1824, 23 juin 1857 et 26 novembre 1873, code pénal article 423). On ne peut pas non plus imiter des enseignes et faire une concurrence détournée, par un de ces moyens que les malins inventent. Aucun texte de loi ne permet, il est vrai, de punir correctionnellement le contrefacteur, mais celui qui est lésé peut toujours, en prouvant son droit, obtenir des dommages-intérêts. »

Il fut bien décidé que Bardon s'occuperait, dès le lendemain, de son brevet. Ses amis lui demandèrent s'il disposait de 100 francs, mais il les remercia avec effusion, déclarant qu'il avait un livret de caisse d'épargne.

« C'est Robin qui me l'a fait prendre, dit-il, il y a déjà trois ans, je lui dois bien de la reconnaissance pour ses bons conseils. »

CHAPITRE IX

RÈGLEMENTS ET RESTRICTIONS INDUSTRIELLES.
CONDITIONNEMENT. — GARANTIE. — POIDS ET
MESURES. — FALSIFICATIONS. — ÉTABLISSE-
MENTS INSALUBRES. — MINES. — USINES, ETC.

Bardon prit son brevet, et réussit à monter un atelier qui marcha bien. Mais en attendant, ses démarches,
ses préparatifs, ses préoccupations donnèrent lieu à
mainte conversation, dans laquelle Robin fit preuve
de beaucoup de savoir en fait de législation industrielle. On l'interrogeait souvent, et une fois qu'un
camarade avait soutenu que les lois gênent partout
l'industrie, il se mit à le réfuter, en parlant au moins
une heure de suite. Voici, en abrégé, ce qu'il dit :

« Ce n'est pas de nos jours que les règlements et les
restrictions gênent beaucoup l'industrie, c'était dans
le « bon vieux temps » des corporations d'arts et métiers, quand tous les mouvements étaient prescrits,
quand l'autorité fixait la longueur, la largeur et le
poids d'une pièce de drap, quand il punissait la modification d'un procédé. Je ne veux pas dire que ces
règlements étaient du pur caprice, oh non ! le caprice

ne peut pas durer des siècles : on voulait empêcher les industriels de tromper leurs clients, on voulait aussi maintenir les anciens usages et empêcher les empiètements d'une industrie sur l'autre.

« C'était avoir l'esprit bien étroit, c'était retarder le progrès. On l'aurait arrêté, si cela avait été possible. Mais le courant physique ou intellectuel, quand il n'est pas plus fort que la digue, après avoir accumulé ses flots derrière l'obstacle, passe par-dessus et emporte bien des abus et des entraves. Aujourd'hui, on ne fait que les règlements nécessaires, soit pour qu'un impôt se paye, soit pour que la santé soit ménagée, les accidents évités. Je ne chercherai sans doute pas à justifier chaque détail, les hommes ne sont pas infaillibles, mais la tendance de respecter la liberté de chacun est évidente.

« Mais on ne le peut pas partout. Prenons, par exemple, les poids et mesures, on n'admettra pas que chaque citoyen ait son litre et son kilogramme, ce serait la liberté du faux poids et de la fausse mesure. C'est une liberté qu'on ne peut pas accorder. Il y a donc une surveillance, qui s'étend sur le commerce. Il y a des inspecteurs des poids et mesures; les balances, poids et mesures doivent être périodiquement contrôlés, et recevoir la marque, le timbre, ou plus exactement le poinçon de vérification.

« Voilà les vérifications forcées, mais il y en a de facultatives, qu'on néglige rarement, tellement elles sont avantageuses. La soie, et même la laine, sont des matières chères, il importe donc de ne pas être trompé sur leur poids... et d'une façon que la balance ne montre même pas. Voici par exemple un paquet d'écheveaux de soie, pesez : c'est un kilog. — Un moment! Exposez ces écheveaux à un courant d'air chaud et faites sécher. Maintenant, pesez de nouveau, il manque bien 200 grammes (plus ou moins)? C'était 200 grammes d'eau qu'on aurait pu vous faire payer comme autant de soie. C'est trop, aussi n'achète-t-on plus guère de soie sans la soumettre à cette épreuve, qu'elle subit dans les bureaux de conditionnement[1] fondés, soit par les municipalités, soit par les chambres de commerce. On n'est cependant pas obligé de s'adresser à ces bureaux, dont les services se rémunèrent.

« Une lointaine analogie, — une bien lointaine, — avec le conditionnement de la soie, qui est une garantie pour l'acheteur, peut être trouvée dans le contrôle du titre des matières d'or et d'argent, qui est également une garantie pour les acheteurs, et surtout une source de revenu pour l'État. C'est un impôt, « le droit de garantie. » C'est une réglementation assez compliquée qui ne peut pas s'exposer en deux mots, mais voici l'essentiel. Les fabricants sont tenus de marquer leurs produits et d'en tenir registre. Ils ne peuvent pas fabriquer des ouvrages en or, renfermant moins de 750 grammes d'or pur par kilog. (le reste en alliage) et moins de 800 millièmes d'argent. Les objets

---

1. On dit aussi : Condition de la soie. C'est en 1750, à Turin, qu'on a commencé à déterminer le degré d'humidité, car on achetait la soie « à condition. » De là le nom.

fabriqués, les bijoux doivent être portés au bureau de la garantie, où ils sont d'abord essayés. Les objets qui n'auraient pas le titre prescrit seraient brisés, les bons reçoivent le poinçon de la garantie, c'est une marque déterminée. L'impôt est, depuis 1872 (loi du 30 mars), de 30 francs par hectogramme d'or, et de 1 fr. 50 par hectogramme d'argent; et comme il y a 2 décimes 1/2 additionnels, c'est le quart en sus qu'il faut payer (37 fr. 50 au lieu de 30 francs). Cet impôt est une taxe intérieure, par conséquent, il est restitué lors de l'exportation des bijoux. Il y a des dispositions spéciales pour les ouvrages en plaqué et en doublé.

« L'impôt, ou la taxe de la garantie qui assure aux acheteurs la pureté relative des métaux précieux, fait partie du groupe des contributions indirectes. Ces contributions s'étendent encore sur quelques autres produits, sur les sucres, les eaux-de-vie, etc. Mais dans ces cas les règlements ont un but particulier, on ne veut point gêner l'industrie, on cherche même à lui donner des facilités, mais il faut percevoir intégralement l'impôt dû à l'État. Pour la fabrication des cartes à jouer, par exemple, l'État fournit le papier filigrané, et le fait payer à un prix qui renferme l'impôt.

« Je ne sais si je dois ici mentionner en passant la loi de 1851 (27 mars) qui édicte des peines contre ceux qui falsifient les denrées et autres marchandises. Ce n'est pas de l'industrie cela, et en tout cas, ce n'est pas une industrie à laquelle nous puissions nous intéresser, je la mentionne donc seulement pour mé-

moire. La loi de 1851 a pour but de protéger surtout
la santé du consommateur ; mais la santé des populations peut souffrir sans qu'il y ait fraude ; d'autres
dispositions ont donc été prises pour réglementer la
salubrité publique, par exemple, les couleurs employées pour les jouets d'enfants.

« C'est surtout des règlements qui concernent les
établissements dangereux, insalubres ou incommodes,
qu'il faut parler ici. Les établissements industriels
qui ne gênent personne peuvent s'établir partout, et
ils en usent! Les fabriques et usines, les ateliers qui
répandent autour d'eux une odeur nauséabonde, ou
qui font beaucoup de bruit, ou qui lancent une fumée
suffocante, doivent, au contraire, ou s'éloigner du
centre des villes et même des habitations, ou prendre
les précautions prescrites par l'autorité. Du reste, les
voisins lésés ou incommodés ont toujours le droit de
se plaindre et de demander des dommages-intérêts,
même lorsqu'une autorisation a été accordée par l'administration ; c'est au tribunal à fixer le montant de
l'indemnité.

« Vous comprenez que tous les établissements ne
sont pas traités de la même façon : il y en a de plus
ou de moins insalubres, dangereux, incommodes ;
aussi le décret de 1810 et l'ordonnance de 1815 les
divisent-ils en trois classes. Les établissements de
1re classe ne peuvent être autorisés qu'à la suite d'une
enquête. L'entrepreneur s'adresse au préfet, et entre
dans les détails nécessaires sur son établissement ; il
faut bien qu'il dise quelle industrie il veut fonder, et

en tout cas, il doit joindre un plan des lieux. Le préfet ouvre l'enquête : par voie d'affiche, il invite les citoyens à faire leurs observations et leurs objections. Les maires des communes intéressées doivent spécialement consulter les voisins de la fabrique projetée. L'enquête terminée, le préfet apprécie la valeur des objections, et accorde ou refuse l'autorisation. Si quelqu'un n'était pas satisfait de cette décision, il porterait sa plainte devant le conseil de préfecture, et en appel devant le conseil d'État.

« Les établissements de 1re classe doivent toujours être éloignés des habitations; souvent ils doivent en outre se soumettre à des mesures spéciales; enfin, si malgré toutes les précautions, la fabrique devenait intolérable, elle pourrait être supprimée. Seulement, de même qu'avant de l'autoriser on a eu soin de consulter les autorités locales, on entendrait d'abord les fabricants et autres intéressés, et la décision serait prise par le gouvernement, après avoir consulté le conseil d'État.

« Les établissements de 2e classe peuvent être rapprochés des habitations, mais l'autorisation doit également être précédée d'une enquête; s'il est nécessaire, l'autorisation n'est accordée qu'à la condition de prendre certaines précautions, ou de faire certains arrangements pour rendre la fabrication moins nuisible ou moins désagréable au voisinage.

« Les établissements de 3e classe peuvent être admis dans le voisinage des habitations. Au lieu de faire une enquête, on se borne à consulter l'autorité locale;

dans les départements, le sous-préfet peut accorder l'autorisation, sans avoir recours au préfet. Vous voyez que les difficultés sont graduées selon l'étendue du danger; ou de l'incommodité à éviter. Il existe des tableaux par ordre alphabétique où l'on trouve toutes les industries qui ont besoin d'une autorisation, avec l'indication de la classe dans laquelle elles ont été rangées par les décrets[1]. Il est entendu que les industries qui n'ont pas été portées sur la liste n'ont pas besoin d'autorisation; je conseillerais cependant de ne pas trop s'y fier, car le droit des voisins est toujours là. Celui qui inventerait un produit dont la fabrication doit incommoder ses voisins ferait bien de s'établir loin des habitations, d'autant plus que les nouvelles industries dangereuses ou incommodes peuvent toujours être portées sur la liste par un décret.

« En parlant ainsi des établissements, manufactures, ateliers, fabriques, usines, dangereux, insalubres ou incommodes, je dois faire remarquer que ces établissements sont soumis encore à d'autres règles que celles qui ont été formulées dans l'intérêt de la salubrité. Il a été question un autre soir (chap. iii) du travail des enfants. Eh bien, si la fabrique était située sur la frontière, si ses productions supportaient un impôt (comme le sucre), il y aurait encore des dispositions spéciales à consulter. Il en est de même des

1. On trouvera la liste complète des établissements des trois classes dans le Supplément au Dictionnaire de l'Académie française, de M. Maurice Block. Paris, Berger-Levrault.

fabriques ou usines qui sont situées sur un cours d'eau, c'est-à-dire, qui ont besoin de cette eau comme force motrice. L'eau sert à la fois à tant d'emplois différents : boisson, irrigation, navigation, salubrité, que le départ de chaque emploi doit être fait par l'autorité publique, pour que tous les droits soient respectés, tous les intérêts satisfaits. En ces matières chaque cas — chaque espèce, disent les avocats, — doit être étudié à part.

« Vous croyez que j'ai fini ? Nullement. La vie est si multiple et les industries sont si variées, qu'il faudrait causer longtemps si l'on voulait tout dire. Je me borne donc à mentionner l'industrie de la navigation, l'industrie de la pêche, l'industrie des mines. La navigation et la pêche maritimes forment ensemble un groupe à part ; ceux qui vivent sur l'eau salée y sont presque nés et y ont grandi ; ils apprennent leurs droits et leurs devoirs peu à peu, par la pratique journalière.

« L'industrie des mines forme également une catégorie à part, mais elle est si importante qu'il vaut la peine d'entrer dans quelques détails. Il faut d'abord distinguer les carrières des mines. C'est facile : les mines sont sous terre, les carrières sont à ciel ouvert. Ces dernières appartiennent toujours au propriétaire du champ, — s'il ne les a pas vendues séparément, — elles ne renferment guère que des terres et des pierres, et par cette raison on qualifie quelquefois de carrières, certaines mines où l'on va chercher des pierres au moyen de galeries souterraines.

« Dans les mines on recueille surtout des métaux et du combustible. Le charbon de terre se divise en houille, anthracite, lignite ; vous pouvez vous informer de la différence qui existe entre ces trois sortes de charbons. Les métaux sont nombreux, mais il n'y a que le fer qui soit très répandu. Le fer est si abondant qu'il n'est pas rare d'en trouver sur le sol des tas considérables, qu'on peut exploiter sans artifices, comme une carrière ; on dit alors que c'est une minière. Seulement le fer, et en général tous les métaux, ne se trouvent généralement pas à l'état pur ; ils sont mélangés avec des terres et des pierres ; quand les métaux sont ainsi mélangés, c'est du minerai. Le minerai subit bien des préparations, qui diffèrent selon la nature du métal qu'il contient ; généralement il est broyé, lavé, fondu. La plupart des métaux, une fois fondus, sont susceptibles d'être travaillés, même la fonte de fer ; cependant celle-ci est encore soumise à diverses opérations pour la transformer en fer plus ou moins affiné, et en acier.

« Les carrières n'ont pas donné lieu à beaucoup de législations ; il n'existe, en ce qui les concerne, presque que des règlements de police, afin de réduire les dangers qui s'y rattachent. Ainsi, elles ne doivent pas être trop près des routes, on doit avertir les voisins lorsqu'il doit y avoir une explosion, et d'autres mesures analogues ont été prescrites.

« Pour les mines, les choses sont plus compliquées, les questions se multiplient. D'abord, à qui appartient la mine ? Dans certains pays on a dit qu'elle appartenait au propriétaire de la surface. Cette disposition est même entrée dans notre Code civil, à l'article 552 Nous lisons dans cet article : « La propriété du sol emporte la propriété du dessus et du dessous... Le propriétaire peut faire au-dessous toutes les constructions et fouilles qu'il jugera à propos, et tirer de ces fouilles tous les produits qu'elles peuvent fournir, sauf les modifications résultant des lois et règlements relatifs aux mines, et des lois et règlements de police. »

« Le code civil est de 1804, et, quoiqu'il y ait les mots « sauf les modifications, etc..., » je ne crois pas que le législateur ait tout prévu alors. La loi sur les mines, de 1810, a réellement innové ; mais on n'aura pas voulu toucher au code, et pour concilier ce qui est contradictoire dans les lois de 1804 et de 1810, on a donné au propriétaire de la surface certaines satisfactions, dont l'une consiste en une petite redevance ; mais au fond la législation est très différente.

« Le législateur a considéré en fait la mine comme un bien de l'État. Il s'est peut-être dit : celui qui a acheté le terrain a complètement ignoré qu'il renfermât une mine, il n'a rien donné pour ce trésor souterrain, pourquoi le lui réserver ? Puis, cette mine ne correspond pas exactement à un champ, elle s'étend souvent sous un grand nombre de propriétés à la fois, et elle n'est pas toujours susceptible d'être divisée. Il faut un certain savoir pour reconnaître la probabilité de l'existence d'une mine, il faut ensuite de l'argent pour en constater la présence, et souvent

des fonds considérables pour l'exploiter. Le législateur s'est encore dit : ce trésor caché doit être mis
au jour, il doit être extrait de la terre, afin que les
hommes en profitent ; il faut donc qu'il soit mis à la
disposition d'un entrepreneur ayant le savoir, le capital et la volonté nécessaire pour l'exploiter.

« Voici maintenant comment il a cherché à tout
concilier.

« Chacun est libre de faire des recherches sur son
propre terrain ; mais on peut être aussi admis à faire
des recherches sur les terrains d'autrui — cependant
pas dans sa maison, ni dans sa cour ou son jardin.
L'autorisation est accordée par l'administration, qui
fait surveiller les sondages et autres travaux, dans l'intérêt de la sécurité. Le propriétaire doit naturellement, et dans tous les cas, être indemnisé des dégâts
qu'on fait sur son terrain.

« Enfin, quand toutes les recherches sont faites,
quand on sait exactement où est la mine et quelle est
son importance, quand on a tous les autres renseignements nécessaires, celui qui a trouvé la mine, on dit
quelquefois l'inventeur, en demande la concession au
gouvernement, soit seul, soit avec l'assistance d'une
société formée pour l'exploiter. C'est le chef du gouvernement, après avoir consulté le conseil d'État, qui
accorde la concession, mais la chose ne va pas comme
sur des roulettes. C'est tout une affaire d'obtenir la
concession, vous allez voir.

« On commence par s'adresser au préfet en lui soumettant le plan de la mine ; on ajoute toutes sortes de

renseignements, et l'on prouve qu'on possède les capitaux nécessaires pour exploiter la mine. La demande est enregistrée à la préfecture, puis affichée pendant quatre mois, insérée dans les journaux de la localité, afin que chaque voisin, chaque habitant, chaque intéressé, puisse faire ses observations. Toutes les pièces, les avis des ingénieurs, les réclamations sont envoyées à l'autorité supérieure, qui examine, et s'il n'y a pas d'objection, accorde la concession.

« Quand ces longues et importantes formalités sont remplies, il reste encore à déterminer ce qui est dû au propriétaire de la surface ; généralement c'est 10 centimes par hectare qu'on lui accorde, mais il est des cas où c'est davantage. En dehors de cette redevance, il doit aussi obtenir une indemnité pour tous les dommages causés au terrain ou ailleurs. Si le gouvernement a eu des raisons pour ne pas concéder la mine à l'inventeur, le concessionnaire admis doit l'indemniser pour ses frais et lui rémunérer en outre le service rendu. Enfin l'État a droit, à titre d'impôt, à une double redevance : 1° l'une, fixe, est de 10 fr. par kilomètre carré de la superficie de la concession ; 2° l'autre est proportionnelle, généralement de 5 0/0 du produit net de la mine.

« J'ai mentionné tout à l'heure les ingénieurs, j'ajouterai quelques mots. La recherche et l'exploitation des mines exige un savoir spécial, qu'on peut acquérir dans l'École centrale des arts et manufactures, où l'on devient ingénieur civil des mines. Il y a ensuite l'École des mineurs de Saint-Étienne, et l'École des maîtres ouvriers mineurs d'Alais qui préparent des hommes experts en ces matières. Quant aux ingénieurs des mines de l'État, dont les fonctions embrassent, avec la surveillance des mines, encore un certain nombre d'autres services, ils passent tous par l'École polytechnique et puis par l'École des mines de Paris. Ils deviennent ingénieurs ordinaires, et souvent ingénieurs en chef, inspecteurs généraux, membres du conseil des mines; tous n'arrivent pas aux degrés les plus élevés, mais tous occupent des emplois importants et jouissent d'une juste considération.

« Vous ai-je longtemps retenus sur les mines; mais aussi quelle industrie chanceuse ! Il paraît que dans plusieurs pays les mineurs, quand ils se rencontrent, au lieu de se dire : Bonjour ! se lancent un : Bonne chance ! Les lois ont cependant fait ce qu'elles ont pu pour diminuer les dangers et les inconvénients, mais les gisements de minerai sont souvent si capricieux. — Vous savez que les femmes et les filles sont exclues des mines, mais on n'a pas pu tout réglementer ; je crois vraiment que si, dans d'autres industries, on peut faire trop de prescriptions, ici une sévère surveillance est tout à fait à sa place. »

CHAPITRE X

ENCOURAGEMENTS A L'INDUSTRIE. — PÈCHE MARITIME. — DOUANES. — EXPOSITIONS

« L'autre soir, dit Lantrèque à Robin, tu as parlé de la pêche maritime comme d'une industrie soumise à des restrictions. Mon cousin, qui est marin, m'a parlé de cette pêche comme d'une industrie encouragée, subventionnée par l'État.

— Je ne me rappelle pas au juste ce que j'ai dit l'autre jour, répondit Robin, j'en ai parlé brièvement en passant ; mais, quand il y a des règlements, il y a toujours des restrictions. Cela ne veut pas précisément dire qu'on soit hostile ou seulement défavorable à telle industrie, tout au contraire, c'est pour son bien qu'on prétend le plus souvent la réglementer. Les prescriptions relatives aux rivières n'ont d'autre but que de protéger le poisson pendant la ponte, pour qu'on ne détruise pas les œufs dont sortent les petits. Si on détruit les petits poissons on n'en aura pas de grands. Pour la pêche maritime, on distingue la pêche côtière (petite pêche) de la grande pêche, morue, baleine ; les règlements diffèrent mais ils ont toujours pour but d'avantager nos pêcheurs et même de les aider. Par exemple, quand on dit que le poisson pêché par des Français entrera en franchise de droits, tandis que les poissons pris par des étrangers payeront, il est naturellement défendu aux pêcheurs français d'acheter du poisson et de le présenter comme pris par eux. On interdit ici simplement la fraude, et certains règlements ne sont que des moyens de surveillance.

« De même, pour la pêche des huîtres, les endroits (bancs), jours et heures sont marqués par l'autorité, rien que pour empêcher des pêcheurs trop avides et surtout trop *imprévoyants* de détruire la poule aux œufs d'or. C'est parce qu'on n'a pas mieux ménagé les huîtres autrefois qu'elles sont si chères aujourd'hui.

« La grande pêche se fait au loin, dans la mer Glaciale, dans les parages de l'extrême nord de l'Amérique, dans la mer Pacifique, et si le gouvernement encourage cette pêche de la morue ou de la baleine et du cachalot, c'est pour former de bons matelots. L'encouragement a lieu sous la forme de primes : 1° primes d'armement, 15 à 50 francs par homme embarqué, selon la destination du navire ; 2° primes sur les produits de la pêche, 12 à 20 francs par quintal métrique, selon les divers cas énoncés dans la loi. Les chiffres que je viens de donner s'appliquent à la pêche de la morue, les primes sont plus élevées pour la pêche à la baleine. Mais cette dernière est si chanceuse, que bien peu de navires s'y consacrent.

« Mais vous comprendrez bien que cet argent ne peut pas être livré à la première personne qui se présente pour l'empocher ; il faut prouver que toutes choses ont été faites conformément aux intentions du gouvernement, et ces intentions, qui ont toujours en vue le bien du pays, sont formulées en règlements.

— Il me semble avoir lu, dit Lantrèque, que depuis 1881 (loi du 29 janvier) toute la marine marchande était subventionnée.

— Oui, pendant 10 ans on donnera une forte subvention à ceux qui bâtiront des navires, et une subvention spéciale pour la navigation, dit Robin, non sans donner à entendre qu'il n'aimait pas cette loi.

— Cette loi ne te va pas, je vois cela, dit Maniol.

— C'est vrai, fut la réponse, et j'espère bien qu'on ne la prolongera pas au delà des dix années prévues par la loi.

— Je ne m'en étonne pas, dit Bardon, Robin est libre échangiste, moi je suis resté protectionniste.

— Au fond, dit Robin, la navigation est une affaire à part, c'est une subvention plutôt qu'une protection douanière.

— Mais qu'est-ce qu'une protection douanière ? demanda-t-on.

— C'est un impôt sur les marchandises qu'on importe de l'étranger, dit Maniol, c'est un droit d'entrée.

— Ce n'est pas tout à fait exact, objecta Robin. On paye un droit d'entrée sur le café, mais ce droit n'est pas protecteur; c'est un droit fiscal, car il ne pousse pas de café en France. C'est un impôt comme un autre. Les droits protecteurs ne sont placés que sur des marchandises étrangères qu'on veut renchérir, afin qu'elles ne fassent pas concurrence aux marchandises semblables de nos propres fabricants. Le droit protecteur, quoique perçu par l'État, profite aux manufacturiers français en élevant le prix de la marchandise. C'est sa destination.

— Où est le mal? dit Bardon. C'est le travail national qui en profite. Si le fabricant vend beaucoup, il fait beaucoup travailler, et qui travaille? C'est nous.

— Cela paraît vrai, dit Maniol.

— Mais si la marchandise est plus chère, qui la paye?

— Tout le monde, fut la réponse.

— Donc, nous aussi. Nous n'y gagnons donc rien.

— Ce n'est pas cela du tout, s'écrie Bardon. Tiens, vois! Maniol fait des souliers, mettons qu'il en finisse 300 paires par an. Il en achète 2 ou 3 paires, cela ferait 2 ou 3 fr. de plus pour sa part, mais 297 paires sont vendues à d'autres consommateurs; c'est là tout le bénéfice.

— Sans doute, fut la réplique, si Maniol ne consommait que des souliers; mais il lui faudra une redingote, si le drap est protégé, cela lui fera 5 ou 10 fr. de plus; puis il payera tant en plus pour le linge, et pour ses outils, et pour les ustensiles de cuisine, et pour beaucoup d'aliments, y compris le pain.

— Je n'en suis pas, de ce renchérissement, dit Mme Maniol, oh non !

— Si le pain renchérit un peu, nos salaires augmenteront beaucoup, fait observer Bardon.

— Ce n'est pas sûr, car les marchandises chères se vendent moins ; on en fabrique moins, et le travail va moins.

— Mais si on laisse entrer les marchandises étrangères, qui sont à bas prix, nos fabricants ne pourront pas soutenir la concurrence, ils fermeront les ateliers et nous n'aurons plus de travail du tout.

— Et pourquoi les autres nations produiraient-elles à meilleur marché que nous ? Sommes-nous si maladroits ? Nos patrons manquent-ils d'intelligence ?

— Ce n'est pas cela. Mais les Anglais ont des mines de charbon à côté des mines de fer, ils ont le minerai et le combustible à très bon marché, le fer coûte donc chez eux moins que chez nous. Et les machines aussi.

— Mettons qu'ils aient un avantage pour le fer, je n'en suis pas bien sûr, car j'ai vu des moments où l'écart entre les prix était bien faible, mais mettons-le ; eh bien, ce ne serait pas encore une raison de protéger nos usines, car le fer est une matière première pour beaucoup d'industries, c'est comme le pain dans un ménage ; or, les matières premières, lin, coton, laine et autres ne s'imposent pas.

— Mais les fils et les tissus et autres marchandises ? dit Bardon.

— Je n'en vois pas la nécessité. Nous exportons beaucoup de produits qui, selon les fabricants, ne peuvent supporter la concurrence étrangère ; ils la supportent pourtant cette concurrence sur les marchés des autres pays, et dans des conditions moins bonnes qu'en France, car enfin, il faut les transporter au loin, — cela coûte de l'argent, — et les offrir à des peuples qui ont d'autres goûts que nous. Je ne crois pas à cette incapacité de l'industrie française, je crois seulement que les amis de la protection ne veulent pas faire d'efforts pour sortir de la routine, des vieux procédés ; ils aiment mieux imposer une lourde charge à la nation entière.

— Comment ! à la nation ?

— Mais sans doute. Suppose qu'on importe un million de kilogrammes d'une marchandise et que la taxe douanière les fasse monter d'un franc, cela fait un million pour la caisse de l'État. Mais la France consomme peut-être 100 millions de kilogrammes de cette même marchandise, fabriquée dans le pays. Les consommateurs payeront chacun de ces kilogrammes un franc de plus, ce qui produira 100 millions au profit des fabricants, 100 millions que les consommateurs auraient pu économiser.

— Les ouvriers auront leur part de ces 100 millions, ils gagneront plus. Soit, mais ils dépenseront proportionnellement davantage. Les douanes ne produisent que des illusions et enlèvent l'aiguillon de la concurrence étrangère.

— Je vois, dit Bardon, que nous ne nous mettrons pas d'accord sur ce point. Parlons d'autres choses ; de l'Exposition universelle, si tu veux ?

— Je ne demande pas mieux, répondit Robin. Et puisque tu parles exposition, réponds-moi encore à cette question : est-ce que l'industrie française a fait moins bonne figure à l'exposition que celle de toute autre nation ?

— Mais pas du tout; c'est dans les galeries françaises que le public se portait de préférence.

— Tu vois bien que nous pouvons plutôt nous vanter d'une certaine supériorité, que de nous accuser d'infériorité par rapport à l'étranger.

— Il s'agit de s'entendre : nous avons la supériorité incontestée pour tous les produits de luxe, où le goût, l'élégance, les proportions harmonieuses, jouent un rôle prépondérant; mais nous ne produisons pas des masses à bon marché.

— Mais si! cela nous arrive aussi. Faut-il donc avoir la supériorité en tout? le commerce ne serait plus possible. C'est avec les produits que nous savons établir en de meilleures conditions que d'autres que nous allons acheter les produits des pays voisins ou d'outre-mer. On a appelé cela « la division du travail entre les nations. »

— Les expositions ont montré que presque tous les grands pays ont de tout, ou à peu près de tout. Le plus souvent ils arrivent peu à peu à établir ce qui leur manque, il se complètent.

— Nous allons voir si la Suède va se compléter et planter des vignes.

— On ne peut pas changer le climat, mais on peut établir des usines et des manufactures. A l'aide d'un droit protecteur, la Suède aura ses filatures de coton et ses ateliers de tissage tout comme nous, qui allons chercher le coton en Amérique ou ailleurs.

— D'après la théorie, nous devrions planter nous-mêmes le coton. Il est vrai que nous avons tenté de le faire, quoique sans grand succès.

— Les douanes sont un moyen de faire l'éducation industrielle d'une nation.

— Et de la maintenir dans la routine et la médiocrité.

— Franchement, dit Mme Maniol, votre discussion m'ennuie, parlez-moi plutôt de l'exposition et rien que de l'exposition.

— Tu veux, ma sœur, que je t'en fasse la description, dit Robin, mais puisque tu l'as vue.

— Eh bien, dis-nous à quoi servent ces splendides.... ces splendides quoi.... je ne sais pas bien comment on disait.

— Les assises industrielles, peut-être?

— Oui, assises. On les nomme comme cela à cause du jury des récompenses, je pense?

— Ou plutôt, parce que c'est une grande réunion solennelle, où l'on juge le mérite et les progrès de l'industrie.

— L'exposition universelle, dit Lantrèque, rend des services variés. Elle fait connaître l'état d'avancement de l'industrie dans les pays qui y prennent part; elle offre un admirable moyen d'étude; elle donne l'occasion de nouer des relations d'affaires; elle sert de marché.

— Et comment les expositions s'établissent-elles ? demanda Maniol.

— Il faudrait d'abord savoir, répond Robin, qui les organise. Une ville peut en prendre l'initiative et le conseil municipal peut voter les fonds. Mais ce sont là de petites expositions. Les grandes, les Expositions universelles, émanent du gouvernement et s'il n'en a pas eu la première idée, il faut qu'il la prenne en main, car lui seul peut se mettre en relation avec les autres États et offrir les garanties nécessaires. Quant aux dépenses, si l'État ne veut pas les risquer à lui seul, il invite la ville de Paris ou des particuliers à faire une partie des frais. Au fond, ce n'est souvent qu'une avance qu'on demande, car l'entrée étant payante, on rentre — ou à peu près — dans ses déboursés, quelquefois même on fait des bénéfices. Une exposition est une grande affaire, il faut organiser cela, ce qui ne réussit pas à tout le monde du premier coup. » Et Robin s'étendit sur ce sujet jusqu'à ce que chacun sentît qu'il était l'heure de se retirer.

CHAPITRE XI

LES PRINCIPAUX PRODUITS DE L'INDUSTRIE

Lors des conversations qui avaient eu lieu dans le modeste logement de Maniol, et dont on vient de lire les plus intéressantes et les plus instructives, on avait souvent senti l'utilité de connaître le nombre de ceci ou de cela, nombre des ouvriers, quantité ou valeur des produits et autres, ces nombres fournissant une explication, et aussi un point d'appui pour le raisonnement. On les trouve réunis dans des livres pleins de chiffres ; les renseignements qu'on donne sous la forme de chiffres sont exprimés avec plus de précision, sinon d'exactitude, ils s'appellent des statistiques, parce qu'ils font connaître le *status*, c'est-à-dire l'*état* des choses. Robin ne trouvait pas le mot sta-tis-ti-que dur à prononcer, il consultait volontiers les statistiques et savait en tirer parti. Un soir, il apporta tout un paquet de feuillets de papier pleins de notes et de chiffres, et se mit à faire une petite conférence. Et comme il n'avait qu'une demi-douzaine d'auditeurs, il ne se crut pas obligé de faire de grands frais d'éloquence.

« La France, dit-il, jouit de précieux avantages géographiques et climatériques, par conséquent agricoles et commerciaux, mais elle n'a pas à se plaindre non plus au point de vue industriel. L'industrie, cependant, est moins un don gratuit de la nature, comme l'est un sol fertile et une mine abondante, que le résultat de l'intelligence, de l'activité, des efforts de toutes sortes des habitants. L'industrie peut faire venir du dehors ses matières premières, les machines et les outils, et néanmoins fabriquer des produits qui vont au loin. Combien de fois n'avons-nous pas fait venir de la soie brute et des cocons de Chine ou du Japon, pour les transformer à Lyon, à Saint-Étienne, Nîmes, etc., en beaux tissus, en magnifiques rubans, qu'on a envoyés aux États-Unis, au Brésil et ailleurs ! On a dit : tant vaut l'homme, tant vaut la terre, c'est surtout à l'industrie que cet axiome s'applique ; la prospérité de l'industrie dépend plus de l'activité de l'homme que des faveurs de la nature.

« Toutefois, les faveurs de la nature ne sont nullement à dédaigner, et je suis très heureux de pouvoir vous dire que nous avons en France des mines qui rapportent de beaux deniers à leurs propriétaires, et des sommes considérables (120 millions) en salaires aux 110,000 ouvriers qui y travaillent. On extrait des mines environ 165 millions de quintaux de houille et d'anthracite et 5 millions de quintaux de lignite, cela fait pour les trois espèces de charbon de terre 170 millions de quintaux. Vous rendez-vous compte de ce que cela veut dire ? Le plus grand wagon de chemin de fer peut porter 100 quintaux ou 10,000 kilog.; il faudrait donc 1,700,000 wagons. Si l'on n'évalue la longueur d'un wagon qu'à 5 mètres, cela ferait un train de 8,500 kilomètres de longueur, c'est six fois la distance de Paris à Marseille.

« Cependant notre production ne suffit pas à notre consommation, nous en importons encore sensiblement plus de 80 millions de quintaux, avec les 170 millions, cela fait 250 millions. La moitié de ces 250 millions de quintaux est consommée par l'industrie, l'autre sert aux emplois du ménage ; il est même probable que j'atténue de beaucoup la part de l'industrie, à en juger par ce que l'on en sait. Ainsi les mines, pour leurs machines et pour leurs autres besoins, en retiennent environ 12 millions de quint. mét., les usines métallurgiques 50 millions et un peu au delà, les chemins de fer un peu plus de 20 millions, les bateaux à vapeur presque 4 millions ; voilà déjà 85 millions de quintaux. Les autres industries emploient bien au moins 50 ou 60 millions de quint. mét. Ce sont des quantités considérables, valant de grosses sommes d'argent. Combien ? Cela dépend. A la mine « sur le carreau des mines » le quintal coûtera environ 1 fr. 50 ; mais, quand les frais de transport, l'octroi, le bénéfice des intermédiaires s'y seront ajoutés, c'est entre 2 fr. 50 et 3 fr. qu'il faudra en chercher le prix (et même sensiblement au delà pour le petit détail). On peut dire qu'il est dépensé plus de 700 millions par an pour le combustible, dont environ la moitié arrive aux mines, où la somme se répartit entre nombre de bourses, grandes, moyennes et petites.

« Vous voudriez bien savoir maintenant où sont situées au moins les principales mines. Les mines se groupent souvent, la couche souterraine carbonifère étant parfois très étendue; pour cette raison, les groupes sont désignés par le nom du *bassin* où ils puisent le combustible. Le plus riche bassin est celui de Valenciennes (Nord), il fournit plus de 65 millions de quintaux. Puis viennent les bassins suivants : Loire, 33 millions; Alais (Gard), environ 16 millions de quintaux; Creusot et Blanzy (Saône-et-Loire), 10 à 11 millions; Commentry (Allier), 9 millions 1/2; Aubin (Aveyron), plus de 7 millions. Ce sont les six principaux; il y a encore les bassins d'Aix, Ahun, Graissessac, Carmaux, Brassac, Ronchamp, Saint-Éloy et autres moins importants.

« La France possède encore d'autres exploitations minières que des charbonnages, mais leurs produits sont loin d'égaler en quantité et en valeur ceux du charbon de terre. Le fer se trouve sous la forme de minerai, c'est-à-dire très intimement mélangé à des terres et des pierres qui ne s'en séparent qu'avec peine. Ces minerais pèsent bien, selon les années, de 28 à 30 millions et au delà de quintaux. Je dis selon les années, car le travail ne va pas toujours également bien. Nous avons aussi quelques mines de cuivre, de plomb et autres métaux, puis des bitumes et des asphaltes, de la tourbe, enfin du sel, soit comme gemmes (pierres) dans les mines, ou provenant des sources salées de la mer, mais en ces matières il y a plus riche que nous.

« Entrons maintenant dans les usines. Je vous disais tout à l'heure qu'il fallait travailler le minerai pour le transformer en fer : eh bien, voyez-le dans les hauts fourneaux, entassé entre des masses de combustible, devenir de la fonte qui coule en ruisseaux de feu, se former en gueuses, en massiaux ou lingots. Ces lingots sont affinés dans des forges, ou transformés en acier dans des fours ou des creusets, travail qui exige beaucoup de science et d'expérience. Je ne saurais songer à vous expliquer les procédés, je vous indiquerai seulement quelques résultats.

« On fabrique environ 18 millions de quintaux de fonte ; je dis quintaux par habitude, et je continuerai, car vous avez la même habitude que moi, mais les gens du métier disent de préférence 1,800,000 tonnes (1 tonne = 1,000 kilog.). On emploie aujourd'hui surtout du coke, mais le bois donne un produit de meilleure qualité, aussi le prix en est-il de 50 0/0 plus élevé. Une très petite quantité de fonte est immédiatement moulée en sortant du haut fourneau ; le reste est pour la plus grande partie destiné à devenir du fer. Cependant on remet en fusion une certaine quantité de fonte pour la couler ensuite dans des formes, c'est la fonte moulée de deuxième fusion. On fait de la fonte dans 43 départements ; voici ceux où on en fait le plus, je les classe par ordre descendant : Meurthe-et-Moselle, Saône-et-Loire, Nord,

Allier, Haute-Marne, Ardèche, Gard, Rhône, Pas-de-Calais, Loire.

« Lorsqu'on affine la fonte pour en faire du fer ou de l'acier, il y a déchet, aussi ne fait-on qu'un peu plus de 7 millions 1/2 de fer et environ 1,600,000 quintaux de tôle, et bien près de 4 millions d'acier. On fait le plus de fer dans le Nord, la Haute-Marne, la Loire, Saône-et-Loire, Aveyron, Ardennes, Allier, Meurthe-et-Moselle, etc. C'est également dans ces départements que se produit l'acier. — Tout cela n'est encore que du fer ou acier brut, c'est une matière première, matière précieuse, quoique à bas prix, matière indispensable, mais qui ne rendra des services qu'après avoir passé par d'autres mains qui en auront fait des objets directement utiles. On en fera des outils, instruments, machines ; on en fera des poutres et des bateaux, des clous et des breloques, des aiguilles, des plumes, des ressorts de montre, car c'est un métal à tout faire, et qui occupe des centaines de mille ouvriers.

« Sortons des usines et entrons dans les manufactures. Elles sont nombreuses et variées, nous avons l'embarras du choix. Cependant les fabriques de textiles, coton, lin et chanvre, laine et soie sont naturellement les plus importantes ; on en parlerait des heures, mais je ne m'y arrêterai que quelques minutes.

« Les manufactures de coton sont en France au nombre de plus de 100, et occupent un peu plus de 100,000 ouvriers des deux sexes. La grandeur d'une filature se mesure au nombre des broches, chaque broche faisant son fil. On compte, pour la France entière, plus de 4 millions 1/2 de broches. On emploie les fils au tissage; pour tisser on met en mouvement 59,000 à 60,000 métiers mécaniques et 67,000 métiers à bras.

« Pour la laine on compte 2,200 établissements occupant plus 108,000 ouvriers et ouvrières; il y a 3 millions de broches dans les filatures de laine, 28,000 métiers mécaniques et 54,000 métiers à bras. Le nombre des établissements liniers n'est que de 550 environ, avec 55,000 ouvriers des deux sexes, 750,000 broches, 19,000 métiers mécaniques et bien au delà de 40,000 métiers à bras. La filature et le tissage de la soie occupent 140,000 ouvriers, le nombre des métiers mécaniques est de 16,000, les autres dépassent 80,000. La filature se fait dans des bassines (d'eau chaude), on y dévide les cocons, mais on ne connaît pas le nombre des bassines.

« Je n'ai pas besoin de dire qu'avant d'entrer dans la filature, la matière textile, végétale ou animale, a coûté du travail et qu'après avoir été tissée, elle n'est pas encore un vêtement. Le tissu est blanchi, teint, parfois imprimé, puis apprêté. Quand l'étoffe est prête, c'est au tailleur ou à la couturière qu'on s'adresse. Il y a encore beaucoup d'industries accessoires ou complémentaires qu'on doit mettre en mouvement pour vêtir l'homme, depuis le chapeau jusqu'au soulier. Toutefois, il y a une distinction à faire entre les diverses industries : les unes ne s'exercent que dans de grands établissements, souvent à l'aide de machines, c'est la grande industrie ; d'autres, qui n'emploient que les bras de l'homme, et plus souvent encore les doigts agiles et adroits des femmes, s'exécutent dans des ateliers restreints, c'est la petite industrie. Il est difficile d'avoir des renseignements sur cette dernière, qui, en somme, n'est pas moins importante que l'autre, mais elle est moins concentrée et exige moins de capitaux.

« Je ne pourrais donc donner des renseignements que sur les principaux sièges de la grande industrie textile. Je commence encore par le coton, et classe les départements d'après le nombre des ouvriers. Il en est plus de 23,000 dans la Seine-Inférieure, 18,330 dans les Vosges, 10,400 dans l'Aube, 9,000 dans le Nord, 6,600 dans l'Eure, 4,700 dans l'Orne. Puis viennent Belfort, Haute-Saône, Aisne, Loire, Pas-de-Calais, Eure-et-Loir. 40 départements en tout se partagent la filature et le tissage du coton.

« L'industrie linière est encore plus concentrée. Le seul département du Nord prend déjà 34,000 ouvriers sur le tout, le Tarn 5,300, Maine-et-Loire 4,000, Pas-de-Calais 1,800, le Calvados 1,700, l'Eure 1,110, Eure-et-Loir 1,100 ; et 25 autres départements. L'industrie de la laine, au contraire, est très dispersée, il y en a presque partout ; on distingue cependant quelques grands centres : Nord 36,000 ouvriers, Marne 9,900, Ardennes 9,500, Seine-Inférieure 6,200, Eure 5,600, Aisne 4,800, Oise 3,900, Hérault 3,100, Tarn 2,450, Somme, 2,400, Creuse 2,000, etc.

« La soie est une industrie particulièrement intéressante en France, car elle est fructueuse comme production de matière première, et davantage encore comme tissage et teintureriè d'étoffes de luxe. La production de la matière première consiste à élever les vers à soie jusqu'au moment où ils filent leurs cocons ; de petits cultivateurs s'en chargent habituellement, et si les saisons ne sont pas défavorables, c'est pour eux une cause d'aisance. Dans quelle proportion les départements y prennent part, cela ressort des chiffres qui suivent et qui représentent la récolte de 1880 : Gard, 1,682,641 kilog. de cocons ; Ardèche, 1,370,269 ; Vaucluse, 1,118,654 ; Drôme, 1,038,474, Var, 428,184 kilogr. Viennent ensuite l'Isère, les Bouches-du-Rhône, l'Hérault, la Lozère et les autres départements méridionaux offrant une production totale de 6,488,496 kilog.

« Pour le tissage de la soie, je n'ai qu'un bon renseignement, c'est celui de Lyon. Toute la fabrication qui se fait sous le nom de cette ville ne s'y exécute pas ; les 18,828 métiers que la « fabrique lyonnaise » fait marcher sont répartis entre 9 départements voisins, et sont concentrés dans 143 établissements, dont un certain nombre dans le Rhône.

Les métaux et les tissus sont les deux branches les plus importantes de l'industrie nationale ; mais il en est d'autres qui sont encore assez considérables ou sur lesquelles on a d'assez bons renseignements pour qu'on puisse leur consacrer une mention spéciale. Telles sont, par exemple, les 172 verreries avec 22,690 ouvriers, sans compter les 8 fabriques de glaces avec

3,224 ouvriers et fabriquant tous ensemble pour 107 millions de marchandises ; les 335 fabriques de papier occupant 33,360 ouvriers et fabriquant 1,506,000 quintaux de papier valant 108 millions 1/2 de francs ; les 588 usines à gaz fabriquant, avec 11,000 ouvriers, pour près de 113 millions de gaz ; 161 fabriques de bougies ayant 3,400 ouvriers, faisant 330,000 quintaux de bougies d'une valeur de 58 millions ; les 344 fabriques de savon avec 3,470 ouvriers produisant 1,537,000 quintaux de savon, valant 97 millions ; 507 fabriques de sucre (60,677 ouvriers) et les 35 raffineries (7,582 ouvriers) produisant, les fabriques, 1,540,000 quintaux de sucre, les raffineries (à l'aide de l'importation) 4,134,000 quintaux métriques de sucre. Ce sucre raffiné vaut 601 millions 1/2. J'ajouterai, pour terminer cette énumération, qu'il se fabrique en France environ 1 million 1/2 d'hectolitres d'alcool avec du vin, des betteraves, de la mélasse, des fruits, des substances farineuses.

« Mais je ne peux pas quitter l'industrie sans saluer, en passant, la machine à vapeur, l'agent si actif de sa grandeur. En comptant les 6,445 locomotives elle possède plus de 40,000 machines à vapeur d'une force de 1,089,594 chevaux ; c'est comme si l'industrie avait plusieurs millions d'esclaves infatigables, qu'elle n'a pas besoin de nourrir, qui ne souffrent pas, qui sont soumis, incapables de trahir, que nous pouvons faire travailler sans rougir de honte, loin de là, car nous pouvons être glorieux des richesses qu'ils nous produisent. »

L'AGRICULTURE

CHAPITRE PREMIER

LE COMICE AGRICOLE ET LES CONCOURS.

Il y avait fête à Bagnols. Le comice agricole de l'arrondissement y tenait sa réunion annuelle publique et y avait organisé une exposition qui attirait des visiteurs des départements voisins. La fête promettait d'être brillante : les exposants étaient nombreux, un marché, une véritable foire s'était établie sur une place plantée d'arbres, qu'on appelle pompeusement « le Parc, » place dont les habitants étaient fiers, car aucun village voisin n'en avait une pareille. Les notabilités du département, sénateurs, députés, conseillers généraux, les chefs de l'administration, un grand nombre de cultivateurs et leurs familles étaient accourus; la foule remplissait les rues, les cabarets regorgeaient de consommateurs, et il n'y avait pas une maison qui n'eût un ou plusieurs invités.

Le comice, on le comprend, était au grand complet. On sait que le comice est une société d'agriculteurs ou de cultivateurs qui se forme librement et dont chacun peut faire partie en payant une cotisation, généralement peu élevée. Les statuts doivent être approuvés par le préfet. C'est une institution très utile, qui a fortement contribué aux progrès de l'agriculture en France et que d'autres pays ont imitée, non sans en tirer un profit semblable. C'est de l'initiative ou du moins de la bonne volonté des particuliers que dépendent, en effet, les progrès de la culture du sol. Le gouvernement, en supposant qu'une loi l'y autorisât, ne pourrait jamais forcer les cultivateurs à adopter tel ou tel procédé, si recommandé qu'il fût par la science ou par l'expérience; il ne peut que chercher à les persuader. C'est qu'on ne travaille pas la terre pour le seul plaisir de remuer les bras, comme dans le jeu de paume, mais pour tirer un produit du sol, pour gagner sa vie, et au delà, si c'est possible. Or, pour faire un bénéfice en agriculture, il faut tenir compte de bien des choses, de la grandeur de la ferme, de la nature du sol, du climat, de la proximité des voies de communication, de l'abondance ou de la rareté de l'eau, du nombre de bras dont on dispose, de l'argent qu'on peut avancer et de beaucoup d'autres circonstances, comme le savoir, l'intelligence, l'activité, sans compter le reste. Comment faire des prescriptions générales là où tout est si particulier? Comment surtout convaincre, dans chaque cas, pour chaque amélioration recommandée, des hommes qui se défient de vos lumières, qui n'aiment pas le changement, et même qui ont à peine le temps de vous écouter?

Les plus âgés d'entre nous se rappellent bien toutes les difficultés qu'il a fallu vaincre pour répandre le goût du progrès et pour faire connaître les procédés perfectionnés. Eh bien, c'est aux comices qu'on doit une bonne partie des succès obtenus. On y trouve souvent réunis des cultivateurs riches avec d'autres qui ne le sont guère, des gens instruits avec des hommes qui, hélas! n'ont pas eu l'occasion de rien apprendre en dehors de leur profession, des fermiers entreprenants et des propriétaires paresseux, enfin, cette variété de situations et de caractères que la vie nous présente tous les jours. Mais ce qui est surtout à considérer, les personnes réunies sont des voisins, se connaissent depuis longtemps, souvent depuis l'enfance; on est pour ainsi dire en famille, la confiance règne, et au besoin, chaque assertion douteuse peut être vérifiée. Dans les séances des comices on fait connaître les événements et les renseignements agricoles, on rend compte des cultures nouvelles qui ont réussi... ou qui ont manqué, on discute les procédés, on rapporte le résultat d'expériences. C'est de l'enseignement mutuel et qui produit l'émulation, bien que le plus prudent attende souvent que le plus entreprenant lui ait montré le chemin, mais où il finit par le suivre. Une des méthodes d'enseignement les plus employées, ce sont les expositions, auxquelles se rattachent le plus souvent des concours.

13.

Les concours sont devenus nombreux. Il y a d'abord ceux de l'État, le grand concours annuel du printemps, et plusieurs concours moins importants, tenus à Paris ; il y a ensuite les concours régionaux. Ce sont peut-être ces derniers qui rendent le plus de services. La France a été divisée en douze régions, c'est-à-dire en douze territoires[1] formant, autant que possible, des unités sous le rapport du sol, du climat, des cultures. On en comprend la raison : il y a une énorme différence entre le nord et le midi, l'est et l'ouest, comme entre un pays de plaine et un pays de montagnes, et, dans bien des cas, les produits d'une région ne pourraient concourir avec ceux d'une autre. Mais, dans l'intérieur d'une même région, les chances sont plus égales, du moins à beaucoup d'égards. Cependant une région est encore grande ; elle se compose d'un certain nombre de départements, entre lesquels les différences peuvent encore être assez sensibles, et, comme il s'agissait de pénétrer jusqu'au cultivateur, pour l'éclairer et l'encourager, on s'est arrangé pour aller le trouver successivement dans tous les départements. Par une sorte de roulement, on fait passer le siège du concours d'un chef-lieu à l'autre dans l'intérieur de la région. On aurait sans doute pu créer plus de douze régions, mais le concours cause une dépense assez importante, il ne fallait pas la grossir outre mesure ; il ne faut pas non plus qu'il revienne par trop souvent, on se serait blasé

---

1. L'Algérie forme une 13ᵉ région.

trop vite; d'ailleurs, a-t on tous les jours du nouveau à montrer? — Et les concours des comices qui se reproduisent dans l'intervalle, les oublie-t-on?

Les concours régionaux, ai-je dit, se font aux frais de l'État et sous la direction du ministère de l'agriculture; mais l'État ne paye pas tout. Il se charge des récompenses, des primes, des médailles, des objets d'art, des frais de route et de séjour des commissaires généraux et de leurs aides; la ville où le concours a lieu donne l'emplacement et les frais de l'aménagement des baraques, stalles, tentes et le reste; enfin, les exposants supportent les dépenses causées par le transport des animaux et objets exposés; ils jouissent cependant d'une réduction de tarif accordée par les chemins de fer. Les exposants ne sont admis que sur une déclaration détaillée qu'ils doiven adresser au ministère de l'agriculture. Celui qui est admis reçoit un certificat du directeur de l'agriculture, et c'est sur la présentation de ce certificat que le tarif de faveur est appliqué par les chemins de fer. Le ministre nomme les jurés du concours.

Les comices sont des sociétés qui font toutes les dépenses à leurs frais, sauf une petite subvention que le ministère de l'agriculture a l'habitude d'accorder. La commune de Bagnols, où je me trouve en ce moment, s'est également chargée de quelques dépenses. Mais le comice, de concert avec le maire et les adjoints de Bagnols, a tout réglé, les conditions d'admission, les objets à exposer, la nomination du jury de concours, non sans s'inspirer du règlement ministériel pour les concours régionaux. Le concours de Bagnols en fut une image exacte, mais un peu réduite; seulement, le bureau du comice et les commissaires choisis par la réunion avaient tout fait, l'autorité publique autre que le maire n'a pas eu à s'en mêler. Du reste, le plus grand ordre a régné pendant toute la durée de la fête, et les gendarmes n'avaient rien eu à faire.

Comme j'ai pu assister à toutes les opérations, je vais vous dire en peu de mots comment les choses se sont passées. Le samedi 28 mai, eut lieu la réception, dans la baraque n° 1, des machines, des instruments et des produits agricoles; elle dura de huit heures du matin jusqu'à deux heures, puis on s'occupa du classement et du montage. Une partie du dimanche fut employée à compléter les arrangements intérieurs; la plupart des exposants étaient à leur poste. Le lundi 30 et le mardi 31 mai, essai public des instruments admis aux concours spéciaux. En même temps, le jury examinait les produits agricoles. Le mercredi 1er juin, réception des animaux, après la visite faite par le vétérinaire. Ces animaux furent immédiatement classés selon le programme, ici les bêtes à cornes, là les bêtes à laine, etc., réunissant les bêtes de même espèce et même celles de même race. Les taureaux étaient munis d'un anneau ou d'une mouchette, les vaches de deux longes. Le jeudi 2, opérations du jury des animaux. Le public avait été admis, en payant 25 centimes, dès le lundi; l'entrée était gratuite le samedi et le dimanche. Les prix furent distribués le samedi; le soir de ce jour, il y eut un banquet. Le lundi suivant, les exposants retirèrent leurs animaux et les autres objets et tout fut fini. On s'en souviendra longtemps à Bagnols.

Vous n'avez peut-être pas encore eu l'occasion d'assister à une exposition départementale, et vous, qui avez vu les grandes exhibitions internationales, où l'univers entier se donne rendez-vous, vous êtes peut-être disposé à dédaigner les modestes arrangements de notre comice. Vous auriez bien tort. Accordez-moi une toute petite heure, ce n'est pas bien long, cinquante-neuf minutes suffiront même, je vous fais grâce de la soixantième, et parcourons les rangs d'un pas rapide, car vous n'êtes pas connaisseur. Si vous l'étiez, vous ne voudriez pas de moi pour guide, et surtout, vous seriez assez intéressé par les choses que vous voyez, pour prolonger votre visite.

Voici les animaux. Il n'y a que peu de chevaux, on n'en a pas beaucoup dans le pays, mais c'est une bonne race, solide au travail. On se contentera de les faire trotter, ils ne sont pas assez élégants pour les montrer dans un champ de course. Les bêtes à cornes sont rassemblées en nombre. Par ici est la race du pays; les vaches sont d'excellentes laitières, les bœufs s'engraissent bien, si on ne les fait pas travailler. Il y a des prix spéciaux pour les taureaux, pour les vaches et les génisses, tant de la race du pays que de la race Durham, qui vient d'Angleterre, et il y a des prix pour d'autres races étrangères. Les bêtes Durham, pour être admises, doivent être munies de leur acte de naissance, extrait d'un registre d'état civil spécial nommé *Herdbook,* comme qui dirait le Livre d'or du bétail. Nous arrivons aux bêtes à laine, à « l'espèce ovine; » vous pouvez distinguer les lots de mérinos, puis les lots de brebis à laine courte et de brebis à laine longue ; vous verrez qu'une partie des éleveurs comptent sur ce que rapporte la laine, et les autres plutôt sur la viande. Passons. Pour les porcs, c'est de la chair et de la graisse qu'on veut produire, soit qu'on élève des races indigènes, des races étrangères ou des races croisées. La basse-cour est richement représentée par des coqs et des poules de Houdan, de Crèvecœur, de la Flèche et autres; par des dindons, des oies, des canards, des pigeons; il y a même des lapins et des lapines dignes d'être primés. Allons maintenant aux instruments, car une heure est bien vite écoulée, même si elle compte soixante minutes. Un coup d'œil, s'il vous plaît, aux charrues, aux semoirs, aux houes, et hors la tente, aux locomobiles, aux machines à battre, aux moissonneuses et aux autres instruments de toutes sortes. Examinez-moi ensuite ces produits, depuis le beurre et le fromage jusqu'aux plantes, grains et graines que voilà. L'heure a sonné, mais vous conviendrez que ce que **vous avez vu est de la dernière importance. Et intéressant ?**

CHAPITRE II

LES PROGRÈS DE L'AGRICULTURE.

Quand on voit les choses en courant, on ne voit pas bien, et, surtout, on laisse échapper les choses les plus attrayantes. Revenons donc sur nos pas, et cette fois je ne prends pas pour compagnon un indifférent ni même un citadin blasé par les merveilles qu'il a pu voir ailleurs. Puis je me joins, c'est le soir de la première journée de l'exposition, aux membres du comice qui se réunissent à la grande salle de la mairie que M. le maire a obligeamment mise à la disposition de la société, dont il est d'ailleurs l'un des dignitaires. La réunion sera présidée par M. Litrey, sénateur du département, qui a bien voulu présider le jury du concours. L'assemblée était nombreuse, et l'on procéda avec beaucoup de solennité. Une estrade avait été élevée à l'un des côtés de la salle, qui était décorée de drapeaux, de fleurs, de verdure. Le bureau, les autorités, des notabilités y prirent place et l'on prononça plusieurs discours. Je passerai sous silence les allocutions du président du comice et celle du maire, qui ne renfermaient que les politesses d'usage, mais je reproduirai le discours du sénateur, parce qu'il n'avait pas uniquement trait à l'événement du jour, il parlait d'un sujet qui faisait vibrer tous les cœurs, des progrès de l'agriculture, de la prospérité de la France. Il se lève et dit :

« Messieurs et chers compatriotes,

« C'est avec un véritable bonheur que je me retrouve au milieu de vous pour célébrer la fête du progrès agricole que vous donnez à l'arrondissement, et à laquelle prennent part, en bons voisins, les autres arrondissements de notre département et même les départements voisins. J'appelle votre concours une fête du progrès agricole, car vos réunions n'ont pas d'autre but que l'avancement de cette culture du sol qui nous fournit notre nourriture, la matière première de nos vêtements et tant d'agréments de toutes sortes. Ce qui me comble de joie, c'est que vous n'êtes pas seulement un des 524 comices qui se sont partagé à peu près toute la France, s'y taillant, l'un un simple canton, l'autre, comme vous, par exemple, un arrondissement, quelques-uns prenant même un département tout entier.

« Ce n'est pas, encore une fois, parce que vous êtes un des 524 que je vous félicite, mais parce que vous êtes l'un des plus anciens. L'idée des comices remonte au XVIIIᵉ siècle, la Société royale d'agriculture de France prit l'initiative de leur fondation en 1785, et les pères de vos grands-pères suivirent, dès 1786, l'exemple donné par une province voisine. Votre co-

mice fut supprimé dans la tourmente qui suivit la révolution de 1789, et toute une génération passa sur
la terre avant qu'on songeât à le reconstituer. Votre
société a été parmi les dix qui s'organisèrent sous la
Restauration, ce furent les premiers, car ce n'est
qu'après 1830 que les comices se multiplièrent. Vous
fûtes même parmi les trois premiers qui s'organisèrent à la suite de la circulaire du 22 mai 1820 éma-
née du ministère de l'intérieur.

« Un décret du 20 mars 1851 encouragea également
la formation des comices. Le gouvernement n'a donc
pas été étranger au mouvement, mais ce sont surtout
les agronomes, c'est-à-dire les agriculteurs savants ou
instruits, de riches propriétaires et quelques publi-
cistes qui ont le plus contribué à leur fondation. Du
reste, le progrès agricole étant voulu par tout le
monde, on créa le ministère de l'agriculture pour le
stimuler. Voilà donc une administration qui n'a pas
autre chose à faire, dont c'est la mission propre. Elle
peut recueillir en France et à l'étranger tous les renseignements utiles, elle peut centraliser la connaissance des bonnes méthodes, des procédés perfectionnés, des améliorations de toutes sortes, et répandre
ces informations là où elle le juge utile. Ce n'est pas
tout, les progrès coûtent de l'argent, et les expériences encore davantage, car il faut plusieurs expériences pour produire un seul progrès.

« (*Plusieurs voix.* — C'est bien vrai cela !)

« Ces dépenses, l'État s'en charge, et ce fut l'administration qui eut le plus souvent à en diriger l'em-

ploi. Il fallait créer ou étendre les haras, les vacheries, bergeries et porcheries; il fallait établir des établissements d'enseignement agricole; il fallait faire disparaître les mauvaises lois, les lois qui arrêtent ou retardent le progrès, et en obtenir d'autres des Chambres; or, ce sont les comices qui font pénétrer partout les renseignements recueillis par l'État, par les savants et les praticiens, c'est par les comices que l'administration apprend le plus souvent quels sont les vœux et les besoins des populations rurales.

« Je ne saurais, Messieurs et chers compatriotes, vous exposer en un simple discours, même si je ne craignais pas de lasser votre patience par la longueur des développements, tout ce que le gouvernement, les sociétés, les particuliers ont dû faire et tenter pour améliorer nos pratiques agricoles; deux ou trois volumes y suffiraient à peine. Je me bornerai donc à vous signaler quelques-uns des résultats obtenus. Vous les trouverez importants, mais sans doute encore loin de ce qu'on pourrait désirer. On désire toujours aller au delà de ce qu'on a atteint, c'est à cette condition qu'on avance; seulement, la vue des progrès déjà réalisés est un encouragement à entreprendre de nouveaux efforts.

« La préoccupation la plus grave, en matière agricole, a été pendant longtemps le blé, car le pain est le premier des aliments, même encore aujourd'hui où la consommation de la viande a tant augmenté. Or, si nous remontons d'un demi-siècle en arrière, nous voyons que, à très peu de chose près, cinq millions d'hectares étaient ensemencés en froment, tandis que de nos jours le chiffre oscille autour de 7 millions. Comment expliquer cet accroissement? De deux façons; d'une part, par les défrichements qui ont été considérables, et de l'autre, par l'amélioration du sol anciennement cultivé, où le seigle a pu souvent être remplacé par le froment. Mais ce n'est pas tout que d'avoir étendu la surface du sol productif, on l'a tellement amélioré qu'au lieu de 5 1/2 fois la semence on en obtient 7 1/2; cela fait, par exemple, pour chaque million d'hectares, 11,200,000 hectolitres en 1830 et 15,000,000 d'hectolitres en 1880. Comme il y a des différences d'un champ à l'autre et aussi d'une année à l'autre, les chiffres que je viens de citer ne sont qu'un moyen de rendre sensible la grandeur des progrès; elle est plus sensible si je dis que cela fait pour la France entière 55 millions en 1830, et 112,500,000 hectolitres en 1880. Je passe les autres céréales.

« Si le sol a été amélioré, à quoi le doit-on? On le doit évidemment aux procédés culturaux plus parfaits introduits dans ce demi-siècle. D'abord on a amélioré beaucoup les assolements. Autrefois les terres arables étaient divisées en trois parties à peu près égales, l'une était ensemencée en froment ou seigle, l'autre en orge ou en avoine, la troisième se reposait, c'était la jachère. On a peu à peu introduit de meilleures rotations, on alterne et l'on fume mieux le sol, de manière à n'avoir pas besoin de le laisser reposer. Les jachères ont donc diminué; si les statistiques sont exactes, il y aurait eu en jachères, en 1840, 6,780,000 hectares ; en 1852, 5,700,000 ; en 1862, 5,140,000; en 1873, 4,860,000 hectares, et il y en aurait encore moins aujourd'hui. Il est même certain qu'il y en a réellement moins que ces chiffres nous en indiquent, car beaucoup de cultivateurs continuent d'appeler jachères des terres qu'autrefois on aurait laissées reposer, mais qu'en fait on a utilisées pour d'autres cultures, des racines ou des fourrages. Vous savez, Messieurs, que l'espace gagné sur les jachères a été surtout consacré aux prairies artificielles (trèfle, luzerne, etc.), et ces améliorations, qui ont exigé tous les efforts de nos pères, nous en jouissons aujourd'hui, quoique pas autant encore que nous le devrions; mais l'essentiel est acquis, personne ne défend plus les anciens errements et si quelqu'un ne suit pas encore les nouveaux, soyez sûrs que cet homme manque d'activité.

« L'accroissement des fourrages a été considérable : en 1840 il y avait 1,831,000 hectares en prairies artificielles, en 1873 on en comptait 3,100,000. L'étendue des prairies naturelles ne semble pas avoir sensiblement changé, c'est toujours environ 4,200,000 hectares, mais la superficie irriguée s'est accrue, par conséquent aussi les produits en herbes et en foins. On a donc pu nourrir beaucoup de bétail. Si nous consultons les tableaux statistiques, nous trouvons, il est vrai, 9,900,000 têtes en 1840, et 10,500,000 têtes en décembre 1873, mais j'ai de bonnes raisons pour croire que les chiffres de 1840 comprennent les veaux, tandis que ceux de 1873 ne les comprennent certainement pas, le document officiel l'affirme expressément. D'ailleurs, le poids moyen des bêtes a considérablement augmenté par suite des progrès dans l'élevage. La même observation s'applique aux porcs dont le nombre s'est accru de 4,900,000 à 5,750,000. Le nombre des chevaux est resté stationnaire à 2,750,000, mais nos chevaux sont devenus meilleurs. C'est déjà un assez beau résultat de ne pas les avoir vus diminuer, malgré la multiplication des chemins de fer, dont le réseau s'étend, et dont les mailles se resserrent de jour en jour. Seules les bêtes à laine ont diminué, de 24,800,000 à 19,700,000, non compris les agneaux. Cette diminution est le résultat des nombreux défrichements qui ont eu lieu. Du reste, la race ayant été améliorée, on peut soutenir que ces 19 millions valent les 24 millions.

« J'ai presque à vous demander pardon, Messieurs, de vous arrêter aussi longtemps sur des chiffres; mais les chiffres précisent et prouvent les affirmations qui resteraient en l'air sans ce solide appui. Il me faudra même vous en présenter encore d'autres, pour mettre le progrès au-dessus de tous les doutes. J'ai dit que le poids des animaux avait augmenté; en effet, en multipliant leur nombre par leur poids, on trouve pour les bêtes à cornes 298 millions de kilogr. de viande en 1840 et 464 millions en 1873 ; pour les porcs, aux mêmes époques, 357 et 501 millions, et comme le poids net d'un mouton s'est accru de 14 à 20 kilogr., les 24,800,000 bêtes ovines adultes de 1840 pesaient

347 millions de kil., tandis que les 19,700,000 de 1873 en pèsent 394 millions. Mais, comme les hommes ont augmenté encore plus rapidement que les animaux, et qu'ils sont devenus plus riches, le prix de la viande s'est sensiblement élevé, au grand profit de l'agriculture. Aujourd'hui, personne ne répétera le mot du célèbre agronome Moll, qui, il y a quarante ans, disait : Le bétail est un mal nécessaire! Et ce savant n'était alors que l'organe de l'opinion commune.

« Nous venons de voir que nous produisons plus de viande, mais nous possédons aussi un surcroît de fumier. Le prétendu mal était nécessaire, parce qu'il nous fallait du fumier. Nous en avons davantage maintenant, mais nos cultures sont devenues si intenses, c'est-à-dire que nous demandons tant de produits à notre sol, que le fumier ne nous suffit plus et que nous employons des masses considérables d'engrais artificiels, dont la science d'abord, la pratique ensuite, nous ont démontré l'efficacité.

« Je pourrais encore longuement vous entretenir de nos progrès. Je pourrais vous montrer les merveilles enfantées par la mécanique, comment elle supplée aux bras qui ont émigré dans les villes, juste au moment où une culture perfectionnée en emploierait volontiers un plus grand nombre ; je pourrais vous montrer aussi les sucreries, les distilleries, les féculeries, mais je prêche des convertis. Personne ne connaît mieux que vous les efforts que vous faites pour réaliser des progrès ; et la grandeur de vos succès, la récompense que vous obtenez pour vos

peines, vos labeurs et vos risques est légitimement
acquise. Si vous les contemplez avec une juste satisfaction, vous ressentez aussi, j'en suis convaincu, la
joie plus noble, la joie patriotique d'avoir contribué
à accroître la prospérité de la France. » (*Applaudis-
sements prolongés.*)

CHAPITRE III

PRÉPARATION A LA CARRIÈRE AGRICOLE. L'ENSEIGNEMENT.

A l'issue de la séance, M. Lanteuil, un cultivateur aisé de Bagnols, et un de mes bons amis, emmena plusieurs assistants pour passer chez lui le reste de la soirée. On causa naturellement des événements de la journée, et bientôt la conversation se fixa sur la préparation à la carrière agricole et plus spécialement sur l'enseignement.

« La meilleure préparation, dit le voisin Morniac, c'est une bonne ferme, bien remplie de tout ce qu'il faut, et un gros sac d'écus dans l'armoire, avec cela on marche.

— Sans doute, répondit M. Lanteuil, c'est là une excellente base d'opération, mais une armée et une ferme ont chacune besoin d'être bien conduites pour s'assurer le succès de la campagne, et il faut apprendre à conduire comme on apprend autre chose.

— Apprendre! s'écria Morniac, est-ce qu'on apprend à manger? Vous ne serez content que lorsque vous verrez tout le monde sur les bancs de l'école, depuis le berceau jusqu'à la tombe.

— Cher voisin, reprit M. Lanteuil, vous n'exagérez que l'expression ; la chose est exacte : on doit apprendre et on apprend, depuis la naissance jusqu'à la mort, mais on n'est pas précisément assis sur un banc. Le banc est un accessoire, on regarde ou on écoute, on réfléchit, on retient, et l'on a appris.

— Si j'ai bien compris, dit M. Bertheron, un autre voisin, vous êtes d'avis que le futur cultivateur doit faire l'apprentissage dans la ferme de son père. Je pense comme vous. La pratique agricole s'apprend mieux dans les fermes et les champs que dans les écoles.

— Où on fait des théoriciens, des raisonneurs, qui parlent plus qu'ils ne travaillent, dit M. Morniac, qui était très caustique à son heure.

— Allons, voisin, vous répétez les méchancetés d'autrefois. Au comice, nous avons des collègues qui ont été aux écoles ; ils ne sont pas bavards du tout, et leurs fermes sont bien tenues. L'un d'eux recevra probablement le prix d'honneur au concours.

— Tous n'ont pas réussi, objecta M. Morniac.

— C'est souvent leur faute, riposta M. Lanteuil. L'école fournit le savoir, mais ne saurait changer le caractère.

— Je pense, fit observer M. Bertheron, qu'on peut apprendre tout ce qu'il faut en travaillant sous les yeux de son père.

— Et moi aussi, je le crois, confirma M. Jean

Malherbe. Pourtant on m'avait bien conseillé d'envoyer Philippe, mon aîné, à une école d'agriculture.

— Et quelles raisons pouvait-on vous donner? demanda M. Morniac,

— Ah! les raisons, je ne les ai pas assez bien comprises ou retenues pour vous les redire; demandez-les à M. Blancheau, le professeur d'agriculture.

— Il m'a promis de venir ce soir, » dit M. Lanteuil.

A peine avait-il prononcé ces mots, que la porte s'ouvrit et que M. Blancheau entra. Après les salutations, et lorsque chacun eut repris sa place, M. Lanteuil mit son nouvel hôte au courant de la conversation, qu'il avait interrompue juste où l'on avait eu besoin de lui.

M. Blancheau. — C'est une grande question que celle de l'enseignement agricole; il s'agit de l'industrie la plus importante du pays, on ne peut pas l'abandonner à elle-même.

M. Morniac. — Par exemple!

M. Blancheau. — Je parle de l'instruction agricole, qui ne doit pas dépendre seulement du hasard. Le hasard, c'est la routine. On continue les mêmes procédés de père en fils sans le moindre progrès. Le père commande à son fils, ou le maître ordonne à son domestique d'exécuter tel ou tel travail, et si on lui en demande la raison, que répond-il? — On l'a toujours fait ainsi. — Cette raison ne suffit pas. Il faut savoir le pourquoi des choses, du moins autant que possible, afin que, lorsque les circonstances changent, on sache aussi modifier les procédés.

M. LANTEUIL. — Il faut prendre l'habitude de la réflexion.

M. BLANCHEAU. — Assurément. Mais l'enseignement discipline la réflexion, lui fournit des points de repère, l'aide à trouver la solution. Plus on réduit le rôle du hasard, mieux cela vaut.

M. MORNIAC — Tout cela est bel et bon, mais c'est de la théorie. Croyez-vous que moi, qui n'ai qu'un lopin de terre, j'aie intérêt à envoyer mon fils à l'école pour s'asseoir sur le même banc que le fils de notre ami Lanteuil qui aura une jolie ferme, ou avec le fils du baron de Baringard qui administrera un jour de grandes propriétés.

M. BLANCHEAU. — C'est tout ce que vous avez à objecter?

M. MORNIAC. — Il me semble que c'est bien quelque chose.

M. BLANCHEAU. — Vous ne savez donc pas qu'il y a des écoles de toutes sortes : pour les petits, pour les moyens, pour les grands? Que ces écoles diffèrent selon les besoins à satisfaire?

M. BERTHERON. — Ce qu'il y aurait de mieux à faire, c'est de nous en donner une idée plus exacte, car nous savons bien qu'il existe des écoles, mais les détails nous manquent.

M. BLANCHEAU. — Je commencerai par en bas, car c'est par l'échelon inférieur qu'on commence une ascension. Nous avons donc d'abord la *ferme-école*. Dans la ferme-école on n'entre pas comme élève ou comme étudiant, mais comme apprenti. On a 16 ans au moins, on travaille, on est nourri comme un garçon de ferme, on ne paye rien, on reçoit même une légère indemnité. Le père du jeune homme n'a donc aucune charge, son fils est placé, il sortira au bout de 2 ou 3 ans, muni d'un certificat d'apprentissage, qui pourra lui rendre des services.

M. MORNIAC. — Et lesquels?

M. BLANCHEAU. — Cela dépend des circonstances; en tout cas, le certificat compte pour le volontariat d'un an, cela prouve déjà qu'il a de la valeur. Puis, si son père a un petit bien, il l'aidera à le cultiver et à l'améliorer; s'il n'en a pas, le jeune homme sera un des ouvriers habiles comme on en a besoin dans les grandes propriétés; il sera régisseur, oh ! il trouvera à se caser. S'il est capable, il pourra même obtenir une bourse pour entrer à l'école régionale, dont je vais vous parler tout à l'heure.

M. LANTEUIL. — Laissez-moi d'abord vous dire ce que c'est qu'une ferme-école, car mon frère en dirige une. Tenez, j'ai là une *Note* qui la définit : « C'est une exploitation rurale conduite avec habileté et profit, et dans laquelle des apprentis exécutent tous les travaux, recevant, en même temps qu'une rémunération de leur travail, un enseignement agricole essentiellement pratique. » Il faut donc que ce soit une propriété ou une ferme très bien dirigée, sans cela l'État ne ferait aucune dépense. Il paye 270 francs par élève et entretient un directeur, un surveillant, un jardinier, un chef de pratique, un vétérinaire. Les jeunes gens travaillent et reçoivent des leçons pour compléter leur instruction.

M. Blancheau. — C'est bien cela. On peut appeler ces fermes les écoles primaires de l'agriculture; les premières ont été fondées par l'initiative privée, sous la Restauration. Il y en avait déjà une vingtaine lorsque la loi du 3 octobre 1848 leur donna une existence légale. La loi du 30 juillet 1875 a créé une catégorie d'écoles qu'on peut qualifier de primaires supérieures, on les appelle *écoles pratiques d'agriculture*. C'est une institution départementale avec subvention et surveillance de l'État. Elle est destinée aux fils de cultivateurs aisés, qui payent une pension de 400 à 500 francs. Le personnel enseignant est rétribué par l'État, et les jeunes gens apprennent, outre l'agriculture, un peu de physique, de chimie, d'histoire naturelle, la zootechnie (la science du bétail), et surtout le jardinage. Il n'existe encore qu'une demi-douzaine de ces écoles, mais on s'en promet de bons résultats.

M. Bertheron. — C'est comme un collège agricole.

M. Blancheau. — Pas tout à fait, mais il y a trois écoles supérieures, qu'on pourrait appeler les lycées agricoles.

M. Lanteuil. — Ce sont les écoles nationales (autrefois on disait régionales) d'agriculture : Grignon près Paris, Grand-Jouan près Nozay, dans la Loire-Inférieure et Montpellier (Hérault).

M. Blancheau. — C'est en effet de ces écoles que je veux parler. Ces écoles sont également des créations de l'initiative privée : Grignon date de 1827, Grand-

Jouan de 1832, Montpellier de 1870, mais celle-ci n'est que la suite de l'école de la Saulsaie fondée en 1840. La loi du 3 octobre 1848 les a également adoptées. Ces écoles ont pour but de former des chefs d'exploitation instruits dans la théorie comme dans la pratique de l'agriculture, et familiarisés avec les principes de l'administration rurale.

M. MORNIAC. — On n'y entre pas pour rien, dans ces écoles-là?

M. BLANCHEAU. — Mais si, on le peut. Il y a des bourses. Deux places gratuites sont réservées dans chaque école aux meilleurs élèves des fermes-écoles.

M. BERTHERON. — Et comment reconnaît-on les meilleurs élèves ?

M. BLANCHEAU. — Par le concours; c'est qu'on n'entre pas sans examen dans ces écoles, sauf si l'on est bachelier.

M. LANTEUIL. — C'est un internat ?

M. BLANCHEAU. — A Grignon et à Grand-Jouan, et maintenant aussi à Montpellier, il y a des élèves internes et des externes. On admet, en outre, dans l'une et l'autre des auditeurs libres qui ne sont pas astreints à l'examen préalable, mais qui payent comme les externes. Les internes versent 1,200 francs par an à Grignon et 1,000 francs seulement à Grand-Jouan et à Montpellier. Le prix de l'externat, c'est-à-dire de l'instruction sans la pension, est de 200 francs dans toutes les écoles.

M. BERTHERON. — Et les études durent ?

M. BLANCHEAU. — Deux ans et demi. Le programme

qu'on peut obtenir en s'adressant aux directeurs des écoles ou au ministère de l'agriculture, est très chargé. La partie théorique comprend les sciences naturelles, physiques et mathématiques, leur application à l'agriculture, l'explication raisonnée des opérations de la culture, opérations économiques aussi bien que techniques et la comptabilité. L'instruction pratique forme les élèves au maniement des machines et instruments aratoires, et les initie en même temps au mécanisme et à la direction d'une grande exploitation rurale. A ce point de vue, le domaine annexé à l'école présente aux élèves l'exemple des diverses opérations qui constituent l'industrie agricole, et la facilité d'y prendre part d'une manière convenable.

M. Morniac. — Je voudrais bien savoir à quoi servent la chimie, la physique, les mathématiques et les autres sciences dans une exploitation rurale? Le cultivateur ne s'en sert jamais.

M. Lanteuil. — Voilà encore les exagérations de notre ami Morniac. Mais vous allez trouver à qui parler.

M. Blancheau. — Si l'étude de ces sciences n'avait d'autre effet que d'exercer l'intelligence pour rendre plus puissant et plus exact cet instrument de la pensée, ce serait déjà un beau résultat; aucune peine ne serait trop grande, aucun prix trop élevé pour l'acquérir. Le nombre des gens qui raisonnent mal, qui ne savent pas rapporter un effet à sa cause, est bien considérable; et la plus grande partie des erreurs et des fautes qui se commettent doivent être attribuées à l'insuffisance de notre instruction et à l'imperfection de l'instrument intellectuel qui en est la suite. Or, croit-on réellement que le cultivateur aisé, que celui qui dirige un vaste domaine n'a pas un emploi quotidien de son savoir ? Quand il sème ou plante, il fait de la botanique ; quand il élève ou engraisse du bétail, il fait de la zootechnie, de la physiologie ; les engrais, l'étude des terrains lui donnent ample occasion d'exercer ou d'appliquer sa chimie ; les instruments qu'il emploie, les irrigations, le drainages, dont il surveille l'exécution, exigent des notions de mathématiques et de mécanique, et les questions de vente et d'achat, de travail, de salaire, de crédit, mettent en œuvre toutes ses connaissances économiques.

M. LANTEUIL. — Tout cela est vrai, aussi ne suis-je pas étonné qu'on ait voulu couronner l'édifice de l'enseignement agricole en rétablissant l'institut agronomique à Paris (loi du 9 août 1876). C'est une sorte de faculté, la haute école de l'agriculture.

M. BLANCHEAU. — L'institut agronomique ne reçoit pas d'élèves internes, les élèves payent 300 francs par an et la durée des études est de deux années. Les élèves subissent un examen de sortie et reçoivent un certificat, et les plus distingués un diplôme, témoignant de leur savoir agronomique.

M. MORNIAC. — Cela, c'est pour les riches, ou les savants ; ce qui m'intéresse davantage, c'est ce qu'on fait pour les petits, pour les masses, pour le plus grand nombre.

M. Lanteuil. — Vous ne sauriez mieux adresser votre boutade, mon cher voisin, qu'à M. Blancheau, ici présent. S'il veut avoir l'obligeance de vous expliquer en quoi consistent ses fonctions, vous serez complètement satisfait.

M. Blancheau (en souriant). — Je ne croyais pas avoir besoin de décliner ici mes qualités : je suis le professeur d'agriculture du département — je croyais que vous le saviez. — Comme toutes les bonnes choses (vous ne m'en voudrez pas de trouver utiles les fonctions que j'exerce) comme toutes les bonnes choses, l'institution des professeurs départementaux a commencé petitement et s'est développée par suite des succès obtenus. Il y eut d'abord des chaires dans 2, même 3 ou 4 départements, puis d'autres furent créées, enfin la loi du 16 juin 1879 vint généraliser la mesure. Hier j'ai eu la liste des professeurs entre les mains, j'en ai déjà compté 51, et des concours sont ouverts dans plusieurs départements, car la chaire est donnée au concours. Et quelle est notre tâche ? Elle est double. D'une part, nous devons faire, dans les écoles normales, un cours d'agriculture aux futurs instituteurs, afin qu'ils soient en état d'enseigner l'agriculture à leurs élèves ; pour cette partie de notre tâche nous dépendons du ministre de l'instruction publique. La seconde tâche, dont l'exécution est surveillée par le ministre de l'agriculture, consiste à faire « des conférences publiques aux agriculteurs, propriétaires et instituteurs des différents cantons du département. » Je dois me rendre successivement dans tous les petits chefs-lieux étudier vos procédés, vous faire connaître les améliorations à introduire, je dois être le conseiller agricole du préfet, je dois me mettre en rapport avec les sociétés et les comices agricoles, je dois, pour me résumer en un mot, être le boute-en-train de tous les progrès agricoles. C'est dans l'exercice de mes fonctions que je ferai demain à trois heures une conférence publique, dans la salle de la mairie, sur le choix d'une ferme, conférence que vous pouvez considérer comme la suite naturelle de notre conversation de ce soir. Les affiches sont déjà posées, et j'espère pouvoir compter sur votre assistance.

M. Lanteuil. — Eh bien, Morniac, êtes-vous satisfait ?

M. Morniac. — Je me rendrai à la conférence, quoique je ne sois pas en état de choisir une ferme Je plains seulement les pauvres instituteurs et leurs élèves.

Plusieurs voix. — Pourquoi cela ?

M. Morniac. — Ils seront obligés d'apprendre par cœur un certain nombre de pages de plus.

M. Lanteuil. — Allons, cher voisin, je vois que vous ne serez jamais content.

Là-dessus on se sépara et tout le monde sembla de l'avis de M. Lanteuil, même M. Morniac, mais lui par d'autres raisons qu'eux.

CHAPITRE IV

LE CHOIX D'UNE FERME.

Les affiches qui annonçaient une conférence de M. Blancheau avaient été lues et le sujet avait attiré un public nombreux. Le professeur promettait de passer en revue les différentes considérations qui devaient influer sur le choix d'une ferme, sur les capitaux, l'inventaire, sur la grandeur des exploitations, etc. On ne l'avait pas encore entendu à Bagnols, mais il avait la réputation de « savoir son affaire ». La salle était comble et à trois heures sonnant, M. Blancheau monta à l'estrade. Je passerai l'exorde, pour entrer de suite en matière.

« ... Oui, Messieurs, le savoir est une des conditions du succès, mais les qualités personnelles en sont une autre, et souvent même la plus influente. On est quelquefois disposé, à première vue, à considérer une ferme comme bonne, parce que le fermier y vit dans l'abondance, ou comme mauvaise, parce qu'il s'y ruine, mais plus d'une fois on constate ensuite que le domaine n'y était pour rien, mais que le fermier était instruit, intelligent, laborieux, ou, au contraire, qu'il était ignorant, négligent, paresseux. Toutes ces observations, un proverbe les a résumées heureusement en ces deux mots : « tant vaut l'homme, tant vaut la terre. »

« Il ne faudrait cependant rien exagérer : la terre, c'est-à-dire la ferme, le domaine, a des qualités qui lui sont propres et celui qui veut s'établir doit en tenir compte. Je fais abstraction ici de ceux qui hériteront d'une propriété, ils n'ont plus à choisir, ils n'ont qu'à exploiter et qu'à améliorer. Mais voici un homme bien préparé et disposant d'un certain capital ; le premier conseil à lui donner c'est de ne pas être trop ambitieux, de ne pas aller au delà de ses moyens. Une propriété peut être grande, moyenne, petite ; il faut, pour chaque genre de culture, que le capital soit en proportion avec l'étendue de l'exploitation. Si l'expérience montre qu'il faut posséder — pour dire un chiffre quelconque — 500 fr. par hectare et qu'on n'a que 10,000 fr. il faut se contenter de 20 hectares environ, car si on allait jusqu'à 30, on serait constamment dans la gêne, et si l'on avait la témérité de se charger de 40, on succomberait sous le fardeau, on serait certainement moins heureux que si l'on s'était contenté de 20 hectares. Qu'on soit propriétaire ou fermier, il faut entrer en ménage sans dettes.

« Je suppose maintenant qu'on ait le choix entre plusieurs fermes d'une égale importance, qu'on l'achète ou la loue, il y aura avant tout à tenir compte de la salubrité, puis du nombre et de la variété des voies de communication. Une ferme autour de laquelle les chemins sont rares ou en mauvais état paye plus cher ce qu'elle achète et vend ses produits à bas prix, et les attelages en souffrent beaucoup. Le voisinage d'une rivière, d'un canal, d'un chemin de fer ajoute à la valeur de la ferme, parce que ces voies de communication permettent d'établir des cultures plus lucratives et d'économiser sur les frais de transport. Par exemple, on peut envoyer tous les matins, par chemin de fer, du lait à 50 kilomètres et au delà, tandis qu'on aura de la peine à transporter ce produit à 10 kilomètres par voiture.

« L'exemple que je viens de choisir fait supposer que les fourrages sont abondants; il n'est donc pas indifférent d'examiner quelle est la nature du sol et quelles sont les cultures dominantes, et s'il y a des terres arables, des prés, des vignes en proportions favorables pour la contrée. On peut produire des denrées pour des marchés éloignés, on peut aussi avoir ses débouchés sous la main. La situation d'une ferme à proximité d'une ville, ou aussi d'une agglomération de fabriques et de manufactures est, à cet égard, particulièrement avantageuse. Dans cette situation, on peut entreprendre presque tout ce que l'on veut, car généralement les récoltes sont aussitôt vendues que produites. Le jardinage et la culture maraîchère, les productions de basse-cour, la laiterie et ses dérivés, tout va. Il est vrai que le chemin de fer a un peu modifié les choses, puisqu'il raccourcit les distances; mais ce point n'est pas ignoré, et l'on doit s'informer des tarifs du chemin de fer comme de toute autre chose.

« Il est un autre point, Messieurs, dont on doit s'informer avec non moins de soin, c'est de la facilité de trouver des bras, du taux des salaires, des usages locaux, tant pour la nourriture et les boissons que pour les accessoires des salaires. La dépense pour le travail est souvent considérable ; selon M. Léonce de Lavergne elle absorbe la moitié du produit, et, selon lui encore, cette proportion s'est maintenue depuis le siècle dernier. Lorsque le produit d'un hectare était évalué à 50 francs, il y en avait 25 pour les travailleurs, lorsque le produit s'élève à 100 le salaire en absorbe 50[1]. Mais ces chiffres s'arrêtent à l'année 1860 ; depuis lors, le travail est devenu plus cher, et si l'on n'avait pas multiplié les machines qui l'économisent, on n'aurait souvent pas su comment joindre les deux bouts.

« Enfin, on a bien pesé les avantages et les inconvénients de l'exploitation d'une ferme donnée, — on fait bien, soit dit en passant, d'évaluer en chiffres les uns et les autres, lors même que ces chiffres seraient un peu entachés d'arbitraire. Les chiffres nous forcent à sortir du vague, à préciser, à nous rendre compte, — la ferme est choisie. Elle peut être achetée ou louée et se trouve plus ou moins garnie. Vous savez bien qu'il ne suffit pas de posséder les quatre murs des bâtiments et les champs tout nus ; si l'acquisition ou la location est faite dans ces conditions, il faut combler les vides. Je ne m'arrêterai pas à vous expo-

---

1. *Économie rurale de la France,* p. 61.

ser les formalités à remplir quand on achète un immeuble, les précautions qu'il faut prendre relativement aux hypothèques ; comme vous ne ferez pas une pareille acquisition sans notaire, les conseils ne vous manqueront pas. Si vous louez, vous faites un bail, qui n'a pas besoin d'être notarié, il peut être fait sous seing privé ; vous devez regarder de près ce qui est écrit, et vérifier si le fermier sortant s'est soumis aux obligations que la coutume prévoyante lui impose. Par exemple, il doit laisser les fumiers et la paille, certaines quantités de fourrages ; ces obligations varient selon les pays, et je m'abstiens de donner des généralités.

« Je supposais que la ferme était vide et qu'il fallait la garnir. Il faut avant tout se procurer les provisions alimentaires, puis les fourrages et, s'il y a lieu, un supplément d'engrais. Ensuite les attelages, dont le nombre est naturellement en rapport avec l'étendue de la ferme. Faut-il préférer des chevaux ou des bœufs? C'est difficile à dire d'une manière générale, mais je pense que, si les circonstances locales ne fournissent pas une raison contraire, on doit tendre à réserver le travail aux chevaux et envoyer les bœufs à l'abattoir, après les avoir engraissés. Autre question grave : combien de têtes de bétail ? — Règle générale: le plus possible. Quand on veut apprécier la culture, savoir si elle est bien conduite, lucrative, etc..., on s'informe du nombre de têtes par hectare. Ce chiffre ne dit pas tout, mais il est assez éloquent. Mais faut-il préférer des vaches laitières, faut-il élever ou engraisser des animaux? de même faut-il porter l'effort plutôt sur telle ou telle espèce d'animaux? cela dépend de tant de choses, territoire, situation géographique, climat, capitaux, habitudes, préférences personnelles, que je dois me borner à signaler la complexité du problème.

« Moins important que le bétail ou l'inventaire vivant, mais nullement indifférent est le choix des instruments, machines et autres objets qu'on réduit sous la rubrique d'inventaire mort. Est-il nécessaire de dire que cet inventaire dépend de l'étendue de la ferme? Dans les grandes exploitations, outre les instruments ordinaires, on aura les machines perfectionnées, moissonneuse, machine à battre, locomobile, peut-être charrue à vapeur, semoir, et les autres. Une grande culture comporte des instruments puissants, ils coûtent de l'argent, mais ils en font gagner et, ce qui est souvent plus important, ils font gagner du temps. Dans les fermes plus petites, il n'y aura pas de place pour ces grands outils, les capitaux dont on dispose n'en permettent pas, d'ailleurs, l'acquisition; il suffira qu'on se procure des charrues, des herses, des chariots ou charrettes et autres du modèle le plus parfait qu'on pourra trouver; on a fait depuis quelque temps beaucoup d'efforts pour améliorer ces modestes et indispensables instruments.

« J'ajouterai que même les moyennes et les petites exploitations peuvent se procurer les avantages dus aux machines. Il est des entrepreneurs de travaux agricoles qui les possèdent et qui les installent à tour de rôle dans les fermes qui en ont loué les services. Dans les arrondissements ou cantons où il n'y a pas de pareils entrepreneurs, un certain nombre de cultivateurs peuvent se réunir en association, les acheter en commun et les employer successivement dans un ordre fixé d'avance. Des exemples de pareilles associations existent, et l'on doit regretter qu'elles ne soient pas plus fréquentes.

« Je passe les autres objets à se procurer, pour rappeler combien il est nécessaire d'avoir un personnel bien choisi. C'est là une des questions les plus délicates à aborder, mais je ne toucherai pas aux questions de salaires. Il n'est pas sans importance de choisir entre les différents systèmes en usage, soit d'avoir un personnel complet à l'année, de manière à n'employer des journaliers que lors des récoltes, ou aussi de n'engager que les domestiques strictement nécessaires, et de faire faire une partie des travaux à la tâche. Dans ce cas, il faudra sans doute pouvoir occuper les ouvriers ruraux tout le long de l'année ; on ne dépense pas moins, mais le travail est plus vite fait.

« Vous voyez, Messieurs, combien sont variées les choses dont on doit se préoccuper... » Comme je n'ai pas donné l'exorde de cette conférence, je me dispense d'en reproduire la péroraison.

CHAPITRE V

LE BÉTAIL ET LA LÉGISLATION
QUI LE CONCERNE

Après avoir assisté à la conférence, je suivis la foule qui retournait à l'exposition des animaux, me joignant au groupe dont mes amis, MM. Lanteuil et Morniac, faisaient partie. On parla du bétail, et quelqu'un, je ne sais pas son nom, exprima le regret que M. Blancheau n'ait pas précisé davantage le nombre des animaux qu'il fallait par ferme.

« Et comment auriez-vous voulu qu'il fixât ce nombre? demandait-on.

— Tant par hectare, fut la réponse.

— Il eût été hasardeux, fit remarquer M. Lanteuil, de donner un chiffre quand les circonstances sont si différentes. Cela dépend de l'abondance ou de la rareté des fourrages, de la nature des cultures et de tant d'autres choses.

— J'aurais voulu avoir une moyenne, insista-t-on.

— Une moyenne? dis-je, je puis vous en servir une. J'ai lu qu'on comptait une tête par hectare dans les pays les plus avancés.

— Une tête par hectare? Qu'est-ce qu'une tête?

— Une tête de gros bétail, cheval ou bœuf, s'entend. On compte six porcs ou dix moutons comme équivalent d'une tête de gros bétail.

— Je maintiens, reprit M. Lanteuil, que ces fixations sont bien risquées.

— Ce qui est encore plus risqué, dit M. Morniac, c'est d'entretenir beaucoup d'animaux ; survient une épizootie, et étables, écuries et bergeries se vident, et la bourse aussi.

— Les épizooties, s'écria un assistant, je ne les crains plus.

— Cela prouve que vous n'êtes pas peureux, dit en raillant M. Morniac,

— Vous êtes bien méchant aujourd'hui, voisin, dit M. Lanteuil, notre collègue pensait sans doute aux nouveaux remèdes...

— Grand bien lui fasse, répliqua M. Morniac, j'aime mieux les anciens, ils ont eu le temps de faire leurs preuves.

— Et les assurances contre la perte du bétail ! dit un autre assistant.

— Ce n'est pas à tout cela que je songeais, reprit le premier, en parlant de la diminution du danger causé par les épizooties, je faisais allusion à la nouvelle loi. Elle est, si je ne me trompe, du 21 juillet 1881.

— C'est donc une merveille, votre loi ! exclama M. Morniac.

— Vous semblez bien sceptique, monsieur et cher collègue, fut la réplique, ou auriez-vous jugé la loi sans la connaître ?

— Allons, ne vous disputez pas, dit gravement M. Lanteuil; la loi a du bon, elle édicte des mesures préservatrices contre les maladies les plus graves, et elle impose à l'État le devoir d'indemniser ceux qui subissent des pertes par suite de l'application de cette nouvelle loi.

— Et comment cela? demanda un de nos collègues.

— Je vais vous le dire, répondit M. Lanteuil. J'ai lu la loi et je crois en avoir retenu les principales dispositions. Et d'abord tout cheval, bœuf, mouton, chèvre, porc, importé en France, est soumis, dès la frontière, à la visite d'un vétérinaire nommé par le gouvernement; bien entendu on ne laisse entrer que les animaux sains. L'importateur paye une petite indemnité pour cette visite. On ne peut importer du bétail que par les localités désignées (gare ou port). Le gouvernement peut interdire l'entrée en France de tout animal atteint de contagion, il peut aussi prohiber les peaux, laines et autres objets ou matières susceptibles de communiquer la maladie.

— Il fait désinfecter les wagons dans lesquels les animaux ont été transportés, fit-on observer.

— Naturellement. Mais supposons maintenant que, malgré la surveillance des agents de la frontière, la maladie ait été importée ou aussi qu'elle soit née dans le pays : dès qu'un propriétaire d'animaux — ou un vétérinaire — s'aperçoit qu'un animal est affecté de maladie contagieuse, ou lorsqu'il en a seulement le soupçon, l'autorité est avertie et l'animal est séquestré, c'est-à-dire qu'**on le sépare immédiatement** des autres animaux. L'autorité, le maire ou le préfet, fait visiter l'animal par un vétérinaire et prescrit immédiatement les mesures nécessaires. Selon les indications contenues dans le rapport du vétérinaire qui a naturellement fait sa petite enquête, les mesures se rapportent aux cas particuliers seulement : l'animal est abattu, enfoui, l'étable est désinfectée.

— Il est rare, dit M. Morniac, qu'un cas soit aussi isolé que cela.

— Je le crois aussi. Mais le préfet, s'il le croit nécessaire, peut prendre « un arrêté portant déclaration d'infection. » Les localités infectées sont naturellement désignées avec soin, et tout de suite aucun animal n'y peut entrer, ni n'en peut sortir. On va de maison en maison, de ferme en ferme, compter les animaux, on les marque et on les observe. Du reste, les mesures ne sont pas les mêmes dans toutes les épizooties, c'est aux hommes de l'art à les indiquer et au préfet ou au maire à les prescrire. Pour la peste bovine, par exemple, on n'y va pas par quatre chemins; non seulement on abat les animaux malades, mais même tous ceux qui se trouvaient dans l'étable ; ils sont *contaminés*, ils sont atteints ou suspects de l'être.

— Et si un vétérinaire avait, ou proposait un moyen de guérir la maladie? demanda-t-on.

— L'autorité compétente prendrait des mesures pour faciliter les expériences, en isolant les animaux qui y seraient soumis. Mais jusqu'à nouvel ordre, ne pouvant pas guérir le mal, on cherche à l'extirper pour qu'il ne puisse étendre ses ravages.

— Mais je n'entends plus parler des indemnités, réclama M. Morniac.

— Elles ne s'appliquent qu'aux animaux atteints de peste bovine et de péripneumonie contagieuse. La loi fait une distinction dont les vétérinaires savent les raisons mieux que moi. Il est alloué aux propriétaires des animaux abattus pour cause de peste bovine une indemnité des trois quarts de leur valeur avant la maladie, mais pour les animaux abattus pour cause de péripneumonie contagieuse ou morts par suite de l'inoculation, une indemnité de la moitié de leur valeur, s'ils en sont reconnus atteints ; les trois quarts s'ils ont seulement été contaminés ; la totalité s'ils sont morts des suites de l'inoculation.

— Et dans tout cela, fit-on observer, les vétérinaires ont la voix prépondérante.

— Était-il bien nécessaire de leur donner tout ce pouvoir? demanda M. Morniac.

— Sans doute, répondit M. Lanteuil, ce sont « les hommes de l'art. »

— Plus d'une fois, dit un monsieur qui s'était joint au groupe et qui se présenta à cette occasion comme le nouveau vétérinaire de l'arrondissement voisin, plus d'une fois la responsabilité nous paraît bien pesante ; mais il faut bien qu'une décision soit prise, et il est naturel qu'on en charge ceux auxquels leurs études donnent la qualification nécessaire.

— Je sais, dit M. Morniac, que l'État entretient des écoles vétérinaires.

— Oui, au nombre de trois, répondit le vétérinaire.

La plus ancienne a été fondée à Lyon en 1762, la seconde à Alfort, près Paris, en 1766, la troisième à Toulouse en 1828. Dans ces écoles on enseigne la théorie et la pratique de la médecine vétérinaire. L'exercice de cette dernière est facilité par les infirmeries annexées aux écoles, et où l'on reçoit des animaux en traitement. Chaque école reçoit des élèves internes, des externes et des auditeurs libres. Les internes, sauf les boursiers, payent 600 francs de pension par an, le quart de cette somme est versé chaque trimestre et d'avance ; les externes et les auditeurs versent 50 francs par trimestre, ces derniers n'ont pas d'examen à passer. La durée des études est de quatre années, et celui qui, après examen, est reconnu en état d'exercer la médecine des animaux domestiques reçoit le diplôme de vétérinaire à la charge de payer 100 francs.

— Faut-il absolument avoir été dans une école vétérinaire pour exercer la profession de médecin des animaux ? demanda-t-on.

— Pas précisément, fut la réponse, mais le titre de vétérinaire ne peut être pris que par ceux qui ont obtenu le diplôme après avoir passé par l'une des écoles. Des avantages sont attachés à ce diplôme. De plus, certaines places leur sont réservées, ils sont seuls considérés comme compétents. Si vous faites traiter un animal par quelqu'un qui n'est pas vétérinaire et que l'animal meure, selon le cas, vous pouvez obtenir de ce médecin non diplômé une indemnité correspondant à la valeur de l'animal, mais le vétérinaire ne doit aucun dédommagement, c'est le privilège de la science. S'il n'y a pas de vétérinaire dans le voisinage (8 kilomètres), le guérisseur est jugé avec plus d'indulgence, il est considéré comme le seul pouvant porter secours.

— Les écoles vétérinaires, dit M. Lanteuil, causent une dépense assez importante à l'État, mais il s'agit de protéger une partie considérable de la fortune publique : tous ces millions de chevaux, ânes, mulets, ces bêtes bovines, ovines, caprines, porcines, sans compter les basses-cours et même les abeilles et les vers à soie...

— Vous oubliez les poissons, dit quelqu'un en riant.

— Ils méritent cependant bien qu'on les mentionne, fut la réponse, et en effet, on les protège par des règlements de pêche — un règlement qui leur assure la tranquillité pendant qu'ils déposent leurs œufs — sans compter qu'il y a même des règlements relatifs aux étangs où les poissons sont pour ainsi dire élevés comme une vache à l'étable... Mais où en étais-je? Ah oui, je disais que ces millions d'animaux valent des milliards de francs, et qu'il faut bien faire quelque chose en faveur d'un capital de cette importance.

— Il y a longtemps, du reste, ajouta le vétérinaire, que nos gouvernements font des efforts pour augmenter ce capital. Dès le siècle dernier, on a établi des bergeries de l'État pour l'élève des mérinos, moutons dont la laine est très fine. Et voyez ce que c'est, quand une fois on se mêle d'une affaire! On avait d'abord fait venir des béliers d'Espagne et de Saxe, parce que dans ces pays la laine est plus fine qu'ailleurs ; lorsque plus tard l'élève des bêtes ovines s'étendit dans les vastes prairies — ou terres incultes — de l'Amérique du Sud, de l'Afrique méridionale (cap de Bonne-Espérance), de l'Australie surtout, le prix de la laine baissa et il devint plus avantageux de produire de la viande ; alors ce furent de grands moutons anglais qu'on fit venir.

— Du reste, on obtient en France même de beaux troupeaux par des soins intelligents, fit remarquer un assistant.

— Incontestablement ; mais l'État a pris plus d'une fois à sa charge les frais d'introduction des bêtes à laine et aussi des frais d'expérimentation. Il a fait de même pour les bêtes à cornes, il entretient même des vacheries où l'on n'élève que des races perfectionnées.

— C'est pourtant pour les chevaux qu'on fait le plus, dit M. Morniac, bien que le cheval ne fournisse ni lait, ni viande.

— Les chevaux servent cependant à quelque chose, fit observer M. Lanteuil en riant.

— Mais ils servent autant à l'agrément qu'à l'utilité, soutint M. Morniac. »

Les assistants trouvèrent que c'était aller trop loin même pour une exagération voulue et ils furent d'avis qu'il fallait appeler cette boutade un paradoxe.

— Mettons, dit M. Lanteuil, que l'utilité produite par les chevaux soit égale à 1000, alors l'agrément doit être porté à 1.

— Il n'y a pas que les chevaux de course, ou des voi-

tures de maître, fit remarquer un assistant ; il n'y a
pas non plus que les chevaux traînant la charrue, la
charrette et le chariot ; il y a encore le cheval des
omnibus, des voitures de louage, des camions et autres
véhicules industriels ; il y a aussi le cheval de l'armée.

— Tous les gouvernements, dit M. Lanteuil, ont cru
de leur devoir de s'occuper du cheval, tant dans l'intérêt de l'agriculture, de l'industrie et du commerce,
que dans l'intérêt de l'armée, surtout dans celui-ci.

— Je le crois bien, dit le vétérinaire, que tous les
gouvernements s'en occupent, et depuis longtemps.
Un édit de 1639 a déjà tenté de constituer une administration des haras en France. Plus tard, Colbert
réussit à l'établir, et depuis, les mesures se multiplièrent, non sans changer souvent. Celui qui voudrait
raconter l'histoire des mesures prises depuis deux
siècles pour encourager l'élève des chevaux par des
particuliers, et pour organiser des haras de l'État où
sont réunis des animaux de choix, pour servir de re-
producteurs, celui qui voudrait raconter tout cela,
en aurait pour plusieurs heures.

— Dites-nous au moins comment l'administration
des haras est organisée actuellement, fit un assistant.

— Volontiers. Il y a au ministère de l'agriculture
un directeur des haras, qui a sous ses ordres plusieurs
bureaux et qui peut consulter un conseil supérieur
des haras. Des inspecteurs généraux et de simples
inspecteurs contrôlent les services extérieurs. Ces
services se composent d'abord de l'école des haras du
Pin créée en 1840 et réorganisée depuis. L'enseigne-

ment y comprend la science hippique, l'hygiène, la
zoologie, l'anatomie, la physiologie, la botanique four-
ragère, l'extérieur du cheval, la maréchalerie, l'équi-
tation et tout ce qui est nécessaire pour compléter
la connaissance scientifique et pratique du cheval. La
durée des études est de 2 ans, l'enseignement et le
logement sont gratuits. Il y a ensuite le haras de Pom-
padour où l'on entretient à la fois des étalons et des
juments (des chevaux mâles et femelles), puis 21 dépô's
d'étalons. Ces étalons, dont le nombre total est fixé
à 2,500, sont répartis tous les ans entre les départements et mis à la disposition des propriétaires de
juments. Comme il n'y a pas assez d'étalons dans les
établissements de l'État, les propriétaires de chevaux
mâles peuvent les présenter et les faire examiner
pour la grandeur et la force, et s'il y a lieu, les chevaux sont approuvés. Les propriétaires d'étalons approuvés peuvent obtenir des primes de l'État. Il y a
aussi des primes pour les pouliches. — Mais nous
arrivons à l'exposition, je me hâte seulement de dire
que les courses sont instituées pour encourager l'élève
de bons chevaux, et que diverses institutions, comme
les écoles de dressage, sont destinées à mieux préparer
ces animaux au travail. »

CHAPITRE VI

L'EAU DANS L'AGRICULTURE, IRRIGATIONS ET DESSÉCHEMENTS

L'ingénieur des ponts et chaussées de l'arrondissement avait été prié de faire une conférence sur « l'eau en agriculture », sur les sources, sur les irrigations et les desséchements, et il était entendu qu'il traiterait ces matières surtout au point de vue administratif, faisant connaître la législation relative aux eaux. L'ingénieur n'avait pas fait de difficulté, et le mercredi, à l'heure convenue, il monta sur l'estrade et parla à peu près en ces termes :

« Messieurs,

« Pour l'agriculture, l'eau est un agent qui peut être essentiellement bienfaisant ou extrêmement nuisible, selon les cas. Le caprice ne joue ici aucun rôle, l'eau ne connaît ni amitié, ni haine, elle est inconsciente et sans volonté, elle est seulement le véhicule ou l'instrument de certaines forces naturelles qui agissent conformément à leurs lois. Abandonnées à

elles-mêmes, ces forces font du bien quand elles
favorisent les desseins de l'homme, elles font du mal
quand elles les contrecarrent. Mais l'homme possède
dans son intelligence une force qui arrive généralement à maîtriser et à diriger à sa guise l'action
inconsciente de la nature. S'il a besoin d'eau, il sait,
par un puits, donner une issue aux réservoirs souterrains, et la source coule. Le ruisseau, il le dirige, en
utilisant les pentes du terrain, ou en construisant des
viaducs et des siphons, vers les endroits où l'humidité
sera bienfaisante. Si, au contraire, l'eau est surabondante, il lui procurera un écoulement. Des œuvres
merveilleuses ont été établies, dans l'antiquité et de
nos jours, pour amener l'eau ou pour nous en débarrasser ; mais je n'ai pas à vous entretenir aujourd'hui
de ces merveilles, dont plusieurs, sans doute, vous
sont connues ; ma tâche consiste simplement à voir
les facilités que nous accorde la loi, soit pour utiliser
l'eau en agriculture, soit pour nous en défaire.

« Commençons par le commencement, la source. La
source appartient en principe au propriétaire du terrain où elle jaillit, qu'elle soit venue naturellement, ou
qu'il y ait eu un travail, par exemple un puits. En
principe aussi, c'est-à-dire s'il n'y a pas de raisons
contraires, le propriétaire peut utiliser l'eau à volonté,
et même l'absorber. Mais plusieurs cas peuvent se
présenter. Une commune ou un hameau ont besoin de
cette eau pour boire ; il peut seulement demander une
indemnité, qui est fixée à l'amiable ou à dire d'expert.

« Une fois que la commune a acquis son droit, on ne

peut plus le lui retirer, surtout si elle peut prouver sa propriété par un titre, ou par prescription. Si la source forme un ruisseau, le propriétaire du fonds inférieur a le droit de s'en servir sur sa propriété, mais si cette eau, loin de lui être utile, lui causait des dégâts, il ne pourrait pas (si l'eau n'avait pas d'autre issue) en empêcher l'écoulement, mais il pourrait demander à être indemnisé.

« Les ruisseaux deviennent des rivières, navigables ou non. Parlons d'abord des cours d'eau non navigables. Ceux-là, les riverains peuvent s'en servir pour arroser leur propriété, mais doivent rendre les eaux non absorbées. On peut aussi employer l'eau pour faire marcher les roues d'un moulin ou d'une usine, mais, dans ce cas, l'agriculture ne doit pas en souffrir. S'il y a discussion sur l'emploi de l'eau, c'est généralement au préfet qu'on doit s'adresser, c'est lui qui fait les règlements qui concernent le cours d'eau; il peut aussi en prescrire le curage, pour que l'eau ait son écoulement régulier.

« Tout ce que je viens de dire, Messieurs, ne sont que des préliminaires, j'arrive enfin à la grande question de l'irrigation. C'est une question simple par elle-même que les circonstances rendent quelquefois complexe. La première chose qu'il nous faut pour irriguer, c'est de l'eau, la seconde c'est souvent de l'argent. Au fond, dans bien des cas, avec de l'argent on a tout, nous allons le voir tout à l'heure; mais il se peut que la somme à dépenser soit tellement considérable, qu'il n'y ait plus de profit à irriguer. Et si

l'eau est sous la main, il suffit souvent de posséder la
très petite somme nécessaire pour tracer quelques ri-
goles dans le pré. Si le cours d'eau non navigable, si le
ruisseau ou la petite rivière longe la propriété et qu'on
n'ait besoin d'aucun ouvrage, la chose va de soi, l'article 644 du code civil autorise le riverain à s'en servir. Or différents cas peuvent se présenter. Par
exemple, il peut être nécessaire d'élever un barrage
dans l'eau et d'appuyer ce barrage sur la rive opposée.
Il faut, en effet, quelquefois accumuler l'eau pour
qu'elle monte au niveau des terrains voisins. Avant la
loi du 11 juillet 1847, il dépendait du propriétaire de
l'autre rive de l'empêcher; la loi de 1847 y a mis bon
ordre. Le voisin ne peut rien empêcher; il n'a qu'un
droit, c'est de demander une « juste et préalable indemnité, » sauf cependant si l'on voulait appuyer le
barrage sur sa maison, sa cour ou son jardin attenant
à son habitation. En ce dernier cas, il pourrait valablement refuser, et on ne pourrait pas le forcer d'accepter la servitude. D'un autre côté, il peut demander
à utiliser également le barrage; s'il paye la moitié des
frais, c'est son droit. Aucun barrage cependant ne
peut être établi sans l'autorisation du préfet, qui ne
peut la refuser que pour des raisons d'intérêt général,
salubrité, etc.

« Il peut arriver aussi qu'on ait besoin de conduire
l'eau au travers d'une propriété voisine, — toujours
la maison, la cour et le jardin exceptés; — la loi du
29 avril 1845 vous en donne le droit, si vous payez
une indemnité au propriétaire.

« Quand un certain nombre de propriétaires jouissent simultanément du droit d'irrigation, une difficulté très grave peut surgir : comment faire pour que chacun ait sa part du bienfait? C'est l'administration qui règle alors l'usage de l'eau. Elle fixe les jours, le nombre d'heures de la jouissance, la quantité d'eau que chacun peut recevoir. Ces fixations ont lieu après enquête dirigée par l'ingénieur de l'arrondissement, et après avoir entendu les intéressés. L'influence des intéressés est grande, car le préfet ne peut faire la répartition d'eau qu'en conformité avec d'anciens règlements ou des usages établis ; à défaut de ces guides, il doit être statué par décret délibéré en Conseil d'État.

« Si les propriétaires de prairies voulaient irriguer en empruntant de l'eau à une rivière navigable, ils devraient nécessairement en demander l'autorisation au préfet, car les cours d'eau appartiennent au « domaine public, » et c'est l'État seul qui en dispose. L'autorisation n'est accordée que si la navigation n'en souffre pas. En fait, beaucoup de dérivations ont été autorisées. On connaît de nombreux canaux d'irrigation ; il en est qui sont d'une étendue considérable, il n'y a pas longtemps encore, le gouvernement a autorisé une très importante dérivation du Rhône, et les chambres ont même voté de nombreux millions à titre de subvention. C'est la meilleure preuve de l'utilité de l'irrigation. Je disais tout à l'heure qu'avec de l'argent on pourrait avoir de l'eau partout ; eh bien, cette subvention a été accordée, non seulement pour permettre de conduire de l'eau au loin, mais encore pour la soulever à l'aide de machines à vapeur, afin de pouvoir arroser des terrains situés à un niveau bien supérieur au fleuve. Ce sera un moyen d'atteindre et de guérir des vignes phylloxérées.

« Je vous ai entretenus jusqu'à présent des moyens d'amener l'eau pour suppléer à l'insuffisauce de l'élément liquide, passons en revue maintenant les cas où elle est surabondante. Le cas auquel vous penserez en premier, Messieurs, c'est l'inondation. On a cherché à prévenir ce terrible fléau, car, lorsqu'il se manifeste dans toute sa force, l'homme est impuissant, il ne lui est pas donné d'arrêter les flots impétueux et de dire utilement à la vague : jusqu'ici, et pas plus loin. Pour quelques torrents on a construit des réservoirs ; par une levée gigantesque on a clos tel vallon et on l'a transformé en réservoir où s'accumulent les eaux torrentueuses et d'où elles sortent, pour ainsi dire, disciplinées. On a aussi élevé des digues. Les réservoirs et les digues sont le plus souvent des travaux publics ; mais, selon le cas, les propriétaires peuvent être tenus à construire des murs ou à élever des digues. Lorsqu'une seule commune est intéressée, un arrêté du maire suffit ; mais généralement la mesure s'étend au loin, l'autorité supérieure doit intervenir, et quelquefois les propriétaires se forment en syndicats pour combiner leurs forces. Les mesures à prendre contre les inondations sont donc d'une nature préventive : mainte prescription de l'autorité y a trait ; mais parfois, heureusement de loin en loin, toutes les mesures restent impuissantes.

« Les inondations sont imprévues; comme les météores, elles arrivent subitement et passent aussi vite;
il ne faut pas beaucoup de temps pour causer des ravages : il faut une année pour construire, et une mi-
nute pour détruire. Il est un autre fléau produit par
l'eau qui est d'un caractère tout différent, il s'agit
des eaux stagnantes, des marais où se produisent des
gaz malsains, qui se répandent en l'air et vont porter
« la fièvre des marais, » les fièvres paludéennes dans les
habitations d'alentour, fièvres qui affaiblissent toujours
le corps, et qui souvent le tuent en peu de temps.
Quand on chasse l'eau par mesure sanitaire, on ne
pense qu'à assainir la contrée; mais, quand on a en
vue d'utiliser un terrain couvert d'eau et rendu ainsi
stérile, on le dessèche pour le rendre à l'agriculture.

« Vous pensez bien que ce n'est pas aujourd'hui
seulement qu'on a découvert la nécessité de se débarrasser des marais ; on en a desséché dans l'antiquité,
et pour ne citer que la France, on trouve, sous le
règne de Henri IV et postérieurement, de nombreuses
mesures prises dans ce sens. Plusieurs lois cherchè-
rent à favoriser le desséchement des marais, les principales sont celles du 16 septembre 1807 et du 28 juillet 1860; mais, si après tant d'efforts il en reste
encore, c'est que les dépenses sont quelquefois très
élevées. Aussi les lois prévoient-elles que les propriétaires du terrain ne se chargeront pas de l'opération,
que l'État le fera à leur place ou qu'il en chargera des
concessionnaires. Les lois prescrivent des formalités
destinées à protéger tous les intérêts, mais le prin-

cipe fondamental de toute la législation est que la
plus-value couvrira les frais. Ainsi, voici 100 hectares
en marais, on estime à peine à 10 francs la valeur
totale de l'hectare; le desséchement opéré, il vaut
500 francs, soit 50,000 francs pour le tout. Comment
partagera-t-on? C'est l'acte de concession, par lequel
l'administration a chargé de l'opération un entrepreneur, qui fixe la part des propriétaires, pour chacun
dans la proportion de la grandeur de son terrain, et
la part destinée à couvrir les frais du desséchement,
tout en procurant un bénéfice honnête au concessionnaire. Il est des cas où les frais sont si considérables et le bénéfice si peu assuré, qu'il ne se trouve
pas d'entrepreneur; alors s'il y a un grand intérêt
sanitaire, l'État entreprend l'opération, mais aux
mêmes conditions : on évaluera les propriétés avant
et après le travail; si, après le travail, la plus-value
dépasse les frais, c'est au profit des propriétaires. Les
communes aussi possèdent quelquefois des marais;
si elles ne prennent aucune mesure, l'État peut faire
dessécher et se rembourser sur la plus-value; mais
les communes ont un moyen facile de se débarrasser
de tout souci, elles n'ont qu'à céder à l'État la moitié
du terrain.

« Je n'insisterai pas davantage pour vous rappeler
qu'il y a encore d'autres circonstances où il peut y
avoir à éloigner de l'eau surabondante; c'est quand le
sol en est trop imprégné pour certaines cultures.
Dans ce cas, on *draine*. Le drainage s'opère par des
tuyaux (drains), ou aussi par des canaux souterrains,

qui attirent l'eau et en facilitent l'écoulement. La loi
du 10 juin 1854 oblige le propriétaire du fonds inférieur à recevoir les eaux provenant du drainage,
naturellement contre indemnité. Cette loi était nécessaire en présence de l'article 640 du Code civil, qui
n'oblige à accepter que l'écoulement des eaux plu-
viales et autres qui viennent naturellement, et cet
article ajoute : « Le propriétaire du fonds supérieur
« ne peut rien faire qui aggrave la servitude du fonds
« inférieur. » Or l'eau réunie par le drainage est une
aggravation de la servitude. D'autres mesures furent
prises ; je dirai seulement que, dans la même année
1854, les ingénieurs et conducteurs des ponts et
chaussées furent autorisés à prêter gratuitement leur
concours aux propriétaires disposés à drainer leurs
terres, l'administration se chargeant de les indemniser. Le drainage n'a pas pris autant d'extension en
France qu'en Angleterre, mais simplement parce que
notre territoire est moins humide. Je trouve que cette
raison nous dispense d'en rechercher d'autres. Du
reste, par négligence ou par ignorance — l'homme le
plus savant peut être ignorant sur un point — nous
ne faisons pas tout ce que nous pourrions faire, soit
pour nous procurer de l'eau, soit pour nous en débarrasser ; mais il y a souvent aussi une question de
frais dont il ne faut pas se dissimuler l'importance ;
l'habileté ne consiste pas uniquement à se procurer
des capitaux, elle consiste aussi à réduire les frais
de manière à ce que l'opération laisse un bénéfice
certain. »

CHAPITRE VII

SYNDICAT DE TRAVAUX, CRÉDIT FONCIER ET AGRICOLE

Le soir de ce même mercredi, nous étions une dizaine ou une douzaine de personnes réunies chez M. Lanteuil, et, comme on pouvait s'y attendre, on parla des événements de la journée, sans oublier la conférence de l'ingénieur. On la trouvait très intéressante, mais pas assez détaillée. Les détails ont leur importance en ces matières ; mais l'on fut assez juste pour reconnaître qu'on ne pouvait pas tout dire en une seule conférence. On n'aurait d'ailleurs pas pu tout retenir.

« Ce qui me taquine le plus, dit M. Morniac, c'est qu'il se soit borné à mentionner en passant les syndicats de travaux, sans se douter que je brûlais du désir d'en savoir davantage.

— Nous pouvons vous satisfaire, mon voisin ; M. Vacheron et M. Guillemot, ici présents, sont membres de syndicats, et moi-même, j'ai une idée dont je vous parlerai une autrefois, pour l'exécution de laquelle il faudrait nous associer ou syndiquer ;

j'ai, en attendant, pris des informations et étudié la loi:

— On peut s'étonner, fit M. Guillemot, qu'on ne connaisse pas les associations syndicales à Bagnols, car il en existe en France depuis des siècles et leur nombre dépasse certainement 3,000 à présent.

— On dit, en effet, ajoute M. Lanteuil, que l'association des eaux (Watteringues) de l'arrondissement de Dunkerque date de 1169.

— Il paraît que les sociétés d'eau du Roussillon sont plus anciennes encore.

— Ce n'est pas l'antiquité qui m'intéresse, insista M. Morniac, mais ce qu'on fait aujourd'hui.

— On fait aujourd'hui, fit remarquer M. Vacheron, ce qu'on a toujours fait; quand une œuvre intéresse à la fois plusieurs personnes, ces personnes s'associent pour l'exécuter en commun.

— Sauf, railla M. Morniac, si ces personnes sont nonchalantes, négligentes, paresseuses, sans prévoyance ou sans initiative.

— Sans compter les autres vices, dit M. Lanteuil en riant.

— Et sans compter que l'argent peut leur manquer, ajouta un assistant.

— Eh bien, et après? s'écria M. Morniac.

— Et après, il y a l'administration.

— Toujours l'administration!

— C'est naturel, dit M. Lanteuil. Les premières associations avaient pour but de se défendre contre l'envahissement de l'eau. On se réunit difficilement pour gagner, mais on se groupe aisément pour se défendre. Et lorsque, dans le nombre, il se trouve des récalcitrants, les citoyens menacés s'adressent à l'autorité pour les protéger, et l'autorité intervient, comme c'est son devoir. Il s'établit ainsi une législation qui se perfectionne de plus en plus et devient applicable à tous les cas qui peuvent se présenter.

— Il s'agit aussi de la rendre libérale, fit M. Morniac.

— Sans doute, répond M. Lanteuil. C'est d'ailleurs la tendance de la législation moderne. Tenez, avant la loi du 21 juin 1865, il y avait des associations syndicales *libres* et des associations syndicales *forcées*. Les premières ne s'appliquaient guère qu'à l'irrigation et au drainage, et pouvaient s'établir sans aucune intervention de l'autorité ; les autres avaient pour objet l'exécution ou l'entretien de travaux de défense contre la mer, les fleuves et rivières, les torrents, des travaux de desséchement et autres œuvres défensives, qui pouvaient toutes être imposées aux intéressés, malgré leur résistance même unanime ; c'étaient des associations *forcées.*

— C'étaient des mesures prises dans l'intérêt général, dit M. Guillemot.

— Je n'aime pas le mot *forcées*, fit M. Morniac.

— Le législateur l'a prévu, dit M. Lanteuil en souriant, aussi la loi de 1865 distingue-t-elle entre les associations *libres* et les associations *autorisées*.

— La différence est-elle bien grande ? demanda M. Morniac.

— Vous allez en juger, répondit M. Vacheron. Autrefois, le préfet pouvait déclarer l'association obligatoire, même si aucun intéressé n'était favorable à l'entreprise; aujourd'hui, il ne le peut que « si la « majorité des intéressés, représentant au moins les « deux tiers de la superficie du terrain, ou les deux « tiers désintéressés représentant plus de la moitié « de la superficie, ont donné leur adhésion » (art. 12 de la loi); c'est la minorité récalcitrante seulement qui est forcée de prendre part à l'entreprise d'intérêt général. C'est une sorte d'expropriation pour cause d'intérêt public, parce qu'un membre de la minorité, s'il ne trouve pas son intérêt dans l'affaire, n'a qu'à délaisser sa propriété, l'association est obligée de la lui payer. Elle l'achète purement et simplement.

— L'autorisation confère toutes sortes d'avantages, dit M. Guillemot. D'abord, les cotisations entrent facilement, car elles sont déclarées exécutoires, et le tableau en est envoyé au percepteur qui les traite comme une contribution publique. Puis les difficultés sont jugées par le conseil de préfecture, qui décide plus vite et coûte moins cher que le tribunal. Si, pour l'exécution des travaux, il est nécessaire d'opérer une expropriation, le syndicat obtient un décret déclarant l'utilité publique.

— Bon, assez, dit M. Morniac, je vois qu'il y a des avantages ; mais que fait la nouvelle loi pour les associations libres?

— Elles n'ont pas à se plaindre non plus, celles-ci.

Autrefois, l'association libre était une simple société civile, c'est-à-dire qu'en cas de procès, tous les membres devaient être assignés individuellement, tandis que l'article 3 de la loi de 1865 en fait un être collectif, une société représentée par ses syndics, ses chefs. Il y a deux conditions à remplir : le consentement unanime des associés (le consentement du tuteur pour les mineurs) et la publication, dans un journal d'annonces légales, d'un extrait de l'acte d'association. Cet acte sera transmis au préfet qui le fera inscrire dans le Recueil des actes de la préfecture (qui est envoyé à tous les maires). Les associations syndicales libres peuvent obtenir d'être *autorisées* et de jouir des avantages qui se rattachent à cette situation.

— Peut-on établir une association syndicale pour toutes sortes d'entreprise? demanda-t-on.

— Je viens de trouver la loi, répondit M. Lanteuil, voici ce que dit l'article Ier : « Peuvent être l'objet d'une association syndicale, entre propriétaires intéressés, l'exécution et l'entretien de travaux : — 1º de défense contre la mer, les fleuves, les torrents et les rivières navigables ou non navigables; — 2º de curage, approfondissement, redressement et régularisation des canaux et cours d'eau non navigables ni flottables, et des canaux de desséchement et d'irrigation; — 3º de desséchement de marais; — 4º des étiers (petits canaux) et ouvrages nécessaires à l'exploitation des marais salants; — 5º d'assainissement des terres humides et insalubres; — 6º d'irri-

16.

gation et de colmatage; — 7° de drainage; — 8° de chemins d'exploitation et de toutes autres améliorations agricoles ayant un caractère d'intérêt collectif. »

— Les travaux indiqués aux cinq premiers numéros de cet article de la loi, dit M. Guillemot, sont les seuls auxquels s'applique la règle des deux tiers; les autres travaux ne peuvent être entrepris que par des associations libres, formées du consentement unanime des propriétaires. C'est aussi avec leur consentement unanime seulement que ces associations libres peuvent recevoir le caractère d'associations autorisées.

— Nous sommes maintenant édifiés sur ce point, dit M. Morniac, et je ne conteste pas que la loi ait du bon; mais à quoi sert tout cela, si l'argent manque?

— L'argent? mais rien n'est plus facile à se procurer, répondit M. Lanteuil.

— C'est du noûveau, cela! fit M. Morniac. De l'argent facile à se procurer! Je voudrais bien vous y voir.

— Pour une affaire sérieuse, garantie par une association de propriétaires, dit M. Lanteuil, on trouvera toujours à emprunter de l'argent, surtout pour une association autorisée, dont les cotisations rentrent régulièrement et sans peine. A quoi sert donc le Crédit foncier?

— C'est au Crédit foncier que nous nous sommes adressés, dit M. Vacheron, et il ne nous a fait aucune difficulté.

— Oui, dit M. Morniac, je sais qu'il y a une société

de ce nom à Paris, mais je croyais qu'elle ne pouvait prêter que sur des maisons.

— Ou plutôt sur des immeubles, et non pas seulement sur des maisons, rectifia M. Guillemot. Le Crédit foncier prête sur première hypothèque, au maximum la moitié de la valeur de l'immeuble, et sur première hypotèque seulement, et ne redemande jamais son argent...

— Oh, oh !

— Mais attendez donc la suite. Les intérêts annuels qu'on lui paye renferment l'amortissement de la dette.

— C'est-à-dire, ajoute M. Lanteuil, si on lui verse annuellement 5 p. 0/0, par exemple, 4 francs représentent l'intérêt et 1 franc l'amortissement. Ce franc annuel est placé à intérêt, et les intérêts à leur tour sont placés également (intérêts composés), et au bout d'un certain nombre d'années, les 100 francs sont reconstitués et la dette est payée. L'emprunteur ne doit plus rien.

— Le Crédit foncier met ces francs à la caisse d'épargne ? dit M. Morniac, avec une pointe d'ironie.

— Il y a des caisses d'épargne de toutes sortes, fut la réponse. Le Crédit foncier est une compagnie par actions (c'est aussi, si l'on veut, une association syndicale ; seulement, au lieu de propriétaires d'immeubles qui s'associent[1], ce sont des capitalistes, des gens qui possèdent une fois, dix fois, cent ou mille

---

1. On voit quelquefois des propriétaires s'associer et emprunter, seulement ils ne prêtent pas aux autres : le Crédit foncier prête ce qu'il emprunte.

fois 500 francs, car il y a de grands et de petits capitalistes). Cette compagnie a commencé par réunir dix millions en actions ou parts de 500 francs, puis le capital a été successivement agrandi, il est actuellement de 180 millions.

— Pourquoi a-t-on agrandi le capital ?

— Parce qu'il sert de garantie aux prêteurs, et il y a une proportion entre la grandeur des sommes prêtées et le capital de garantie. Le Crédit foncier ne prête que ce qu'il a emprunté. Quelqu'un lui demande 100,000 fr. ; s'il voit que la personne est solvable, il fait 200 obligations de 500 fr. et les offre aux capitalistes à la Bourse ; il se trouve toujours des personnes ayant de l'argent à placer : l'un prend 10, l'autre 20, un troisième 50 obligations, enfin les 200 sont placées. Les 100,000 fr. ainsi réunis sont remis à l'emprunteur. Celui-ci ne connaît que le Crédit foncier et ne doit qu'à la compagnie ; ceux qui ont pris ou acheté les obligations — les prêteurs — ne connaissent également que la compagnie, qui est ainsi l'intermédiaire, le régulateur, contrôleur, protecteur du mouvement du prêt par hypothèque.

— C'est, au fond, ainsi que les choses se passent, dit M. Guillemot, on se sert seulement quelquefois d'autres expressions, de termes techniques, de termes de bourse ou de banque.

— Il faut dire aussi que le Crédit foncier n'emprunte pas généralement à l'occasion de chaque prêt, il emprunte plus en grand, par millions, et détaille ensuite les sommes, selon les besoins de chacun.

— Ceux qui ont emprunté au Crédit foncier vont lui payer les intérêts (dans les départements, chez les receveurs des finances), et ceux qui lui ont prêté de l'argent vont chercher les intérêts qui leur sont dus. A chaque obligation sont attachés des coupons semestriels (pour la moitié des intérêts d'une année), il suffit de détacher un coupon échu et de le présenter à la caisse pour être payé.

— Et comment procède-t-on à l'amortissement?

— Vous voudriez connaître le fin mot du franc qu'on met à la caisse d'épargne ?

— J'ai bien compris que vous parliez au figuré ; dites-moi donc comment les choses se passent en réalité.

— Vous serez charmé de la simplicité avec laquelle cette grande chose se fait. Le Crédit foncier ne prend pas franc par franc dans la main[1], il procède par masses ; il sait calculer, il connaît donc la somme totale qu'il doit rembourser tous les ans. Mettons, pour dire un chiffre quelconque, que cela fasse un million : il tirera au sort 2,000 obligations de 500 fr., et remboursera les possesseurs des numéros sortants. Voilà comment le million sera amorti.

— Et il y aura un gros lot de gagné. Voilà ce que je n'aime pas, dit M. Morniac.

— Parce que vous n'en avez pas encore gagné, répondit M. Lanteuil, et tout le monde se mit à rire, même M. Morniac. Quand on parle de lots, continua

---

1. Le franc n'est ici qu'un exemple.

M. Lanteuil, on pense toujours aux loteries où l'on tire 5 numéros par semaine ; on économisait alors « 20 sous » sur le pain, pour acheter un billet de loterie. Ce n'est plus cela, aujourd'hui. L'obligation est chère, elle agit donc comme caisse d'épargne ; c'est un billet permanent, et le lot ne coûte en fond que quelques centimes pris sur les intérêts. On ne peut pas acheter des lots tout seuls, on les a pour rien lorsqu'on possède des obligations. On parle d'immoralité ; eh bien ! j'ai quelques obligations, je perds en faveur des lots, tous les six mois, 50 centimes, ou quelque chose comme cela, sur les intérêts, tandis que vous perdrez tous les soirs 50 centimes au billard, au domino ou au piquet ! Lequel de nous est le plus immoral ?

— Ce qui est regrettable, c'est que le Crédit foncier ne prête que sur hypothèque, fit observer M. Guillemot, ce n'est pas là le crédit agricole.

— Vous pensez qu'on devrait prêter sans gage ? demanda M. Morniac.

— Je n'aime pas, dit de son côté M. Lanteuil, ces discussions sur le Crédit agricole ; je crois toujours entendre quelqu'un dire : ayez plus de confiance en moi qu'en un autre.

— Comment cela ?

— Si crédit veut dire confiance, tout homme qui en mérite, en aura. C'est, le plus souvent, une affaire de temps et de patience.

— Et qui me prêtera dans un village ?

— Allez à la ville voisine, croyez-vous qu'on vous

l'apportera comme certains gâteaux dans une boîte, en chantant : « Voilà le crédit, messieurs, voilà le crédit? »

— Mais on peut nous prêter sur du blé, sur du bétail, sur gage mobilier enfin.

— J'ai toujours entendu dire que, si l'on donnait un gage, on trouverait de l'argent... puisque vous me poussez à bout, je vous dirai que je suis bien aise de voir qu'il y a quelque difficulté à jouir du crédit ; si c'était trop facile, on en abuserait. »

On vit bien, en se séparant, que tout le monde n'était pas content, car il y a des personnes qui voudraient avoir du crédit quand même.

CHAPITRE VIII

LES CHEMINS VICINAUX ET LES CHEMINS RURAUX

Je connaissais l'agent voyer de l'arrondissement. Il venait tous les jours à Bagnols pendant le concours, — Bagnols n'est qu'à une heure d'omnibus du chef-lieu. Il en profitait pour visiter à fond certains chemins du voisinage ; je m'offris pour l'accompagner, ce qui fut accepté. C'est ainsi que je fis, jeudi matin, une grande promenade très intéressante.

Pour le voyageur, il n'y a dans tout le voisinage que des chemins de même nature ; si on l'avait interrogé sur leurs différences, il aurait dit peut-être : ce chemin est ombragé et celui-ci est exposé aux rayons du soleil ; en voici un autre, qui longe la rivière, et un autre encore qui semble grimper sur la montagne ; ou bien : ce chemin est large, celui-ci est étroit et celui-là plus étroit encore ; ou enfin, celui-ci est bien, celui-là est mal entretenu. Mon compagnon, l'agent voyer, ne remarquait rien de ce qui rendait le chemin pittoresque, et il était blasé sur la beauté des vues dont on jouissait de telle ou telle hauteur. Si je lui parlais des arbres, il se demandait s'ils n'entretenaient pas trop d'humidité ; si je lui montrais la rivière resplendissante de soleil, il regardait les berges pour voir si elles n'étaient pas rongées par le courant. Et ce ne sont pas les chemins les mieux entretenus qui l'attiraient le plus, mais ceux qui avaient le plus besoin de réparations,

Vous ne vous abandonnerez pas un seul instant, j'espère, à la croyance que je méprise mon compagnon, parce qu'il pensait à autre chose qu'à la beauté du paysage ; vous savez très bien qu'entre les deux hommes qui marchaient, ce jeudi matin, sur les routes et chemins de Bagnols, l'un, moi, se promenait, s'amusait, tandis que l'autre, l'agent voyer, inspectait, travaillait. Il était tout à son affaire, prenant des notes, et, tout en causant avec moi, en m'expliquant bien des choses, il examinait, contrôlait, faisait des projets, supputait le montant des dépenses, appréciait le service rendu aux transports.

Au moment où, arrivé en haut d'une colline d'où l'on voyait à ses pieds Bagnols, ses rues et l'emplacement qu'occupait l'exposition, le mouvement des visiteurs et le reste, là-bas, dans le lointain, le chef-lieu avec ses deux églises, et tout à l'entour des villages entourés de vergers, l'agent voyer me montrait les chemins qui s'étendaient dans toutes les directions comme autant de rubans blancs : « Voilà mon réseau à moi, dit-il ; encore tout ce que vous voyez là n'est pas de mon domaine. Ce bout de route que vous apercevez par ici, sortant derrière la hauteur et se dirigeant vers le chef-lieu et qui semble s'y perdre, c'est

la route nationale qui, venant de Paris, le traverse et
se continue jusqu'à la frontière. Près de la ville, un
chemin moins large s'embranche sur cette route, quelques maisons le cachent bientôt, c'est une route départementale ; tout le reste sont des chemins vicinaux,
dont quelques-uns me donnent fort à faire. »

Répondant à une observation, il me dit : « Vous
avez raison, ces chemins n'ont pas une égale importance. Celui-ci, il me le montre du doigt, est un chemin vicinal ordinaire, il conduit de Bagnols au
village où vous le voyez aboutir. — Mais il continue
au delà, dis-je. — En apparence, répondit-il, c'est un
autre chemin qui va de ce même village à cet autre
dont vous voyez poindre au loin le clocher. Cet autre
chemin, ajoute-t-il en se tournant vers la gauche,
ne finit pas au village que vous le voyez traverser ; il
pousse jusqu'au chef-lieu du département voisin, et on
le qualifie de chemin de grande communication. Les
chemins que je vous ai désignés tout à l'heure, celui-
ci et celui-là, sont des chemins vicinaux ordinaires ;
il y a encore des chemins d'intérêt commun ou de
moyenne communication. Cela fait trois catégories :
petits, moyens et grands chemins vicinaux.

— Les routes nationales et les routes départementales sont en dehors ?

— Parfaitement, il y a même encore les chemins
ruraux et les chemins d'exploitation qui ne sont pas
déclarés vicinaux.

— C'est à s'y perdre !

Mais non, on n'a qu'à regarder de près, non pas les

chemins, mais la législation qui les concerne. Le chemin rural doit être laissé de côté, ce n'est pas un chemin reconnu, la commune ne lui doit rien, du moins pour le moment. Ce sont les riverains qui doivent l'entretenir. Pour être vicinal, le chemin doit avoir été déclaré tel, soit autrefois par le préfet, soit maintenant par la commission départementale élue par le conseil général. Une fois déclaré vicinal, le chemin est à la charge de la commune. Les voies d'intérêt commun et de grande communication sont classées par le conseil général, d'autant plus que le département peut être appelé à contribuer à son entretien.

— Ces dépenses sont-elles élevées ?

— Cela varie. Il faut naturellement distinguer entre la création d'un chemin et le simple entretien, puis entre la situation en plaine ou en montagne, enfin la nature du sol et des matériaux, la fréquentation du chemin, etc. La loi a mis à la disposition des communes les ressources nécessaires pour entretenir et pour améliorer les chemins. D'abord il leur est permis d'employer sur leur revenu la somme nécessaire; mais, comme généralement le revenu ordinaire ne leur fournit rien, elles peuvent voter trois journées de prestation et jusqu'à 5 centimes additionnels aux contributions directes. Ce sont là des ressources ordinaires. Si elles ne suffisent pas, le conseil municipal peut voter 3 centimes et une journée de prestation extraordinaire ; enfin il peut encore faire un emprunt, car les chemins sont d'une si grande utilité qu'il faut se les procurer à tout prix.

— Mais comment sait-on combien il faut d'argent?

— A quoi servons-nous donc, nous, les agents voyers ? Nous examinons ce qu'il y a à faire et présentons un devis. C'est sur ce devis, accepté en entier on en partie par le maire, que le conseil municipal délibère et vote.

— Alors c'est sur votre proposition que Bagnols a fait la dépense pour le chemin vicinal qui va au village ici à droite ?

— Les choses ne sont pas aussi simples que cela. C'est le cantonnier, qui fait fonction d'agent voyer cantonal, qui a fait le premier relevé et me l'a envoyé. Je l'ai vérifié et transmis à l'agent voyer en chef et c'est par lui que la proposition est parvenue au maire, qui l'a soumise au conseil municipal. Quant au chemin que vous me montrez, il n'appartient pas en entier à Bagnols, l'autre village en a sa part ; chacun fait le morceau qui est sur son territoire.

— C'est juste. Les centimes additionnels ne doivent pas vous donner de préoccupation, c'est l'affaire du percepteur, cela ; mais les prestations en nature doivent vous causer des tribulations.

— Pas trop. D'ailleurs cela regarde plutôt les cantonniers qui se concertent avec les maires. Il y a ici plusieurs choses à considérer. D'abord la liste des prestataires, soit des personnes tenues à fournir leur prestation, soit des attelages. C'est le contrôleur des contributions directes, aidé du maire et des répartiteurs, qui dresse la liste des prestataires et y comprend tous les hommes valides, âgés de 18 à 60 ans, et portés sur le rôle des contributions. Quand la liste est prête, le maire peut s'en servir. Cependant le préfet indique les époques où le travail peut avoir lieu ; ce sont deux périodes de six semaines réparties sur les saisons où les travaux agricoles laissent quelques loisirs aux cultivateurs. C'est dans ces périodes que les journées de prestation sont utilisées. Le maire et le cantonnier répartissent les travailleurs selon les nécessités du service. Nous ne devons pas oublier que le prestataire peut se dispenser d'accomplir sa tâche en personne ; il n'a qu'à payer l'équivalent de son travail selon la fixation du conseil général. C'est tant par journée, le plus souvent 1 fr. 50. D'autrefois aussi, le conseil municipal transforme les journées en tâches ; ce sera ce qu'on pourra faire en trois jours, mettons une longueur de 10 ou 20 mètres sur toute la largeur du chemin ; quand le prestataire a fourni sa tâche, il est quitte.

— Et tout cela s'applique également aux chemins vicinaux d'intérêt commun et aux chemins de grande communication ?

— Sans doute. Les chemins ainsi qualifiés restent des chemins vicinaux et en rendent les services ; ils les rendent même sur une plus grande échelle. En tout cas, la loi a prononcé. La loi de 1836 (21 mai) revendique expressément pour les voies de grande communication 2 journées sur les 3 et les 2/3 des centimes. La loi n'a pas fixé de maximum pour les chemins de moyenne communication (d'intérêt commun); toutes les ressources ordinaires pourraient donc être employées à leur profit. Du reste, toutes les communes n'ont pas un intérêt égal à un chemin de grande ou de moyenne communication ; aussi le conseil général fait la part de chacune ; l'une aura à entretenir 1,000 mètres et une autre 500 seulement, et la part contributive est naturellement proportionnelle à l'étendue, ou à peu près.

— Chaque commune se charge donc de son bout de chemin ?

—Ce serait une belle affaire ! oh non, les travaux sont centralisés et mis sous la direction de l'agent voyer en chef. Les fonds aussi sont centralisés ; d'ailleurs le département intervient souvent par ses subventions. Les travaux ne concorderaient pas s'ils n'étaient pas centralisés.

— Les routes nationales et les routes départementales ne profitent pas de ces ressources ?

— Ces routes sont entretenues, les unes aux frais de l'État, les autres aux frais du département. Les routes nationales sont toujours sous la direction des ingénieurs des ponts et chaussées. Les départements ont le choix des agents ; plusieurs d'entre eux ont préféré confier également leurs routes aux ingénieurs de l'État.

— Et qui s'occupe des chemins ruraux et des chemins d'exploitation ?

— Ces deux noms s'appliquent généralement aux mêmes chemins. C'est le maire qui s'occupe d'eux. Il ne peut employer en leur faveur, ni centimes additionnels, ni prestations ; il a seulement à veiller à ce

que ces chemins, qui sont publics, ne soient pas usur-
pés ou encombrés par des riverains. Il y a les mêmes
droits de police que dans une rue. Une des différences
qu'il y a entre les chemins vicinaux et les chemins
ruraux, c'est que le sol des premiers appartient en tout
cas au domaine public communal et ne peut prescrire
par une possession trentenaire ; personne ne peut
prétendre avoir un droit de propriété sur le terrain.
Un chemin rural, dès qu'il est classé comme vicinal
passe immédiatement en toute propriété à la commune, personne ne pourrait s'y opposer ; seulement,
si le sol du chemin avait appartenu à un particulier,
celui-ci aurait le droit de demander à être indemnisé.
Le classement constitue une sorte d'expropriation
pour cause d'utilité publique. Un chemin rural peut,
en effet, appartenir à un particulier ; tant qu'il reste
rural (non vicinal), la commune ne peut l'acquérir
autrement qu'à l'amiable, il n'y a pas lieu à expropriation. Mais alors même que le sol du chemin appartient à la commune, c'est aux riverains seuls à l'entretenir et je leur donne le conseil de s'en occuper
sérieusement, c'est tout à leur avantage. »

A ces mots, nous rentrions à Bagnols, où nous nous
séparâmes.

CHAPITRE IX

EXPROPRIATION POUR CAUSE D'UTILITÉ PUBLIQUE

A quoi pensai-je en me séparant de mon compagnon de promenade ? A l'expropriation, que l'agent voyer n'avait cependant mentionnée qu'en passant. C'est que l'expropriation intéresse l'agriculture plus qu'on ne pourrait le penser. Tout ce qui intéresse la propriété intéresse l'agriculture. Je pense ici, cela va sans dire, à l'expropriation de terres, de maisons, d'immeubles enfin, qui ne sont devenus des propriétés, que lorsque l'agriculture s'est développée ; la propriété des objets mobiliers, au contraire, celle des armes, des outils et de tous objets qu'on peut transporter existait déjà chez les sauvages des temps les plus reculés. Est-ce qu'un habitant des cavernes de l'âge de la pierre aurait trouvé juste qu'on lui volât la hache qu'il venait de fabriquer avec un éclat de roche, obtenu peut-être avec beaucoup de peine ? La terre n'appartenait à personne alors, qu'en aurait-on fait ? Elle n'avait pas plus de valeur que le caillou là devant moi, et que je dédaigne de ramasser. C'est l'agriculture qui a donné de la valeur au sol et qui a ainsi créé la propriété foncière.

Et c'est cette propriété qu'on pourrait m'enlever par l'expropriation? On le peut et on ne le peut pas. Ou mieux, on ne le peut que dans certains cas, et sous deux conditions qui ne souffrent pas d'exception : d'une part, il faut que l'expropriation soit commandée par l'utilité publique ; de l'autre, il faut que l'intérêt particulier soit indemnisé. L'utilité publique, en effet, prime l'intérêt particulier. Est-il admissible qu'on ne puisse pas établir une route ou un chemin, parce que M. un tel ne veut pas céder sa propriété? Beaucoup de choses utiles, indispensables même pourraient être empêchées par le caprice d'un simple individu. Cela ne se peut, et l'expropriation — avec indemnité, s'entend, — devint justifiable.

Mais pourquoi s'arrête-t-on alors aux immeubles? Pourquoi n'exproprie-t-on pas les meubles? C'est sans doute qu'il n'y a pas utilité. Le mot *utilité* n'est même pas assez fort, c'est *nécessité* qu'il faudrait mettre. Suffit-il que l'État ou le gouvernement puisse dire : voilà un beau tableau, il me sera utile, il faut me le céder? Si l'on admettait cela, il en résulterait bien des abus. J'ai lu qu'on avait proposé d'exproprier des inventeurs. Je trouve cela violent. Car enfin, l'inventeur breveté et tenu d'exploiter son brevet, le seul mal qu'il puisse faire, c'est de vendre cher son produit et cela tout au plus pendant 15 ans. Qu'est-ce que 15 ans pour l'humanité? S'il n'exploite pas, au bout de 2 ans il est déchu. D'ailleurs il ne refusera pas de vendre son brevet à l'amiable, il ne s'agit que d'y mettre le prix. Mais je n'ai pas besoin de m'arrêter à cette idée, puisqu'elle n'a trouvé que peu de défenseurs. L'expropriation est une exception, et il ne faut jamais pousser une exception à la dernière conséquence.

Je me demande à quoi on reconnaît l'utilité? C'est sans doute une affaire d'appréciation, car on ne peut formuler des règles générales. Cependant je me rapelle bien ce que prescrivent les lois, surtout celle du 3 mai 1841. L'utilité publique doit être déclarée avant que l'expropriation soit prononcée, et pour que l'utilité publique puisse être déclarée, il faut qu'on ait procédé à une enquête. Tous les intéressés sont admis à faire leurs objections. Ce n'est qu'après avoir pris connaissance de ces objections que le gouvernement, le conseil d'État entendu, peut déclarer l'utilité publique. Pour de grands travaux il faut même une loi et alors les Chambres examinent la question. Ce sont là bien des garanties; en tous cas, il paraît difficile d'en imaginer de plus fortes. C'est, il est vrai, le tribunal qui prononce l'expropriation, mais ce n'est là qu'une simple formalité. Quand le préfet transmet la loi d'utilité publique au procureur de la république, et que celui-ci a requis l'expropriation, le tribunal ne peut pas se refuser à la prononcer. Si on le met en mouvement, c'est simplement parce que le tribunal est le protecteur de la propriété, on n'y peut pas toucher sans son assentiment. C'est lui aussi qui veille à la réalisation de l'indemnité.

L'indemnité, c'est la condition fondamentale : valeur

pour valeur ; donnant, donnant. Reste à savoir comment on parvient le mieux à fixer la valeur d'un objet. Quelquefois il y a des moyens qu'on peut appeler extrinsèques, un acte de vente, par exemple, mais le plus souvent les documents seront incomplets ou ne s'appliqueront plus aux circonstances. D'ailleurs, on ne peut pas procéder d'une façon pour un immeuble, et d'une autre façon pour l'autre ; il faut une procédure uniforme pour tous les cas, afin qu'il n'y ait pas de place pour l'arbitraire, et qu'on ne puisse même pas en soupçonner l'existence. La loi a donc institué le jury. Le jury d'expropriation a de la ressemblance avec le jury criminel — j'ai été des deux jurys, je puis le savoir ; — les différences, qu'on peut remarquer, viennent de la différence des juridictions. Dès que le tribunal a prononcé l'expropriation, il nomme un des juges « magistrat directeur du jury. » Les membres du jury sont des citoyens que le conseil général a choisis sur la liste électorale, à Paris au nombre de 600, dans les départements à des nombres moindres. C'est sur cette liste que le tribunal prend 16 jurés et 4 suppléants, 16, parce que l'administration a le droit d'en récuser deux, et les intéressés aussi. Si personne ne récusait, ce serait le sort qui désignerait les 12 qui doivent siéger. Les récusations sont une garantie : on peut se débarrasser ainsi d'un ennemi, ou d'un homme qu'on sait intéressé à vous nuire. Et la personne récusée ne peut pas s'en fâcher, car aucune raison n'est donnée : quand le nom sort de l'urne — c'est du sac qu'il faudrait dire — on n'entend qu'un seul mot : Récusé... et le juge directeur tire un autre nom.

Enfin voilà le jury constitué, le magistrat le préside et les avocats plaident. De part et d'autre, on a dit tout ce qui pouvait être utile à la cause, les débats sont clos, les 12 jurés se retirent dans une salle où ils sont seuls et délibèrent, après avoir nommé président l'un d'entre eux. Le jury ne peut pas fixer un chiffre inférieur à celui qu'offre l'administration, ni supérieur à celui que demande le propriétaire. C'est au jury à peser toutes les circonstances, à aller sur les lieux pour visiter la propriété et à ne prononcer qu'après avoir bien examiné. Le président du jury communique le résultat des délibérations au magistrat directeur qui les proclame en séance publique. C'est un véritable jugement, car le jury prononce sur la valeur de l'immeuble. S'il n'y avait pas discussion entre les deux parties, le jury n'aurait pas à intervenir, car la loi veut qu'on commence par s'entendre à l'amiable avec le propriétaire ; la vente à l'amiable est le procédé naturel, c'est seulement dans le cas où l'on ne s'entend pas qu'on s'adresse au jury.

Quand je pense aux formalités qui précèdent le renvoi devant le jury, il me revient à la mémoire que l'administration ne se borne pas à notifier au propriétaire le prix qu'elle lui offre pour son immeuble, elle l'invite aussi à lui faire connaître les fermiers, locataires, et ceux qui ont des droits d'usufruit, d'habitation ou d'usage sur la propriété ; l'administration leur doit indemnité. Si le propriétaire ne les faisait pas connaître, ce serait à lui à les indemniser. Mais si le locataire est indemnisé, pourrait-on demander, on exproprie donc aussi autre chose qu'un immeuble, un simple droit de jouissance? Distinguons : on n'exproprie pas le droit, car exproprier veut dire faire passer à un autre propriétaire; l'administration ne prendra pas le logement du locataire qu'elle indemnise, puiqu'elle le détruit. L'indemnité qu'on lui accorde est donc tout autre chose : ce n'est pas un achat, c'est un dédommagement. C'est, pour ainsi dire, une question de responsabilité. Ce locataire jouit du droit de demeurer là, de cultiver cette terre, d'avoir ici un magasin bien achalandé, l'administration rend impossible la continuation de cette jouissance, elle doit indemnité pour le mal qu'elle fait ; ce n'est pas l'expropriation elle-même, c'est un accessoire de l'expropriation.

La loi a une disposition qui me plaît beaucoup, c'est le droit de préemption. Si, après une expropriation, l'administration n'a pas eu besoin de tout ce qu'elle a acquis, elle revend le superflu, et, naturellement, donne connaissance au public de ses intentions. En pareil cas, la préférence est accordée aux anciens propriétaires. On s'entend d'abord à l'amiable sur la valeur actuelle de l'immeuble à recéder en partie ou en entier, et si l'on ne s'entend pas, on s'adresse au jury dont la fixation « ne peut, en aucun cas, excéder la somme moyennant laquelle les terrains ont été acquis. »

Je vois arriver M. Bertheron, il va m'entraîner vers les objets qu'il a exposés.

CHAPITRE X

LE VOISINAGE. SERVITUDES QUI S'Y RATTACHENT

Le soir il faisait beau, la chaleur avait baissé, et je suis allé me promener sur l'un des chemins que m'avait signalés le matin l'agent voyer. On y voyait un certain nombre de maisons entourées de jardins, et les propriétaires avaient élevé leurs habitations à cet endroit sans doute parce qu'ils y possédaient un terrain, qui était d'ailleurs peu éloigné du centre du village. Ils étaient peut-être bien aises d'être exonérés des servitudes que le voisinage impose. Il est en effet tantôt agréable, tantôt gênant d'avoir des voisins. On peut, du reste, subir des servitudes même sans avoir de voisins. Si je me reporte par la pensée au Code civil, article 637 et suivants, — ils sont bien connus ces articles — que dit la loi ? Elle m'explique d'abord que « une servitude est une charge imposée sur un héritage pour l'usage ou l'utilité d'un héritage appartenant à un autre propriétaire. » Il faut dire que cette définition du Code est incomplète ; par conséquent elle n'est pas bonne, puisqu'elle ne parle pas des servitudes d'utilité publique. Le Code cependant ne les oublie pas, puisqu'il les mentionne plus loin à l'article 649; mais ce n'est là qu'un défaut de rédaction, qui ne mérite pas qu'on s'y arrête trop longtemps.

Le Code nous apprend (art. 639) que la servitude « dérive ou de la situation naturelle des lieux, ou des obligations imposées par la loi, ou des conventions entre les propriétaires. » C'est en effet tout : la nature des choses, la loi, la volonté humaine. Il est par exemple dans la nature des choses que le propriétaire du fonds inférieur ne puisse pas empêcher l'écoulement des eaux. Les servitudes d'utilité publique sont nombreuses, mais il faudrait parcourir beaucoup de lois pour les trouver toutes, depuis le marchepied ou chemin de halage, jusqu'à la zone qui entoure les forteresses; mais la loi a aussi imposé des servitudes qu'on ne saurait appeler d'utilité *publique*, puisqu'elles n'intéressent généralement qu'un ou deux individus à la fois, mais qu'on peut cependant qualifier d'utilité générale, car elles concernent la plupart des citoyens : ce sont les servitudes dérivant du voisinage.

Il y a d'abord le mur mitoyen. L'a-t-on plaisanté ce pauvre mur, qui n'en peut mais! Toutefois, si l'on rit, ce n'est pas qu'il soit plaisant en soi, c'est seulement parce qu'il donne lieu à nombre de procès, dont la discussion est aride, quoique la question passionne souvent les adversaires. Cela prouverait-il que les hommes sont si méchants qu'ils ne peuvent pas avoir des intérêts communs sans se disputer? Cela prouve plutôt qu'ils sont bêtes, oui, bêtes, s'ils ne voient qu'une petite concession vaut mieux qu'un gros procès. Le litige s'élèvera à cent francs et les frais à mille, car tous les frais du procès ne sont jamais remboursés au gagnant. Or, la loi a voulu que le mur qui sépare deux maisons, deux cours, deux jardins, soit mitoyen quand il n'y a pas convention contraire. S'il y a une convention écrite, un titre, comme dit le Code, il ne peut pas y avoir de discussion, mais quand rien n'est écrit? Alors il y a les signes extérieurs. « Il y a marque de non-mitoyenneté lorsque la sommité du mur est droite et à plomb de son parement d'un côté et présente de l'autre un plan incliné. Lors encore qu'il n'y a que d'un côté un chaperon (plan incliné) ou des filets et corbeaux de pierre qui y auraient été mis en bâtissant le mur. Dans ces cas, le mur est censé appartenir au propriétaire du côté duquel sont l'égout ou les corbeaux et les filets de pierre. » On sait que les filets sont la partie du chaperon qui déborde le mur et facilitent la chute de l'eau. Les corbeaux sont des pierres en saillie destinées à recevoir des poutres lorsqu'on voudra bâtir. La hauteur du pan de mur commun à deux maisons varie, mais pour la hauteur des murs de clôture, il y a des règles, des usages qui font loi. « A défaut d'usages et de règlements, tout mur de séparation entre voisins qui sera construit ou rétabli à l'avenir, devra avoir au moins 32 décimètres (3 m. 20) de hauteur, y compris le chaperon, dans les villes de 50,000 âmes et au-dessus et 26 décimètres (2 m. 60) dans les autres. Il y a toutes sortes de règles encore pour les maisons, par exemple : Si une maison

borde le jardin du voisin, celui-ci peut revendiquer,
ou on peut lui imposer la mitoyenneté du mur limi-
trophe de cette maison jusqu'à hauteur de clôture, le
reste du mur étant la propriété du seul possesseur de
la maison. Ce qui est à retenir, c'est qu'on peut revendiquer ou imposer la mitoyenneté ; lorsqu'elle existe,
elle implique la construction et l'entretien à frais
communs, ou le payement de la moitié du prix, et
aussi le droit d'utiliser le mur sans nuire au voisin.

Les murs servent le plus souvent dans les villes ;
dans les campagnes où ils ne manquent pas cependant,
on sépare le plus souvent les héritages par une haie,
quelquefois par un fossé. La haie est mitoyenne comme
le mur ; mais si l'un des biens est clos et que l'autre
ne le soit pas, la haie est présumée appartenir en
entier à celui qui a clos son héritage. La loi ne fait
ici que constater une chose évidente en soi. Ce qui
est évident encore, c'est que les présomptions, les
suppositions tombent devant les affirmations d'un titre.
Il est à remarquer ensuite que la loi distingue entre
la haie vive et une clôture sèche. La haie vive, si elle
n'est pas mitoyenne, ne peut pas être établie à l'extré-
mité de l'immeuble, car elle absorbe autour d'elle les
aliments que fournit le sol ; on doit laisser un demi-
mètre de jeu aux racines. Si le voisin revendiquait la
mitoyenneté, il devrait payer ce demi-mètre de terrain. Et s'il y avait des arbres dans la haie ? Ils seraient également mitoyens ; chacun cueillerait les
fruits de son côté et l'un ne pourrait pas les abattre
sans l'autre.

Les arbres, que j'aime tant, arbres fruitiers ou autres, sont considérés souvent comme des ennemis par le cultivateur; ils projettent de l'ombre, et souvent les plantes ne poussent pas à leur pied. Ils causent donc un dommage. Aussi ne peut-on pas planter des arbres où l'on veut, il faut rester au moins à deux mètres du voisin. Si néanmoins l'arbre, en s'élevant, étend ses branches chez le voisin, celui-ci peut exiger qu'on les coupe; si les racines poussent l'indiscrétion jusqu'à pénétrer dans le champ contigu, le propriétaire peut les couper sans autre forme de procès.

Les fossés ne me préoccupent guère, la loi les répute mitoyens quand il n'y a pas titre ou marque qui prouve le contraire. Il y a marque de non-mitoyenneté quand la levée ou le rejet se trouve tout d'un côté. C'est naturellement du côté des propriétaires que se trouve le rejet.

Je raisonne presque comme si tous les champs étaient clos; il y en a, au contraire, énormément qui ne le sont pas. Que d'empiètements ou d'*usurpations* n'ont pas lieu ainsi! Si l'on a pour voisin un homme de mauvaise foi, l'héritage fond d'une manière tout à fait extraordinaire. Heureusement la loi renferme le remède. D'abord on peut se clore (C. civ. art. 647); mais si l'on a des raisons pour ne pas le faire, il reste une ressource, le bornage. « Tout propriétaire peut obliger son voisin au bornage de leurs propriétés contiguës. Le bornage se fait à frais communs. » (Art. 646.) Cette opération exige des formalités di-

verses et, avant tout, la fixation authentique des limites. Personne n'osera reculer une borne régulièrement posée.

Plus j'y pense, plus je trouve d'inconvénients au
voisinage. Je ne dis pas que la loi — ou les lois —
aient tort; elles ont pour but de protéger, mais souvent elles ne protègent un voisin qu'aux dépens de
l'autre. Cela prouve que les hommes ne peuvent vivre
en société qu'en cédant chacun un peu de son droit en
faveur de l'autre, ou en faveur du fonds commun
national. Et pourtant la loi n'en abuse pas. Il y a
même des cas où il me semble qu'elle ne fait pas assez.
Ainsi, j'ai toujours pensé qu'un propriétaire qui a des
voisins devrait être obligé d'assurer sa maison[1]. Le
voisin devrait avoir le droit de l'y obliger. On demandera pourquoi? La raison est simple. Si un incendie éclate chez lui et met le feu à sa maison, j'ai le
droit de lui demander des dommages-intérêts, mais
s'il se trouve ruiné? On me dira que je n'ai qu'à
m'assurer. Sans doute, et je suis trop raisonnable
pour y manquer, mais cela n'excuse pas le voisin, ni
peut-être la loi. Car enfin, si ce n'est moi, c'est la
compagnie d'assurance qui est frustrée, et s'il lui
arrive ainsi beaucoup de « sinistres, » et que le nombre de ses clients ne soit pas aussi grand qu'il pourrait l'être, elle est obligée de demander des primes
plus élevées à ses clients, et de cette façon je paye
plus que j'aurais payé, si mon voisin avait également

1. Voy. sur l'Assurance, *le Commerce*, chapitre IV de ce volume.

été assuré. Est-ce clair? L'assurance est-elle autre chose que la répartition, sur un grand nombre de participants, de la perte, « du sinistre » subi par l'un d'entre eux? L'assurance est une des manières de réaliser la solidarité sociale.

CHAPITRE XI

LA COMMUNAUTÉ MUNICIPALE ET L'AGRICULTURE

Il n'était pas tard, et ma promènade m'ayant ramené dans le voisinage de mon ami Lanteuil — ah! si tous les voisins lui ressemblaient! — j'entrai chez lui, où je rencontrai encore quelques membres du comice. Répondant aux questions qu'on me posa, je rendis compte de l'emploi de ma journée, et un peu aussi des choses auxquelles je venais de penser. On parla des servitudes que le voisinage impose aux deux voisins, qui sont, dans bien des cas, obligés de s'accorder ou de souffrir de leurs querelles.

« Il n'y a pas que le voisinage, dit M. Lanteuil, qui ait sa médaille et son revers, il y a partout des avantages et des inconvénients; le rapprochement des habitations pour former un village, quelque utile ou agréable que soit cette agglomération, a sans doute aussi son côté désagréable.

— Et quel est le côté désagréable? demanda un assistant.

— Vous ne le sentez pas? dit ce bon M. Lanteuil,

alors il n'existe pas pour vous, et je ne vous rendrai pas le mauvais service de vous le faire connaître.

— C'est aux impositions que pense le père Lanteuil, dit M. Bertheron, ou au garde champêtre.

— Ne vous donnez pas la peine de chercher, mon voisin, car vous êtes sur une trop fausse piste pour trouver jamais. Les impositions! mais nous n'en faisons pas cadeau à la caisse municipale, pas plus que nous ne faisons cadeau de l'argent au charron qui nous vend une charrette, ou au boulanger qui nous donne du pain en échange de notre argent. Les impositions que nous payons sont destinées à entretenir l'école, la mairie, la propreté des rues, la fontaine et mille autres besoins communs, même le garde champêtre, qui est un fonctionnaire dont nous ne pouvons nous passer. Aussi chaque commune est-elle obligée d'avoir un garde champêtre (loi du 20 messidor an III ou 3 juillet 1995) et la dépense est obligatoire (Loi du 18 juillet 1837). Le garde champêtre veille à la sécurité de nos récoltes, et il constate les délits et contraventions qui peuvent nous causer un préjudice. Pour moi, le garde champêtre est un bien, car il n'aura jamais à dresser procès-verbal contre moi.

— Nous ne faisons pas que payer, dis-je à mon tour, nous recevons aussi; la commune a souvent des propriétés dont les habitants se partagent le revenu.

— Nous avons bien l'affouage, fit M. Bertheron.

— C'est, je crois, la distribution du bois? demanda un assistant.

— Le droit d'affouage, dit M. Lanteuil, autorise les habitants de certaines communes...

— De *certaines* communes ?

— Mais oui, les communes qui ont des forêts ; les habitants de ces communes-là peuvent, au lieu de vendre leur bois — s'entend, la coupe annuelle de bois — et de verser le produit dans la caisse municipale, partager entre eux le bois en nature, le bois de chauffage surtout, mais aussi le bois de construction.

— Les communes qui vendent le bois et versent le produit à la caisse muncipale payent moins de centimes additionnels, dit M. Morniac. C'est un mode de jouissance de revenus communaux, et l'affouage du bois en nature en est un autre; c'est à examiner dans chaque localité, lequel est préférable. Le conseil municipal décide souverainement de la question. J'ajouterai que le bois de l'affouage n'est pas toujours délivré gratuitement, il faut souvent payer une taxe. En fin de compte, on a son bois à moitié prix ou meilleur marché encore.

— Et tous les habitants de la commune y ont droit? demanda un assistant.

— Tous les habitants établis, demeurant dans la localité, ou mieux tous les ménages qui font du feu. Ainsi, des gens qui vivraient en pension sont censés ne pas y avoir droit ; mais je trouve que si ces gens sont du pays, s'ils se sont mis en pension dans un hôtel parce que cela leur est plus commode, et s'ils payent leurs impositions, ils doivent recevoir leur part de bois, quitte à le vendre si cela leur plaît, ce qui n'est pas défendu (il y a des personnes qui se chauffent au charbon de terre). La distribution du bois n'est pas une charité, mais un revenu.

— Il y a encore d'autres modes de jouissance en nature de revenus communaux, fis-je observer.

— Par exemple ? demanda-t-on.

— Par exemple, l'allotissement de terrains communaux, c'est-à-dire qu'on divise ces terrains en lots et qu'on les répartit entre toutes les familles, si l'on peut, entre un nombre déterminé de familles, s'il le faut. J'ai vu un village dont les habitants étaient divisés en trois groupes, et, tous les trois ans, c'était un autre groupe de familles qui se partageaient des terres communales. Il faut dire que ces terres ne valaient pas grand'chose. On les écobuait, c'est-à-dire qu'on soulevait le gazon par tranches, les rapprochait pour en faire comme ces maisons de cartes que les enfants s'amusent à bâtir, et l'on y mettait du feu avec les plantes et les broussailles qu'on avait pu ramasser tout autour. Les cendres ainsi produites, et même la brûlure du sol, le fertilisent, et l'on peut lui demander une ou deux récoltes : après quoi on le laisse reposer. Souvent aussi des tourbières appartiennent aux communes, et leur produit est distribué en nature ; il y a enfin les pâturages en commun.

— Vous touchez là à une question qui a son côté difficile, dit M. Lanteuil.

— Je ne vois pas trop. Tous les habitants ont le

droit d'envoyer leur bétail au pâturage, les nouveaux habitants comme les anciens; le conseil municipal peut imposer une taxe à ceux qui jouissent du pâturage, mais il ne peut pas faire de distinction entre les habitants. Les fermiers et métayers exercent le droit du propriétaire du domaine qu'ils exploitent. Seulement, personne autre que le propriétaire absent ne peut céder son droit de participation au pâturage.

— Je ne pensais pas tout à l'heure, reprit M. Lanteuil, à ces pâturages qu'on pourrait appeler gras, parce qu'ils sont couverts d'herbes tout le long de l'année, à ces pâturages qui constituent un bien à la fois communal et commun, mais au droit de parcours et de vaine pâture sur les champs dépouillés de leurs récoltes. Voilà des usages auxquels je suis loin d'être favorable ; ils gênent le cultivateur, nourrissent mal le bétail et font quelquefois naître des disputes, et même des procès, car le bétail cause souvent des dommages.

— Quelle est la différence entre la vaine pâture et le parcours, demanda-t-on?

— La vaine pâture s'exerce sur le territoire du village même où demeurent les propriétaires du bétail, tandis que le parcours s'exerce sur le territoire d'une autre commune. Généralement le droit de parcours est réciproque. Aujourd'hui, la législation est peu favorable à ce système ; quand le droit est discuté, c'est à ceux qui jouissent de l'avantage à prouver leur droit.

— On peut aisément soustraire sa terre à la vaine

pâture, fis-je remarquer, on n'a qu'à se clore. Personne ne peut vous le défendre.

— D'accord, dit M. Bertheron, mais, en ce cas, vous perdrez le droit d'envoyer des animaux sur le fonds d'autrui.

— C'est tout ce qu'il y a de plus juste, dit un assistant. On va même plus loin, on fixe le nombre de têtes que chacun peut envoyer selon le nombre d'hectares qu'il possède.

— C'est la loi du 6 octobre 1791 (section IV, art. 13), dis-je, qui pose cette règle, mais je pense qu'elle était déjà en vigueur auparavant.

— Il en résulterait, fit-on observer, que celui qui n'a pas de terre dans la commune, mettons un pauvre, ne pût pas envoyer de bétail du tout.

— Ce n'est pas, répondis-je, ce que fixe la loi de 1791. Je la connais bien, elle s'exprime ainsi : « Néanmoins, tout chef de famille domicilié, qui n'est ni propriétaire, ni fermier d'aucun des terrains sujets au parcours ou à la vaine pâture, et le propriétaire ou fermier à qui la modicité de son exploitation n'assurerait pas l'avantage qui va être déterminé, peuvent mettre sur ces terrains, soit par troupeau séparé, soit en troupeau commun, jusqu'au nombre de six bêtes à laine et d'une vache avec son veau, sans préjudicier au droit des mêmes personnes sur les terres communales, s'il en existe dans la commune, et sans rien innover aux lois, coutumes ou usages locaux et de temps immémorial, qui leur accorderaient un plus grand avantage. »

— C'est l'égard dû aux pauvres, dit M. Lanteuil, qui est la cause que la vaine pâture n'est pas complètement supprimée. Mais je crois que les pauvres en font beaucoup moins usage que l'on croit, car la vaine pâture ne suffit pas pour nourrir ces bêtes. Et comment fait-on lorsque la neige couvre les champs pendant trois mois de suite, ou lorsque les champs sont ensemencés? Cet usage nuisible doit disparaître avec les jachères. D'un autre côté, il y a longtemps que tous les champs seraient clos, si les haies ne prenaient pas tant de place, surtout dans nos contrées où le terrain est si morcelé que les haies absorberaient un espace disproportionné avec les services qu'elles rendent.

CHAPITRE XII

L'ÉTAT ET L'AGRICULTURE.

J'avais noté au jour le jour mes impressions, ainsi que les réflexions et les conversations que résument les pages précédentes ; en les relisant, après la clôture du concours de Bagnols, il me sembla qu'il n'avait pas été suffisamment question des rapports entre l'État et l'agriculture. Ces rapports sont nombreux et variés, car il s'agit de bien grands intérêts. Il a été question de ce que l'État fait pour répandre l'instruction agricole par des écoles et des concours ; des facilités, encouragements, faveurs, qu'il accorde aux voies de transports, à l'irrigation, aux dessèchements ; des pouvoirs qu'il confère à des associations ; de la protection qu'il assure au bétail par ses vétérinaires et ses lois contre les épizooties : mais c'est loin d'être tout.

Il y aurait encore bien des choses à mentionner. Rien qu'à parcourir la législation financière, on trouverait des dispositions nombreuses qui stipulent des immunités en faveur de l'agriculture. Si on lit l'histoire du cadastre, on trouve que de grands efforts

ont été faits pour égaliser les charges foncières.
Lorsqu'on a trouvé que les résistances à vaincre
étaient trop fortes, qu'a-t-on fait? On a diminué les
taxes les plus élevées, mais on s'est toujours abstenu
d'élever les taxes les plus faibles. Voilà pour l'impôt
foncier. L'impôt des portes et fenêtres exempte les
locaux ou bâtiments agricoles autres que les habitations. Ainsi, voici un grenier rempli de grains. Paye-
t-il ou non ? C'est selon. Si c'est un cultivateur qui y
conserve sa récolte, il est exempt ; si c'est un marchand de grains qui y a déposé sa marchandise, il
paye. De même pour l'impôt des patentes : toutes les
industries acquittent la patente, sauf l'industrie
agricole. La loi sur la taxe des chevaux ne s'applique
pas aux chevaux attelés à la charrue. On sait quels
lourds impôts le vin et l'eau-de-vie supportent ; or,
le vigneron boit son vin sans rien payer et il brûle
son eau-de-vie (bouilleur de crû) sans être assujetti à
aucun droit : c'est à ceux qui achètent les produits à
acquitter les taxes.

Je ne citerai que pour mémoire ce qui est fait pour
ceux qui subissent un « sinistre, » c'est-à-dire une
perte. La somme qui est destinée à les soulager — je
parle de la somme inscrite régulièrement au budget
— est assez petite et ne soulage pas beaucoup ; mais,
en cas d'inondation ou d'un autre grand fléau, il est
voté une somme spéciale, et généralement une souscription publique s'ouvre et l'on a déjà vu réunir
ainsi des millions.

Jetons les yeux d'un autre côté. On sait combien

il importe au pays de conserver les forêts. Ce n'est pas seulement à cause du bois, quoique ce soit là un produit bien précieux qui rend de nombreux services; non, c'est pour des raisons bien plus élevées, d'une portée plus grande. Les forêts jouent un rôle considérable dans la salubrité du pays, elles assurent surtout notre approvisionnement d'eau. Les forêts appartiennent à l'État, aux communes, à des particuliers. Le gouvernement veille au bon aménagement des forêts de l'État; il a créé une école forestière à Nancy, pour se procurer un personnel de forestiers instruits qui sont, tout le monde sait, pleins de zèle pour la conservation des bois. Les forêts qui appartiennent aux communes, quand elles ont une certaine étendue, sont également administrées par les agents de l'État, quoique au profit des communes. Les particuliers sont libres de gérer leurs bois comme ils l'entendent : mais il y a une restriction : ils ne sont pas libres de défricher à volonté. Pendant longtemps, ni les particuliers, ni les communes, ne pouvaient défricher leurs bois, c'est-à-dire les transformer en champs, prés ou vignes, sans une autorisation de l'administration, *qui appréciait librement les circonstances.* Depuis la loi de 1859 (18 juin) l'administration ne peut s'opposer au défrichement que si la conservation du bois est nécessaire :

1° Au maintien des terres sur les montagnes et sur les pentes;

2° A la défense du sol contre les érosions et les envahissements des fleuves, rivières ou torrents;

3° A l'existence des sources et cours d'eau ;

4° A la protection des dunes et des côtes contre les érosions de la mer et l'envahissement des sables ;

5° A la défense du territoire dans la partie de la zone frontière qui sera déterminée par un règlement d'administration publique ;

6° A la salubrité publique.

Pour que l'administration puisse savoir s'il y a lieu de s'opposer au défrichement, il faut que le propriétaire soit, en tout cas, tenu de déclarer son intention à l'administration des forêts.

Mais il ne suffit pas d'empêcher les défrichements ; on a tant détruit ou laissé se détruire de forêts par insouciance ou par d'autres mauvaises raisons pareilles, qu'il faut songer à rétablir les forêts, à *reboiser*. Il y a sur ce point les lois du 28 juillet 1860 et 8 juin 1864, on s'occupe même d'amender encore ces lois. Le principe est que les communes peuvent être forcées à entreprendre certains travaux et, pour les particuliers, on a la ressource de les exproprier, de faire les travaux, et de dire ensuite au propriétaire : si vous voulez racheter le terrain, libre à vous, vous n'avez qu'à nous rendre nos déboursés. Outre les travaux obligatoires, il y a aussi des travaux facultatifs, que l'État encourage par des subventions en nature (graines et plants) ou en argent.

Cependant toutes les montagnes ne sont pas en état d'être cultivées en bois ; il y a des pentes tellement dénudées que les racines des arbres ne sauraient où se blottir, elles n'auraient pas le moindre bout de couverture. De plus, il y a des villages dont la principale richesse consiste en bétail qu'ils envoient paître sur les pâturages des montagnes. Si l'on voulait reboiser ces pâturages qui n'ont peut-être jamais été boisés, il faudrait commencer par les interdire au bétail, il faudrait les mettre en défens, comme disent les forestiers. Que ferait en attendant le bétail? Car il faut des années pour que les arbres poussent assez pour être, selon le langage des forestiers, défensables, c'est-à-dire, que les arbres n'aient plus rien à craindre de la dent et du pied des animaux. Soit dit en passant, il est douteux qu'on ait bien fait d'employer deux mots si semblables pour dire juste le contraire : *le bois est en défens* veut dire : n'entrez pas, je le défends; le bois est défensable signifie : entrez, il se défendra tout seul.

Eh bien! pour prévenir toutes les difficultés, la loi permet de gazonner simplement les pentes, c'est-à-dire de les couvrir d'herbages ; les subventions du Trésor s'appliquent au gazonnement comme au reboisement. Le reboisement rend des services plus étendus, car ce sont plutôt les bois qui attirent et arrêtent les nuages, qui condensent les vapeurs et laissent aux gouttes d'eau le temps de pénétrer dans le sol et de former des réservoirs; mais le gazon, comme le bois, ralentit l'écoulement des eaux de la pluie et empêche la formation des torrents dévastateurs. C'est déjà un grand bienfait en dehors de celui qui consiste à multiplier les fourrages.

Ce sont là de grandes mesures, dont l'importance, et, si je puis m'exprimer ainsi, les dimensions, sautent aux yeux, mais il y en a nombre d'autres qu'il serait injuste de passer sous silence. De cet ordre est la loi du 27 juillet 1867 sur les fraudes commises dans la vente des engrais artificiels. Les fumiers ne suffisent plus, il fallait un supplément d'engrais, et comme la science est, ou croit être parvenue à composer des engrais différents selon les plantes à cultiver, les marchands s'emparèrent de l'idée et quelques-uns y trouvèrent de nombreuses occasions ou tentations de fraudes.

Puisque je parle engrais, il est naturel que le bétail et l'encouragement de l'élève et de l'engraissement se présentent à ma pensée. On a fait beaucoup dans ce sens, et depuis longtemps, le Code civil notamment renferme des dispositions sur le bail à cheptel, bail par lequel le propriétaire du bétail le loue à un fermier pour avoir sa part du profit. Cette législation ne satisfait pas tout le monde. J'ai relu les dispositions dans le Code et ne suis pas bien convaincu que ceux qui demandent des changements ont raison. Changer n'est pas toujours améliorer. Pourquoi voudrait-on modifier les dispositions? C'est pour procurer plus de crédit au fermier. Eh bien! si l'on augmente son crédit auprès du banquier en facilitant à celui-ci la saisie des produits, on diminue le crédit du fermier auprès du propriétaire, qui aura moins de gage pour son fermage. Or, c'est auprès du propriétaire que le crédit est le plus nécessaire; c'est par sa conduite que le fermier obtiendra avec le temps le crédit extérieur dont il pourra avoir besoin. En matière de confiance les mesures législatives portent moins loin que l'on croit. Du reste rien n'empêche de mettre la question à l'étude, on trouvera peut-être des moyens qui m'ont échappé.

Je vais partir, très satisfait de ce que j'ai vu à Bagnols, et plus encore de ce que j'y ai appris. Décidément les concours sont une institution utile.

FIN

TABLE DES MATIÈRES

L'AGRICULTURE

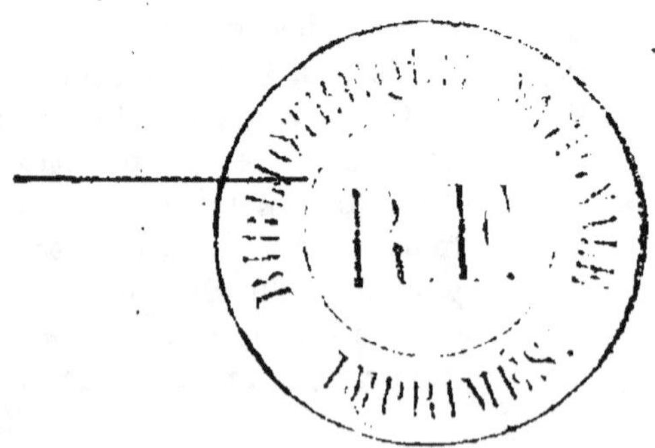

TABLE ALPHABÉTIQUE DES MATIÈRES

Paris. — Typ. A. Quantin.

BIBLIOTHÈQUE

DES

PROFESSIONS INDUSTRIELLES

COMMERCIALES ET AGRICOLES

PARIS

J. HETZEL ET Cⁱᵉ, ÉDITEURS

18, RUE JACOB, 18

CATALOGUE **B.-U.**

Bibliothèque des Professions industrielles, commerciales et agricoles

Le premier mérite des volumes qui composent cette ENCYCLO-PÉDIE c'est d'être accessibles par la forme, par le fond et par le prix, aux personnes qui ont le plus souvent besoin d'indications pratiques sur la profession dont elles font l'apprentissage, ou dans laquelle elles veulent devenir plus intelligemment habiles.

A ces personnes, dont le nombre est très grand, il faut des *guides pratiques exacts*, d'un format commode, d'un prix modéré, rédigés avec clarté et méthode, comme est clair et méthodique l'enseignement direct du professeur à l'élève ou celui du maître à l'apprenti. Telle a été la pensée qui a présidé à la publication de la *Bibliothèque des professions industrielles, commerciales et agricoles*.

Elle se compose de *onze séries*, qui se subdivisent comme suit :

A. Sciences exactes. — B. Sciences d'observation. — C. Art de l'Ingénieur. — D. Mines et Métallurgie. — E. Mécanique, Machines motrices. — F. Professions militaires et maritimes. — G. Arts et métiers, Professions industrielles. — H. Agriculture, Jardinage, etc. — I. Economie domestique, Comptabilité, Législation, Mélanges. — J. Fonctions politiques et administratives, Emplois de l'Etat, Départementaux et Communaux, Services publics. — K. Beaux-arts, Décoration, Arts graphiques.

Les volumes de cette collection sont publiés dans le format grand in-18, la plupart d'entre eux sont illustrés de gravures qui viennent mieux faire comprendre le texte ; des atlas renferment les dessins qui exigent d'être représentés à grandes échelles et avec plus de détails.

L'ENVOI est fait franco pour toute demande dépassant 15 francs et accompagnée de son montant en billets de banque, timbres-poste, mandat-poste, chèques ou mandats à vue sur Paris, coupons de valeur (déduction faite de l'impôt de 5 0/0).

Le prix du port est de 40 centimes pour les volumes de 4 francs et au-dessous ; 50 centimes pour les volumes de 5 et 6 francs ; — 60 centimes pour les volumes au-dessus de ce prix.

NOTA. — Les ouvrages marqués d'un ✳ ont été choisis par le ministère de l'Instruction publique pour faire partie des catalogues des bibliothèques publiques scolaires. Le deuxième ✳, plus petit, désigne les ouvrages choisis pour être distribués en prix.

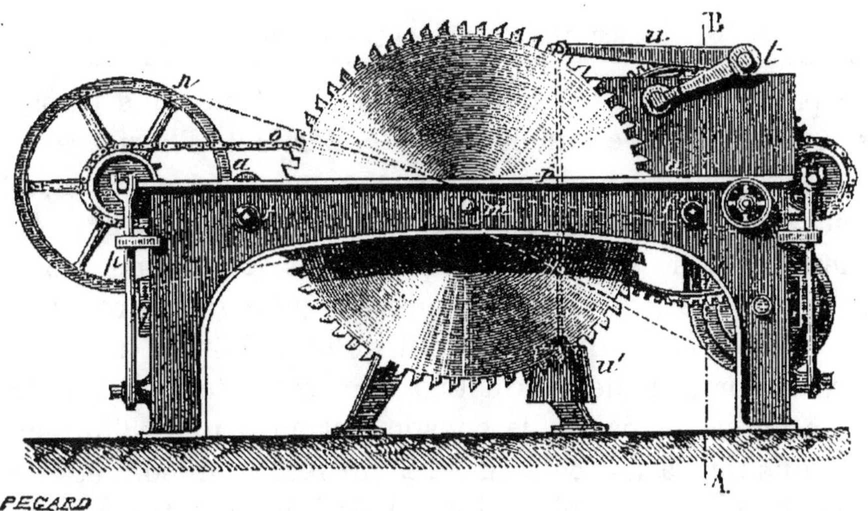

Figure spécimen du *Guide pratique de l'ouvrier mécanicien*. (Voir page 37.)

BIBLIOTHÈQUE

DES

PROFESSIONS INDUSTRIELLES

COMMERCIALES ET AGRICOLES

Parmi les bibliothèques spéciales, techniques plutôt, qui tiennent ou commencent à tenir une si grande place dans la librairie contemporaine, il faut citer au premier rang la *Bibliothèque des Professions industrielles, commerciales et agricoles*, mise en vente par la librairie Hetzel, et qui comprend déjà 113 ouvrages formant 116 volumes accompagnés de 5 atlas. Le champ est vaste de toutes les connaissances exigées, ou qui devraient l'être, par ceux, — et le nombre en est de plus en plus considérable, — qui se destinent à l'industrie, au commerce ou à l'agriculture. Autrefois, il n'y a pas longtemps encore, la seule science à peu près reconnue était la routine. En tout, partout, dans les grandes comme dans les petites exploitations, on tenait à ne pas s'éloigner des habitudes et des traditions transmises. Cela faisait, en quelque sorte, partie de l'héritage.

Depuis quelques années, nous commençons, en France,
à nous affranchir de ces méthodes arriérées. C'était bon de
s'enfermer dans sa coquille quand les communications
étaient difficiles, quand on se suffisait, pour ainsi dire, chacun chez soi, et quand on n'avait qu'un médiocre intérêt à
suivre les progrès de l'industrie, par exemple, puisque la
production répondait à la consommation. Aujourd'hui, ce
n'est plus tout à fait cela; c'est à qui fera le mieux, et, en
même temps, fera le plus vite. La rapidité des transports,
la rapidité des demandes qui peuvent être transmises, le
même jour, d'un bout du monde à l'autre, ont provoqué
une concurrence presque sans limites, et c'est tant pis
pour ceux qui, s'en tenant aux vieux moyens, n'ont à
leur service qu'un outillage inférieur. N'en pourrait-on
dire autant pour l'agriculture, si complètement transformée
depuis quelques années? et même pour le commerce, dont
les relations, au lieu d'être limitées, confinées dans un
certain rayon, sont aujourd'hui universelles?

Quoi de plus naturel que d'étudier les conditions nouvelles auxquelles sont soumises les industries diverses, les
transactions commerciales, les exploitations agricoles? Et
en même temps, quoi de plus curieux, pour cette partie du
public éclairé et qui aime d'autant plus à s'instruire, que
l'étude rendue claire et facile, de ces trois choses qui sont
les bases mêmes de la fortune d'un pays? Les spécialistes
n'ont qu'à choisir, dans les rayons de cette bibliothèque,
pour trouver aussitôt ce qui les concerne et les intéresse.
Autant de branches de la science, autant de traités particuliers, composés et écrits par les savants les plus autorisés
et les professeurs les plus compétents.

La collection comprend onze séries consacrées à des ouvrages spéciaux, mais réunis tous, cependant, par un lien
commun. Ainsi, il y a une série pour les sciences exactes,

une autre pour les sciences d'observation. Dans la troisième, se trouve traité, sous ses différents aspects, l'art de l'ingénieur ; la quatrième s'occupe des mines et de la métallurgie. Ici sont étudiées les machines motrices ; là les professions militaires et maritimes. Plus loin, sous la rubrique Arts et Métiers, sont passées en revue les professions industrielles ; puis enfin l'agriculture, le jardinage et tout ce qui s'y rattache, l'étude des eaux, des bois et forêts, et enfin l'économie domestique. On voit tout ce qui peut tenir de traités particuliers dans cette nomenclature générale. Chacun a son volume, accompagné de dessins explicatifs et de figures, quand il est nécessaire, de façon à rendre les textes plus tangibles, pour ainsi dire, en tout cas, pour les mieux mettre à la portée du public.

Il est aisé de comprendre qu'une telle collection ne peut pas être exactement limitée, par la raison bien simple qu'elle doit se tenir à la hauteur du mouvement, c'est-à-dire du progrès, et tenir compte des inventions nouvelles qui, sans bouleverser de fond en comble les systèmes adoptés, les transforment en partie, ou tout au moins les modifient. Telle qu'elle est, on peut la considérer déjà comme supérieure à tout ce qui existe dans le même ordre d'idées. Le cadre général est plus vaste et peut s'élargir encore ; quant aux traités particuliers, comment n'offriraient-ils pas toutes les garanties désirables, grâce aux noms des spécialistes qui les ont rédigés ? La physique, la chimie, les sciences naturelles, d'un côté, la géométrie, l'algèbre, de l'autre, sont enseignées de la façon la plus claire, et, ce qu'il ne faut pas oublier, par des moyens mis à la portée des gens du monde désireux d'acquérir des connaissances au moins superficielles sur toutes choses.

Ce qui caractérise notre époque, est un immense besoin de savoir. On veut au moins des notions sur toutes choses, et nulle part l'ignorance n'est un titre au respect. Comment les propriétaires, par exemple, pourraient-ils se rendre compte des engagements imposés à leurs fermiers, s'ils n'étaient, eux-mêmes, au fait des principales exigences de l'agriculture? Et il en est partout ainsi : on veut tout connaître, ou plutôt, on tient essentiellement à se renseigner ; et, pour cela, il faut des connaissances au moins élémentaires sur l'industrie, sur le commerce, sur l'agriculture, et par là même sur toutes les sciences qui s'y rapportent.

Nous ne voyons pas de vides appréciables, dans cette bibliothèque, et s'il s'en découvre, on peut être sûr qu'ils seront comblés à mesure. Elle répond d'ailleurs à un besoin réel, à un moment où la machine remplace, de plus en plus, les bras et où le mécanicien fait des progrès constants. A côté de cela, il est des sciences qu'on aurait grand tort de négliger et dont la connaissance s'impose à toutes les familles. Nous citerons, par exemple, l'hygiène et la médecine usuelles, de même que nous citerions pour les cultivateurs et les éleveurs de bétail, un indispensable traité de médecine vétérinaire où l'on puiserait, dans maintes circonstances, des remèdes efficaces qui, appliqués trop tard, sont inutiles et de nul effet. Rien de plus clair et de plus complet n'a été fait jusqu'à ce jour, ni de plus réellement utile. C'est l'encyclopédie du dix-neuvième siècle, qui se recommande aussi bien par la variété des sujets que par la valeur propre de chacun d'eux, où l'on trouve, en même temps que les vues d'ensemble, les guides pratiques de toutes les insdustries en exploitation et de toutes les professions et métiers connus. Nous ne saurions trop la recommander aux gens du monde curieux de notions générales, ainsi qu'aux personnes désireuses d'approfondir une spécialité.

Figure spécimen de l'*Habitation des animaux. Bergeries.* (Voir page 47.)

TABLE

DES MATIÈRES PAR ORDRE ALPHABÉTIQUE

AVEC RENVOI AUX PAGES POUR LES RENSEIGNEMENTS COMPLETS
TITRES, NOMS DES AUTEURS, PRIX ET ANALYSE DES OUVRAGES PUBLIÉS JUSQU'A CE JOUR

A

T

V

Z

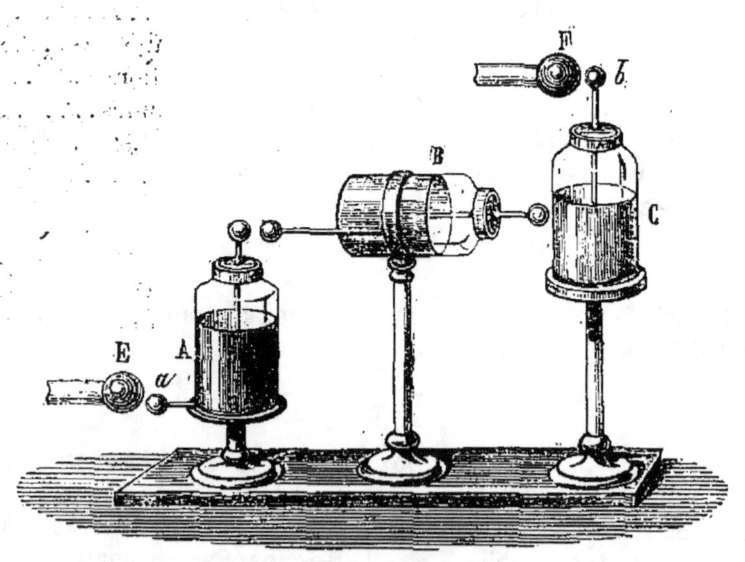

Gravure spécimen des *Leçons d'Électricité*. (Voir page 21.)

LISTE DES OUVRAGES

QUI COMPOSENT LA BIBLIOTHÈQUE

DES PROFESSIONS INDUSTRIELLES

COMMERCIALES ET AGRICOLES

Collection de volumes grand in-18

---

*Le cartonnage toile de chaque volume se paye 0,50 c. en plus
des prix indiqués*

BIBLIOGRAPHIE RAISONNÉE

Série **A**

SCIENCES EXACTES

1. — Leprince (Paul), ingénieur, ancien élève de l'École
d'arts et métiers de Châlons-sur-Marne. — Principes d'
ALGÈBRE. 1 vol. XI-285 pages avec fig.. . . . . . . 5 fr.

Un ouvrage de ce genre n'a pas encore été publié. Il indique les moyens
les plus prompts et les plus simples à employer pour parvenir à la solution des
problèmes. Il ne comprend que la marche pratique à suivre en algèbre pour
arriver aux formules appliquées dans l'industrie en général.

2.—Lenoir (A.).—✳**CALCULS ET COMPTES-FAITS** à l'usage des industriels en général et spécialement des mécaniciens, charpentiers, serruriers, chaudronniers, pompiers, toiseurs, arpenteurs, vérificateurs, etc. Nouvelle édition de l'ouvrage revue et complétée par Joseph Vinot. 1 vol. 194 pages de texte et tableaux. . . . . 4 fr.

Son objet est d'éviter aux chefs d'atelier une foule de calculs souvent assez difficiles à résoudre ; enfin c'est un aide-mémoire qui est appelé à rendre de grands services par le temps qu'il fait économiser. Il se divise comme suit 1° Arithmétique. — 2° Conversion. — 3° Physique. — 4° Mécanique. — 5° Frottements, résistances. — 6° Cubage des métaux. — 7° Cubage des bois. — 8° Tables commerciales.

3-4. — Rozan (Ch.), professeur de mathématiques. — Leçons de **GÉOMÉTRIE ÉLÉMENTAIRE**. 1 vol. et un atlas, 262 pages de texte et 31 planches doubles. . . . . . 6 fr.

En résumant les principes essentiels de la géométrie élémentaire, ceux qui conduisent directement à la mesure des lignes, des surfaces et des corps, l'auteur s'est attaché surtout à faire sentir la liaison qui existe entre ces principes, la manière dont ils découlent les uns des autres par un enchaînement continuel de déductions et de conséquences. Il s'est donc attaché à couper le discours aussi peu que possible, et à dire d'une seule traite tout ce qui se rattache à un même ordre de questions. Il le dit très brièvement, pour ne pas fatiguer l'attention ou faire perdre de vue le point de départ ; cette rapidité des démonstrations n'a cependant rien ôté à leur clarté.

5-6. — Ortolan (A.), mécanicien chef de la marine de l'État, et Mesta (J.), mécanicien principal. — Guide pratique pour l'étude du **DESSIN LINÉAIRE** et de son application aux professions industrielles. 1 vol., LXXVI-204 p. et un atlas de 41 pl. doubles, grav. par Ehrard. . . . 6 fr.

Cet ouvrage recommandable est aujourd'hui adopté dans plusieurs écoles industrielles ; on le trouve dans tous les ateliers. Un dictionnaire des termes techniques lui sert d'introduction, ce qui a permis aux auteurs de donner dans le cours de leur travail des indications sur les détails, sans obliger l'élève à recourir au texte des premières leçons. C'est donc par la nomenclature des instruments indispensables à l'étude du dessin que les auteurs ont débuté, puis arrivant à l'application, ils donnent la définition des lignes géométriques : le point, la ligne droite, brisée, courbe ; arc de cercle, rayon ; les angles. — Tracé des parallèles et des perpendiculaires. — Construction des angles. — Figures géométriques. — Des triangles. — Des quadrilatères. — Tangentes et sécantes à la circonférence. — Angles inscrits et circonscrits à la circonférence. — Polygones réguliers, figures inscrites et circonscrites. — Définition et construction. — Mesure et divisions des lignes. — Mesure des angles. — Rapporteurs. — Des solides. — Du plan horizontal et du plan vertical, des projections, des croquis, de la vis. — Exécution d'un dessin d'après un croquis coté et sur une échelle de convention. — Exécution d'un dessin d'ensemble avec projection de coupe. — Des engrenages ou roues dentées. — De quelques courbes et de leur tracé. — Rédaction et copie d'un dessin. — Dessins ombrés au tire-ligne, du lavis, etc., etc.

Série **B**

SCIENCES D'OBSERVATION

CHIMIE, PHYSIQUE, ÉLECTRICITÉ, ETC.

1-2. — Dr SACC, professeur à l'Académie de Neuchâtel (Suisse), membre correspondant de la Société nationale de l'agriculture, professeur à Genève, etc. — Éléments de **CHIMIE**. 2 vol.

PREMIÈRE PARTIE. — **CHIMIE MINÉRALE** ou synthétique. 1 vol. . . . . 3 fr. 50

SECONDE PARTIE. — **CHIMIE ORGANIQUE** ou asynthétique. 1 vol.. . . . . 3 fr. 50

Ce petit traité, comme le dit l'auteur, n'a qu'une ambition, celle de faire aimer cette admirable science, d'en exposer aussi brièvement que possible le champ immense de manière à la rendre abordable à tous. C'est la première tentative d'une *chimie naturelle* et pure. L'auteur, laissant de côté tous les systèmes, aborde donc une voie qui doit devenir féconde.

3-4. — HÉTET (Frédéric), professeur de chimie aux écoles de la marine, pharmacien en chef, officier de la Légion d'honneur, membre de plusieurs sociétés savantes.—Cours de **CHIMIE GÉNÉRALE ÉLÉMENTAIRE**, d'après les principes modernes, avec les principales applications à la médecine, aux arts industriels et à la pyrotechnie, comprenant l'analyse chimique qualitative et quantitative. Ouvrage publié avec l'approbation de M. le ministre de la Marine et des Colonies. 2 vol. grand in-18 ensemble de LI-1300 pages et 174 fig. . . . . 10 fr.

Figure spécimen de l'*Étudiant Photographe*. (Voir page 17.

SOMMAIRE DES PRINCIPAUX CHAPITRES. — Nomenclature chimique. — Notation chimique. — Lois des combinaisons. — Théorie atomique. — Acides. — Sels. — Éléments monoatomiques. — Série du chlore. — Série du brome. — Série de l'iode. — Fluor. — Série du cyanogène. — Métalloïdes diatomiques. — Série de l'oxygène. — Protoxyde d'hydrogène. — Eau. — Eaux potables. — Série du soufre. — Métalloïdes triatomiques. — Série du bore. — Métalloïdes tripentatomiques. — Série de l'azote. — Combinaisons de l'azote avec l'hydrogène. — Composés oxygénés de l'azote. — Agents explosifs modernes. — Analyse de l'acide azotique. — Série du phosphore. — Combinaisons oxygénées du phosphore. Série de l'arsenic. — Série de l'antimoine. — Bismuth. — Uranium. — Tableau résumé des azotoïdes. — Métalloïdes tétratomiques. — Série du silicium. — Série du carbone. — Gaz d'éclairage. — Combinaisons avec l'oxygène. — Sulfure de carbone. — Feux liquides de guerre. — Dosage du carbone. — Analyse des gaz et des mélanges gazeux. — Série de l'étain. — Généréralités sur les métaux. — Métaux positifs. — Première classe. — Monontomiques. — Potassium. — Poudres. — Alcalimétrie. — Sodium. — Fabrication de la soude. — Lithium. — Analyse spectrale. — Rubidium. — Césium. — Thallium. — Argent. — Alliages d'argent. — Azotate d'argent. — Réaction des sels d'argent. — Dosage de l'argent. — Métaux de la deuxième classe ou biatomique. — Calcium. — Oxydes de calcium. — Usages de la chaux. — Sulfures de calcium. — Plâtre. — Cuisson du plâtre. — Phosphates calciques. — Carbonate de calcium. — Baryum. — Strontium. — Magnésium. — Oxyde de magnésium. — Zinc. — Oxyde de zinc. — Cadmium. — Cuivre. — Laitons. — Bronzes. — Oxyde de cuivre. — Acétate de cuivre. — Réactions des sels de cuivre. — Mercure. — Chlorure de mercure. — Iodure de mercure. — Sulfate de mercure. — Fulminate de mercure. — Plomb. — Oxyde de plomb. — Miniums. — Céruse. — Cobalt. — Nickel. — Chrome. — Manganèse. — Oxydes de manganèse. — Bioxyde de manganèse. — Fer. — Préparation de l'acier. — Usages du fer et de l'acier. — Propriété du fer et de l'acier. — Combinaisons du fer. — Analyse des combinaisons du fer. — Analyses des fontes et aciers. — Métaux triatomiques. — Or. — Dorure. — Métaux tétratomiques. — Molybdène. — Platine. — Amorces à fil de platine. — Osmium. — Iridium. — Palladium. — Aluminium. — Aluns. — Kaolins. — Argiles. — Mortiers. — Ciments. — Poteries. — Bétons. — Action de l'eau de mer. — Mastics. — Photographie.

---

5. — CHEVALIER (A.), auteur de l'*Hygiène de la vue*, de l'*Étudiant micrographe*, etc. — **L'ÉTUDIANT PHOTOGRAPHE**, traité pratique de photographie à l'usage des amateurs. avec les procédés de MM. Civiale, Bacot, Cavelier, Robert. 1 vol., 216 pages, avec 68 figures. . . . . 3 fr.

Ce livre est un manuel simplifié de photographie. Il sera utile à tous ceux qui voudront s'occuper des moyens de reproduire la nature à l'aide de la lumière. Comme son titre l'indique, c'est le livre de l'étudiant, et certes nous n'avons, en le livrant à la publicité, qu'un seul désir, celui d'être utile. Nous sommes sûrs des procédés indiqués, car nous avons dû expérimenter nous-mêmes celui relatif au collodion humide.

---

6. — GAUDRY (Jules), chef du laboratoire des essais au chemin de fer de l'Est. — Guide pratique pour l'**ESSAI DES MATIÈRES INDUSTRIELLES**, d'un emploi courant dans les usines, les chemins de fer, les bâtiments, la marine, etc., à l'usage des ingénieurs, manufacturiers, architectes, officiers

de marine, etc. 1 vol. XII-264 p., 37 fig. et nombreux tableaux . . . . 4 fr.

SOMMAIRE DES PRINCIPAUX CHAPITRES : Introduction. — Caractère du présent ouvrage. — Installation d'un laboratoire. — Principes de l'installation. — Outillage et mobilier. — Personnel, tenue du laboratoire. — PREMIÈRE PARTIE. — *Principes généraux de l'essai chimique.* — I. Composition et décomposition des corps. — II. Principes fondamentaux de l'analyse. — III. Manipulations chimiques. — IV. Marche de l'analyse. — DEUXIÈME PARTIE. — *Méthode d'essai des principales substances d'emploi courant.* — I. Essai de l'eau par évaporation et analyse du résidu. — Analyse des gaz de l'eau — Hydrotimétrie. — II. Essai des pierres. — III. Essai du sable. — IV. Essai de la chaux. — V. Essai des combustibles. — VI. Essai des métaux : Métaux en général. — Essai du fer. — Essai du cuivre. — Essai de l'étain. — Essai du plomb. — Essai du zinc. — Essai de l'antimoine. — Essai des alliages en général. — Essai du bronze. — Essai du laiton et des alliages blancs. — Recherche des métalloïdes dans les métaux et alliages. — VII. Essai des huiles et graisses : Des corps gras en général. — Essai des huiles. — Principales huiles. — Essai des suifs et graisses. — Essai du pétrole et des essences. — VIII. Essai des cuirs. — IX. Essai de la céruse et du minium. — X. Essai des tissus et cordages. — XI. Essai du caoutchouc. — XII. Essai des acides, alcools, alcalis, etc. — TROISIÈME PARTIE. *Tableaux :* Tableau A des principaux corps simples. — B division des bases en cinq groupes. — C division des acides en trois groupes. — D décomposition de l'eau par les métaux. — E analyse de l'eau. — F états des incinérations. — G degré oléométrique des huiles. — H tableau comparatif des principaux métaux industriels. — Appareils divers pour les essais.

---

7. — MIÉGE (B.), directeur de lignes télégraphiques. — Guide pratique de **TÉLÉGRAPHIE ÉLECTRIQUE**, ou *Vademecum* pratique à l'usage des employés des lignes télégraphiques, suivi du programme des connaissances exigées pour être admis au surnumérariat dans l'administration des lignes télégraphiques. 1 vol., XI-148 pages, avec 45 figures dans le texte. . . . . 2 fr.

M. Miége n'a pas voulu faire seulement un livre utile, mais bien un guide indispensable. Aux notions préliminaires sur le magnétisme, les différentes sources d'électricité et les propriétés des courants, succède la description de tous les appareils usités, avec l'indication des signaux généralement adoptés. Des formules d'une grande simplicité permettent de se rendre compte de l'intensité des courants et de rechercher la cause des dérangements. L'ouvrage de M. Miége sera aussi d'une incontestable utilité pour toute personne qui veut acquérir la connaissance des lois de l'électricité appliquées à la télégraphie.

---

8. — DU TEMPLE (Louis), capitaine de frégate en retraite. * Introduction à l'**ÉTUDE DE LA PHYSIQUE**. 1 vol., 333 p. avec 146 figures . . . . 4 fr.

SOMMAIRE DES PRINCIPAUX CHAPITRES : *Quelques définitions de chimie :* Éléments qui entrent dans la composition des corps. — Nomenclature chimique. — *Introduction.* — *La Force :* Pesanteur. — Actions moléculaires. — *Calorique et Chaleur :* Température. — Mode de propagation de la chaleur. — Changement d'état des corps par la chaleur. — *Lumière*. — Réflexion de la lumière. — Réfraction. — Décomposition et recomposition de la lumière. — Applications diverses des phénomènes de la lumière. — Lunettes . — *Sons*. — Propagation. — Réflexion. — Vibration. — *Électricité*. — *Électro-Magnétisme*. — *Electro-Chimie*.

9. — WILL. — **ANALYSE QUALITATIVE**, instruction pratique à l'usage des laboratoires de chimie, par M. le docteur H. WILL, professeur agrégé de l'Université de Giessen; traduit de l'allemand par M. le docteur G.-W BICHON, traducteur des lettres de M. Justus Liebig sur la chimie, et auteur de plusieurs travaux sur cette science. 1 vol., 248 pages. *(Épuisé.)*

Les traités spéciaux sur la chimie analytique sont ou trop volumineux ou incomplets, en ce sens que, dans ces derniers, manquent les indications indispensables pour que l'élève puisse se conduire lui-même. M. le docteur Will a su éviter ces deux défauts : son guide enseigne d'une manière simple, substantielle et méthodique, tout ce qu'il faut savoir pour être capable de découvrir et de séparer les parties constituantes des corps composés.

10. — FRÉSÉNIUS (R.) et le Dr WILL, docteurs, assistants et préparateurs au laboratoire de Giessen. — Guide pratique pour reconnaître et pour déterminer le titre véritable et la valeur commerciale des **POTASSES**, des **SOUDES**, des **CENDRES**, des **ACIDES** et des **MANGANÈSES**, avec neuf tables de déterminations, traduit de l'allemand par le docteur G.-W. BICHON, ancien élève de M. Justus Liebig, nouvelle édition, augmentée de notes, tables et documents 1 vol., VI-229 pages avec figures . . . . 2 fr.

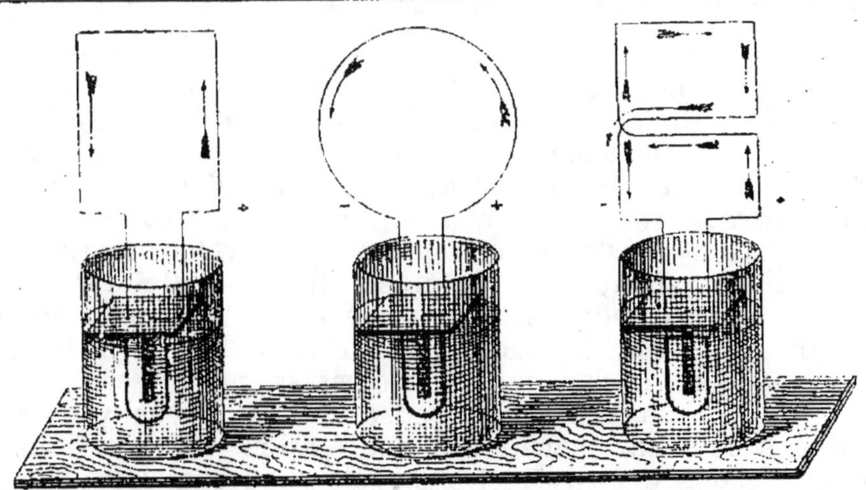

Figure spécimen de l'*Introduction à l'Étude de la physique*. (Voir page 18.

Le livre de MM. Frésénius et Will est le résultat des précieuses recherches auxquelles se sont livrés ces deux savants chimistes étrangers; c'est avec beaucoup de pénétration et de succès qu'ils sont parvenus à perfectionner les méthodes d'essais relatifs aux potasses, soudes, acides et manganèses.

11. — LIEBIG (J.). — **INTRODUCTION A L'ÉTUDE DE LA CHIMIE**, contenant les principes généraux de cette science, les proportions chimiques, la théorie atomique, le rapport des poids atomiques avec le volume des corps, l'isomorphisme, les usages des poids atomatiques et des formules chimiques, les combinaisons isomériques des corps catalyptiques, etc., accompagnée de considérations détaillées sur les acides, les bases et les sels, traduit de l'allemand par Ch. GHÉRHARDT, augmentée d'une table alphabétique des matières présentant les définitions techniques et les relations des corps. 1 vol., 248 pages. . . . . 3 fr.

L'accueil favorable que cette traduction a rencontré en France rappelle le succès obtenu en Allemagne par l'édition originale de l'illustre savant, considéré à juste titre comme l'un des princes de la chimie moderne.

12. — BRUN (Jacques), vice-président de la Société suisse des pharmaciens. — Guide pratique pour reconnaître et corriger les **FRAUDES ET MALADIES DU VIN**, suivi d'un traité **d'analyse chimique** de tous les vins, 2ᵉ édit., 1 vol., 191 p., avec de nombreux tableaux. 3 fr.

L'art de falsifier les vins a fait ces dernières années de rapides progrès. La chimie ne doit pas se laisser devancer par la fraude : elle doit lui tenir tête et pouvoir toujours montrer du doigt la substance étrangère. Cette tâche, dit M. Brun, incombe surtout aux pharmaciens. Son livre est le résumé des différents traitements qu'il a trouvés réellement utiles, et qui, dans sa longue pratique, lui ont le mieux réussi pour l'examen chimique des vins suspects.

13. — LUNEL (docteur). — Guide pratique pour reconnaître les **FALSIFICATIONS**, ou **DICTIONNAIRES DE FALSIFICATIONS** des substances alimentaires (aliments et boissons), contenant : la description de *l'état naturel ou normal des substances alimentaires* et leur *composition chimique*, les moyens de constater leur nature, leur valeur réelle; les altérations spontanées, accidentelles, qu'elles peuvent subir, et les moyens de les prévenir; les altérations et falsifications qui les dénaturent, c'est-à-dire qui en modifient l'aspect, la saveur, les propriétés nutritives, et qui les rendent souvent dangereuses; enfin les moyens chimiques de rendre sensibles les altérations, falsifications et contrefaçons des diverses substances alimentaires. 1 vol. 200 pages. . . . . 5 fr.

14-15. — Noguès (A.-F.), professeur de sciences physiques et naturelles. — Guide pratique de **MINÉRALOGIE APPLIQUÉE** (histoire naturelle inorganique) ou connaissance des combustibles minéraux, des pierres précieuses, des matériaux de construction, des argiles céramiques, des minerais manufacturiers et des laboratoires, des minerais de fer, de cuivre, de zinc, de plomb, d'étain, de mercure, d'argent, d'antimoine, d'or, de platine, etc. 2 vol., 919 p. et 248 fig . . . .   10 fr.

Cet ouvrage a été écrit principalement pour les personnes qui désirent acquérir des notions justes, pratiques et usuelles sur les minerais métallifères et les minéraux employés dans les arts et l'industrie. Les étudiants qui suivent les cours des Facultés, les élèves des Écoles spéciales et industrielles, les ingénieurs, les élèves des Écoles des mines, les mineurs, les agriculteurs, les directeurs d'exploitations minières, les gardes-mines, les amateurs et les gens du monde qui voudront acquérir des connaissances pratiques en minéralogie, le consulteront avec fruit.

Ce guide a été conçu dans un esprit essentiellement pratique et industriel. M. Noguès, en publiant cet ouvrage, a voulu offrir au public le cours de minéralogie qu'il professe avec tant de succès à l'École centrale des arts et manufactures de Lyon. — Nous ne donnons pas ici la table des matières contenues dans l'œuvre de M. Noguès, elle est trop considérable, mais nous indiquerons le sommaire des chapitres.

I. Définitions des termes et généralités. — II. Caractères géométriques des minéraux ou cristallogie. — Cristallogie comparée ou morphologie minérale. — Cristallogénie. — Caractères physiques, chimiques et géologiques des minéraux. — Classification des minéraux. — Description des espèces minérales. — Appendice au carbone. — Organolithes. — Classifications.

---

16. — Du Temple (Louis), capitaine de frégate en retraite. — ❋* **TRANSMISSIONS DE LA PENSÉE ET DE LA VOIX.** 1 vol., 332 pages, orné de 62 figures . . . . .   4 fr.

Sommaire des principaux chapitres : *Organe de la vue et moyens employés pour la corriger.* — Structure de l'œil. — Marche des rayons lumineux dans l'œil. — *Organe de la voix.* — *Organe de l'ouïe.* — Oreille. — Comment l'homme peut diminuer les imperfections de l'ouïe. — *Langage.* — Définition. — *Langage écrit.* — Grandes inventions modernes. — *Papier.* — Historique. — Fabrication du papier à la main ou papier de cuve. — Fabrication du papier à la mécanique. — Différentes espèces de papier. — *Imprimerie* ou *Typographie.* — Historique. — Gravure. — Lithographie. — Presses typographiques. — Clichage. — Gravure en creux. — Gravure en relief. — *Photographie.* — Historique. — Procédés. — Photographie sur verre. — Préparation du collodion et son emploi. — *Électro-Métallurgie.* — Galvanoplastie. — Appareils galvanoplastiques. — Applications de la galvanoplastie. — — *Télégraphes aériens, pneumatiques, électriques.* — *Téléphone.* — *Phonographe.* — *Aérophone.* — *Postes.*

---

17. — Snow-Harris. — Leçons élémentaires d'**ÉLECTRICITÉ** ou exposition concise des principes généraux de 'ÉLECTRICITÉ ET DE SES APPLICATIONS, annotées et traduites par E. GARNAULT, professeur de physique à l'École navale. 1 vol. 264 pages, avec 72 figures dans le texte.   3 fr.

Les leçons de M. Snow-Harris ont eu un grand succès en Angleterre. L'auteur s'est surtout attaché à donner des idées saines, pratiques et théoriques sur
les principes généraux de l'électricité et les faits les plus simples qu'il démontre
à l'aide d'expériences faciles à répéter.

Le traducteur, qui est lui-même un professeur distingué, a ajouté à l'ouvrage
anglais des notes dans lesquelles il donne surtout des aperçus sur les principales
applications de l'électricité dans l'industrie.

---

18. — LAFFINEUR. — Guide pratique d'**HYDRAULIQUE**
et d'**HYDROLOGIE SOUTERRAINE ET SUPERFICIELLE** ou
traité de la science des sources, de la création des fontaines, de la captation et de l'aménagement des eaux pour
tous les besoins agricoles et industriels. 1 vol., 191 pages.
avec figures. . . . .   3 fr. 50

19-20. — CLAUSIUS (R.), professeur à l'Université de
Wurtzbourg. — **THÉORIE MÉCANIQUE DE LA CHALEUR**,
traduit de l'allemand par F. FOLIE, professeur à l'École
industrielle, et répétiteur à l'École des mines de Liége.
2 vol., xxx-748 pages . . . .   15 fr.

« Depuis que l'on a utilisé la chaleur comme force motrice au moyen des
machines à vapeur, et que l'on a été ainsi amené pratiquement à regarder une
certaine quantité de travail comme l'équivalent de la chaleur nécessaire pour
le produire, il était naturel de rechercher théoriquement une relation déterminée entre une quantité de chaleur et le travail qu'il est possible de lui faire
produire, et d'utiliser cette relation pour en déduire des conclusions sur l'essence et les lois de la chaleur elle-même. » (CLAUSIUS.)

Par le titre des chapitres, nous allons indiquer le mode de démonstration de
l'auteur.

Introduction mathématique. — Principe fondamental de la théorie mécanique
de la chaleur. — Second principe. — Influence de la pression et de la congélation des liquides. — Dépendance théorique qui existe entre deux lois empiriques relatives à la tension et à la chaleur latente de différentes vapeurs.
— Équivalence des transformations au travail intérieur. — Axiome de la théorie mécanique de la chaleur. — Concentration de rayons de chaleur et de lumière, et les limites de son effet. — Mémoires sur les mouvements moléculaires admis pour l'explication de la chaleur. — Sur la conductibilité des corps
gazeux pour la chaleur.

NOTA. — Les ouvrages marqués d'un ⁂ ont été choisis par
le ministère de l'Instruction publique pour faire partie des
catalogues des bibliothèques publiques scolaires. Le deuxième⁂,
plus petit, désigne les ouvrages choisis pour être distribués
en prix.

Série C

ART DE L'INGÉNIEUR
PONTS ET CHAUSSÉES, CONSTRUCTIONS CIVILES, CHEMINS DE FER

1. — Guy (P.-G.), ancien élève de l'Ecole polytechnique, officier d'artillerie. — Guide pratique du **GÉOMÈTRE ARPENTEUR**, comprenant l'arpentage, le nivellement, le levé des plans et le partage des propriétés agricoles, avec un appendice sur le calcul des solides ; 3° édition, entièrement refondue. 1 vol. de 272 pages et 183 figures . .   4 fr.

L'auteur, en publiant cet ouvrage, a eu pour intention d'en faire un *vade mecum* utile aux ingénieurs, aux conducteurs des ponts et chaussées, aux agents voyers, géomètres, arpenteurs, etc. Son format portatif permet de pouvoir le consulter sur le terrain ; il est un abrégé d'un grand nombre d'ouvrages encombrants, dont il présente toutes les données nécessaires pour connaître et vérifier la contenance des pièces de terre, pour en construire un plan exact, ce qui évitera aux propriétaires et aux fermiers des procès ruineux et ce qui leur permettra aussi d'étudier avec fruit les améliorations qu'ils voudraient apporter dans la culture de leurs terres,

2-3. — Birot (F.), ingénieur civil, ancien conducteur des ponts et chaussées. — Guide pratique du **CONDUCTEUR DES PONTS ET CHAUSSÉES** et de l'**AGENT VOYER**. Principes de l'art de l'ingénieur, comprenant : plans et nivellements, routes et chemins, ponts et aqueducs, travaux de construction en général et devis. 3° édition, revue et augmentée. 1 vol., de 545 pages, avec un atlas de 19 planches doubles, contenant 144 figures . . . . 8 fr.

Nous allons donner un extrait de la table des matières de cet ouvrage, devenu le *vade-mecum* des agents secondaires des ponts et chaussées.

*Chap. I*er. — Tracé et mesure des lignes. Arpentage proprement dit. Mesure des angles. Levé à l'échelle. Instruments. — *Chap. II*. Objets du nivellement. Niveaux de différents systèmes. Stadia. — *Chap. III*. Classification des routes. Projets. De la forme générale des routes. Tracé des courbes. Tables diverses. — *Chap. IV*. Construction des chaussées. Entretien des routes, Dé-

blais et remblais. — *Chap. V.* Ponts et aqueues. Ponceaux. Murs de soutènement. Parapets. Voûtes biaises. Sondages. Pieux. Pilotis. Palplanches. Enro-
chements. — *Chap. VI.* Des cintres et des ponts en charpente. — *Chap. VII.*
Etudes des matériaux employés dans les constructions. — *Chap. VIII.* Du mé-
trage et du devis. Avant-métré d'un aqueduc, d'un ponceau, etc.

L'auteur a terminé par le programme d'admission pour l'emploi de conducteur.

---

4. — CORNET (G.), répétiteur à l'École centrale des arts
et manufactures de Paris. — **ALBUM DES CHEMINS DE
FER**, résumé graphique du cours professé à l'Ecole centrale
des arts et manufactures. 4° édition, 1 vol. texte et 74
planches gravées sur acier. . . . . 10 fr.

---

5. — VIOLLET-LE-DUC. — ※* Comment on construit une
MAISON, 1 vol. de 324 pages, orné de 62 dessins par
l'auteur. . . . . 4 fr.

Extrait de la table des matières. — Plantation de la maison et opérations
sur le terrain. — La construction en élévation. — La visite au chantier. —
— L'étude des escaliers. — Ce que c'est que l'architecture. — Etudes théoriques. — La charpente. — La fumisterie. — La menuiserie. — La couverture
et la plomberie. — L'inauguration de la maison.

---

6. — VIOLLET-LE-DUC. — Introduction à l'étude de
l'**ARCHITECTURE**. (*En préparation.*)

---

8. — FROCHOT (Alexis), sous-inspecteur des forêts, etc.
Guide théorique et pratique de **CUBAGE** et d'**ESTIMA-
TION DES BOIS**, à l'usage des propriétaires, régisseurs,
marchands de bois, gardes forestiers, etc., etc. 1 vol.,
160 pages et tableaux, 14 fig. et une planche graphique
donnant les tarifs de cubage des arbres sur pied et des arbres abattus . . . . 4 fr.

Extrait de la table des matières. — **Cubage des bois abattus.** Bois
en grume, bois ronds, bois méplats, bois équarris, bois de feu; exécution des
calculs de cubage. — **Cubage des bois sur pied.** — Mesures des hau-
teurs : 1° au dendromètre; 2° à vue d'œil; 3° mesure des diamètres. — Cubage
des résineux. — **Estimation des bois sur pied en matière**, bois
de charpente, étais, perches de mines, poteaux télégraphiques, sciage, traverses
de chemins de fer, bois de fente, bois de feu, écorces, frais de transport et d'exploitation. — Estimation en argent. — **Estimation des forêts en fonds
et superficie.** — Exposé de la méthode, bois susceptibles de revenus
égaux et périodiques, bois donnant des revenus inégaux. — Procédés de calculs
à employer. — Applications, tarifs linéaires, renseignements bibliographiques
etc., etc.

Figure spécimen de *Comment on construit une maison.* (Voir page 24.)

9. — PERNOT (L.-P.), officier de la Légion d'honneur, architecte-vérificateur des travaux publics. —✳Guide pratique du **CONSTRUCTEUR**. Dictionnaire des mots techniques employés dans la construction, à l'usage des architectes, propriétaires, entrepreneurs de maçonnerie, charpente,

serrurerie, couverture, etc., renfermant les termes d'architecture civile, l'analyse des lois de voirie, des bâtiments, etc. Troisième édition, corrigée, augmentée et entièrement refondue, par C. TRONQUOY, ingénieur civil, et ROCHET, architecte, 1 vol. . . . . 5 fr.

---

10. — DEMANET (A.), lieutenant-colonel honoraire du génie, membre de l'Académie royale de Belgique, etc. ✳ Guide pratique du **CONSTRUCTEUR**. — **MAÇONNERIE**, 1 vol., 252 pages, avec tableaux, accompagné de 20 planches doubles renfermant 137 figures gravées sur acier par CHAUMONT. . . . . 5 fr.

Ce guide, écrit par M. Demanet, qui a professé un cours de construction à l'Ecole militaire de Bruxelles, emprunte une grande autorité à l'expérience et à la position qu'occupait l'auteur. Les 20 planches qui accompagnent le texte sont gravées avec une grande exactitude.

Extrait de la table des matières :

Des tracés. — Des mortiers et mastics. — Des appareils. — De l'exécution des maçonneries. — Échafaudages et cintres. — Outils et appareils. — Décintrements, charges, jointoiement. — Des épaisseurs à donner aux maçonneries. — Évaluations des travaux de maçonnerie. — Travaux divers. — Travaux d'entretien et de restauration. — De l'organisation des chantiers, etc.

19-20.—BOUNICEAU, ingénieur en chef des ponts et chaussées. — Études et notions sur les **CONSTRUCTIONS A LA MER**, 1 vol. VIII-421 pages et atlas de 44 pl. in-4°, dont plusieurs doubles. . . . . 18 fr.

Cet ouvrage est le résumé d'études longues et consciencieuses d'un des ingénieurs en chef les plus distingués du corps national des ponts et chaussées M. Bouniceau a attaché son nom à des travaux d'une haute importance. Son travail devra être médité par tous ceux qu'intéressent les nouveaux développements que doivent prendre les constructions conçues en vue d'améliorer les ports de mer et les ouvrages nécessaires à la préservation des côtes. L'atlas qui accompagne ces Études est remarquable sous le rapport du choix des planches et de leur exécution. L'auteur dans sa préface dit : « Notre livre n'est pas un guide pratique, il est composé de notions et d'études, c'est un ensemble qui présente un programme complet sur la matière. »

Nous qui analysons le livre de M. Bouniceau, nous croyons qu'il est trop modeste et que certainement il n'y a pas un ingénieur chargé de travaux à la mer qui n'aura intérêt et profit à consulter cet ouvrage dont nous nous contenterons de donner le sommaire des chapitres pour en mieux faire connaître la portée.

Définitions et préliminaires. — Avant-ports. Bassins. Darses. — *Môles ou brise-lames.* — Môles à claire-voies. Môles anciens. Môles modernes. — *Jetées.* Ports à marée. Cheneaux. Dragues. Musoirs. Remorquage à vapeur dans les cheneaux. — *Ports d'échouage :* Epaisseur des quais. Ecluses. Portes d'èbe et de flot. Manœuvre des portes. Pose des portes. Ponts sur les écluses. *Bassins à flot :* leur forme, leur largeur, leur superficie. Valeur des places à quai. — *Nettoyage des ports.* — *Ouvrages pour la construction et le radoubage des navires :* Cales de construction. Cales de débarquement. Machines élévatoires. — *Ports dans les rivières à marée.* — *Canaux maritimes.* — *Ouvrages à l'issue sdes port de commerrce.* Phares. Phares en fer sur pieux à vis. Phares flottants. Feux de port. Bouées, balises. — *Matériaux de construction. Mortiers.* Pierres, sables, chaux et ciments. Fabrication des mortiers. Briques, bois. Fondations par épuisement. Fondations mixtes sur pilotis. Fondations en rade.

21-22. — Émion (Victor). — Traité de l'**EXPLOITATION DES CHEMINS DE FER,** ouvrage composé de deux parties, précédé d'une préface par M. Jules Favre, ensemble 787 pages.

Première partie. — **VOYAGEURS ET BAGAGES. .** 4 fr.
Deuxième partie. — **MARCHANDISES. . . . . . .** 4 fr.

Aujourd'hui que tout le monde voyage, le manuel de M. V. Emion est devenu un guide indispensable. Il fait connaître à chacun ses droits et ses devoirs vis-à-vis des compagnies: il prend le voyageur chez lui, le mène à la gare, le suit à son départ, pendant sa route, à son arrivée, et le ramène à son domicile; il prévoit toutes les difficultés, toutes les contestations, et en donne la solution fondée sur la loi, les règlements, la jurisprudence et l'équité.

Dans la seconde partie, M. Emion traite avec beaucoup de détails l'organisation du service des marchandises, les tarifs, les formalités exigées pour la remise des marchandises en gare, l'expédition, la livraison, enfin tout ce qui concerne les actions à intenter aux compagnies, soit pour avaries, soit pour retard, perte, négligence, etc.

---

25. — Vanalphen, métreur vérificateur spécial de serrurerie. — Manuel calculateur du **POIDS DES MÉTAUX** employés dans les constructions, contenant : 1° les tableaux de la classification nouvelle des fers unis divers, des feuillards et de la tôle ; 2° 36 tableaux de poids de 1.100 échantillons divers de fers unis ; 3° 5 tableaux de poids de 25 épaisseurs de tôle ; 4° 14 tableaux de poids de toutes les fontes employées journellement dans les bâtiments, avec divers renseignements très utiles à consulter ; 5° 9 tableaux de poids de plomb, zinc et cuivre rouge, avec un appendice contenant : 1° le poids par mètre carré de feuille de divers métaux ; 2° le poids d'un mètre linéaire de fer (fers plats et carrés, fers ronds et carrés) ; 3° le poids des zincs laminés minces. (*Épuisé.*)

---

27. — Perdonnet. — **Notions générales** sur les **CHEMINS DE FER.** 1 volume. (*Épuise.*)

Série D

MINES ET MÉTALLURGIE, GÉOLOGIE,
HISTOIRE NATURELLE

1. — Dana. — **MANUEL DU GÉOLOGUE**, traduit et adapté de l'anglais, par W. Houtlet. 1 vol. de 294 pages orné de 363 figures. . . . . 4 fr.

Table des Matières. — *Introduction.* — *Géologie physiographique.* — Traits généraux de la surface terrestre. — Système des formes terrestres. — *Géologie lithologique.* — Constitution des Roches. — Condition et structure des masses rocheuses. — Règne animal. — Règne végétal. — *Géologie historique.* — Age archéen. — Temps paléozoïque. — Temps mésozoïque. — Temps cénozoïque — Ere de l'intelligence. — *Observations générales sur l'histoire géologique.* — Durée des temps géologiques. — Progrès de la vie. — *Géologie dynamique.* — Vie. — Atmosphère. — Eau. — Chaleur. — Mouvements dans la croûte terrestre et leurs conséquences. — *Appendice.* — Instruments de géologie. — Échantillons.

3. — D. L. — Guide pratique de **MÉTALLURGIE** ou exposition détaillée des divers procédés employés pour obtenir des métaux utiles, précédé du Dictionnaire des mots techniques employés en métallurgie et de l'essai de la préparation des minerais. 1 vol. XV-350 p. et 8 pl. in-4 gravées sur cuivre comprenant plus de 100 fig. . . . . 4 fr.

Extrait de la table des matières : Définition et aperçu de l'histoire de la métallurgie. — Vocabulaire des mots techniques métallurgiques. — Première partie. — *De l'essai des minerais.* — Des essais mécaniques par la voie sèche, la voie humide, d'or, d'argent, de platine, de fer, de cuivre, de zinc, d'étain, de plomb, de plomb argentifère par la coupellation, de mercure, d'antimoine, d'arsenic, de bismuth. — Deuxième partie. — *De la préparation et du traitement des minerais.* — I. De la préparation des minerais ; triage, criblage, bocardage, lavage, grillage. — II. Traitement métallurgique des minerais d'or, d'argent, de platine, de fer, de cuivre, de zinc, d'étain, de plomb, de mercure, antimoine, arsenic, bismuth, etc. — Préparation mécanique. — Amalgamation, etc., etc.

Figure spécimen du *Manuel du Géologue*. (Voir page 28.)

4. — FAIRBAIRN (William), ingénieur civil, membre de la Société royale de Londres, correspondant de l'Institut de France, etc.—*Guide pratique du métallurgiste*. **LE FER**, son histoire, ses propriétés et ses différents procédés de fabrication, ouvrage traduit de l'anglais, avec l'approbation de l'auteur, et augmenté de notes et d'un appendice, par M. Gustave MAURICE, ingénieur civil des mines, secrétaire de la rédaction du Bulletin de la Société d'encouragement. 1 vol., 331 pages et 68 figures dans le texte . . . . . 4 fr.

Depuis longtemps, le nom de M. Fairbairn fait autorité dans l'industrie du fer. Après avoir tracé l'histoire des progrès de la fabrication du fer, l'auteur donne les analyses des minerais et des combustibles dans leurs rapports avec les résultats des différents procédés de fabrication : il saisit cette occasion pour donner la description des fourneaux, machines, etc., employés dans la métallurgie du fer.

M. Maurice a complété cette traduction par des notes et un appendice. Il a éliminé tout ce que le texte original pouvait présenter de trop laconique ou de trop exclusivement rédigé en vue de la métallurgie anglaise. Parmi ces appendices, on remarque ceux concernant les procédés Bessemer et les notes sur la résistance des tubes à l'écrasement.

Extrait de la table des matières. — Histoire de la fabrication du fer. — Les minerais des différentes parties du monde. — Les combustibles : charbon de bois, tourbe, coke, houille. — Production des combustibles dans le monde entior. — Réduction des minerais. — Transformation de la fonte en fer. — Des machines employées pour forger le fer. — La forge. — Le procédé Bessemer.— Fabrication de l'acier. — Trempe et recuite de l'acier. — De la résistance et des autres propriétés mécaniques de la fonte, du fer et de l'acier. — Composition chimique de la fonte. — Statistique de l'industrie sidérurgique, etc.

5. — DESSOYE (J.-B.-J.), ancien manufacturier. — Guide pratique de l'**EMPLOI DE L'ACIER**, ses propriétés, avec une introduction et des notes par Ed. GRATEAU, ingénieur civil des mines. 1 vol. de 303 pages . . . . 4 fr.

Ce livre constitue une véritable monographie de l'acier. M. Dessoye prend l'art de fabriquer l'acier à son origine et nous montre ses progrès. Il signale la nature et les propriétés natives de l'acier, en indique les différents modes d'élaboration et termine son guide par une étude sur l'emploi de l'acier dans les manipulations qu'on lui fait subir. Comme le fait remarquer M. Grateau dans sa savante introduction, ce livre s'adresse à tous ceux qui sont appelés à acheter et à consommer de l'acier d'une qualité quelconque, sous toute forme, et il devra être consulté par tous les praticiens.

Extrait de la table. — Considérations préliminaires. — Etudes historiques sur la fabrication de l'acier. — Etudes générales sur l'existence des propriétés natives. — Etudes sur l'emploi de l'acier, considéré dans ses propriétés caractéristiques. — De l'emploi de l'acier considéré dans les manipulations qu'on lui fait subir.

6. — LANDRIN (H.-C. fils), ingénieur civil, **TRAITÉ DE L'ACIER**, théorie métallurgique, travail pratique, propriétés et usages, 1 vol., 312 p. avec figures . . . . 5 fr.

Les deux ouvrages de MM. Landrin et Dessoye se complètent l'un par l'autre. Ils donnent au complet la fabrication et l'emploi de l'acier. Nous avons dit, en parlant de celui de M. Dessoye, en quoi consistait son étude ; nous allons, par un extrait de la table des matières du livre de M. Landrin, indiquer en quoi il complète le précédent. — Histoire de l'acier, sa découverte, sa métallurgie dans l'antiquité et dans les différentes contrées. — De la chaleur, de l'oxygène, du soufre, de la chaux, des minerais de fer, des combustibles. — De l'acier et de sa théorie. — Théorie de Réaumur, docimasie. — Métallurgie, acide naturel, acier de fonte, acier puddlé, acier cimenté, acier de fusion, acier du Wootz.

Nouveaux procédés : Procédé Chenot, procédé Bessemer, procédé Taylor, procédé Uchatuis, acier damassé. *Etoffes* : Travail de l'acier, raffinage, soudure, recuit à la forge, trempe, recuit à la trempe, écrouissage. *Propriétés de l'acier* : Des limes, du fil d'acier, des aiguilles, tôle d'acier, des scies.

7. — AGASSIZ et GOULD. — Manuel du **NATURALISTE**. (ZOOLOGIE.) — Traduit par Elisée Reclus. 1 volume. (*En préparation.*)

11. — TISSIER (Charles et Alexandre), chimistes-manufacturiers. — Guide pratique de la **RECHERCHE**, de l'**EXTRACTION** et de la **FABRICATION** de l'**ALUMINIUM** et des **MÉTAUX ALCALINS**. Recherches techniques sur

leurs propriétés, leurs procédés d'extraction et leurs usages. 1 vol., 226 pages, 1 pl. et fig. dans le texte. 3 fr.

Les notions sur l'aluminium se trouvaient disséminées dans des recueils nombreux publiés en France et à l'étranger. Les auteurs de ce guide ont eu l'idée de faire de ces notions éparses un tout homogène dans lequel, après avoir retracé l'historique de la préparation des métaux alcalins, ils esquissent l'histoire de la préparation de l'aluminium. Des chapitres spéciaux sont consacrés à la fabrication industrielle et aux propriétés physiques et chimiques de ce nouveau métal qui a conquis très rapidement une grande place dans l'industrie.

12. — GUETTIER (A.), ingénieur, directeur de fonderies, etc. Guide pratique des **ALLIAGES MÉTALLIQUES**. 1 vol. VII-342 pages. . . . . 3 fr.

Après avoir donné quelques explications préliminaires sur les propriétés physiques et chimiques des métaux et des alliages, l'auteur examine au point de vue des alliages entre eux les métaux spécialement industriels, c'est-à-dire d'un usage vulgaire très répandu (cuivre, étain, zinc, plomb, fer, fonte, acier). Il donne ensuite quelques indications générales sur les métaux appartenant aux autres industries, mais n'occupant qu'une place secondaire (bismuth, antimoine, nickel, arsenic, mercure), et sur des métaux riches appartenant aux arts ou aux industries de luxe (or, argent, aluminium, platine) ; enfin, il envisage les métaux d'un usage industriel restreint, au point de vue possible de leur association avec les alliages présentant quelque intérêt dans les arts industriels.

15. — DRAPIEZ (M.). — Guide pratique de **MINÉRALOGIE USUELLE**. Exposition succincte et méthodique des minéraux, de leurs caractères, de leur composition chimique, de leurs gisements, de leur application aux arts et à l'industrie. 1 vol, 504 pages. . . . . 3 fr.

A la lucidité des définitions et à la simplicité de la méthode d'exposition, ce guide joint un mérite qui n'échappera pas aux hommes pratiques ; il contient la description des 1,500 espèces minérales dont il analyse les caractères distinctifs, la forme régulière et la forme irrégulière, les propriétés particulières, les compositions chimiques et les synonymies, les gisements, les applications dans les arts, dans l'industrie, etc.

18. — MALO (Léon), ingénieur civil, ancien élève de l'École centrale. — Guide pratique pour la fabrication et l'application de l'**ASPHALTE** et des **BITUMES**, 1 vol. III-319 pages, 7 planches . . . . 4 fr.

L'usage de l'asphalte et des bitumes se généralise. L'asphalte, après les ciments et les mortiers, vient prendre immédiatement sa place dans les constructions, et cependant il n'existait pas de traité pratique sur la fabrication et l'emploi de ces substances. Le livre de M. Malo comble cette lacune. Il abonde en renseignements intéressants non seulement pour les ingénieurs, mais aussi pour les autorités municipales. Ce guide pratique est accompagné de sept planches, dont quelques-unes de très grand format.

Extrait de la table des matières. — Définition, description historique de l'asphalte. — Nomenclature et régime des principales mines. — Extraction, préparation et cuisson. — Du bitume. — Manière d'employer l'asphalte. — Usages divers de l'asphalte. — Asphalte comprimé. — Notes et documents divers.

Série E

MÉCANIQUE, MACHINES MOTRICES

1. — Laffineur (Jules). — Traité de la **CONSTRUCTION DES ROUES HYDRAULIQUES**, contenant tous les systèmes de roues en usage, les renseignements pratiques sur les dimensions à adopter pour les arbres tournants, les tourillons, les bras de roues hydrauliques, etc., etc. 1 vol., 142 p., avec de nombreux tableaux et 8 planches   3 fr. 50

L'auteur démontre dans sa préface que le perfectionnement des machines motrices des usines est à la fois une nécessité d'intérêt général et privé. Dans son ouvrage, il recherche et il définit les principales conditions à remplir sous ce rapport, et il donne ensuite tous les détails relatifs à la construction des roues hydrauliques dans les meilleures conditions possibles.

Fidèle à la méthode qui lui est propre, M. Laffineur s'est surtout attaché à se faire comprendre par la simplicité des termes employés et par les nombreux exemples qu'il donne.

Les planches sont d'une grande netteté ; elles représentent tous les systèmes de roues en usage, roues à palettes, roues pendantes, roues en dessous et à aubes courbes, roues à augets, roues horizontales, roues à niveau constant, rein dynamométrique, etc.

2. — Du Temple (Louis), capitaine de frégate en retraite. — Introduction à l'**ÉTUDE DE LA MÉCANIQUE**. 1 volume. (*En préparation.*)

6. — Dinée (F.-G.), mécanicien de la marine, ex-élève de l'École des arts et métiers de Châlons-sur-Marne.—Traité pratique du tracé et de la construction des **ENGRENAGES**, de la vis sans fin et des cames. 1 vol., 80 p. et 17 pl.   3 50

Ce livre répond à un besoin, car depuis longtemps il manquait à toute bibliothèque industrielle ; c'est une œuvre de mécanique véritablement pratique.

Il se divise en trois chapitres :

1o Des courbes en usage dans la construction des engrenages ; 2o dimensions des détails et de l'ensemble des engrenages ; 3o tracé des engrenages, des vis sans fin, des cames.

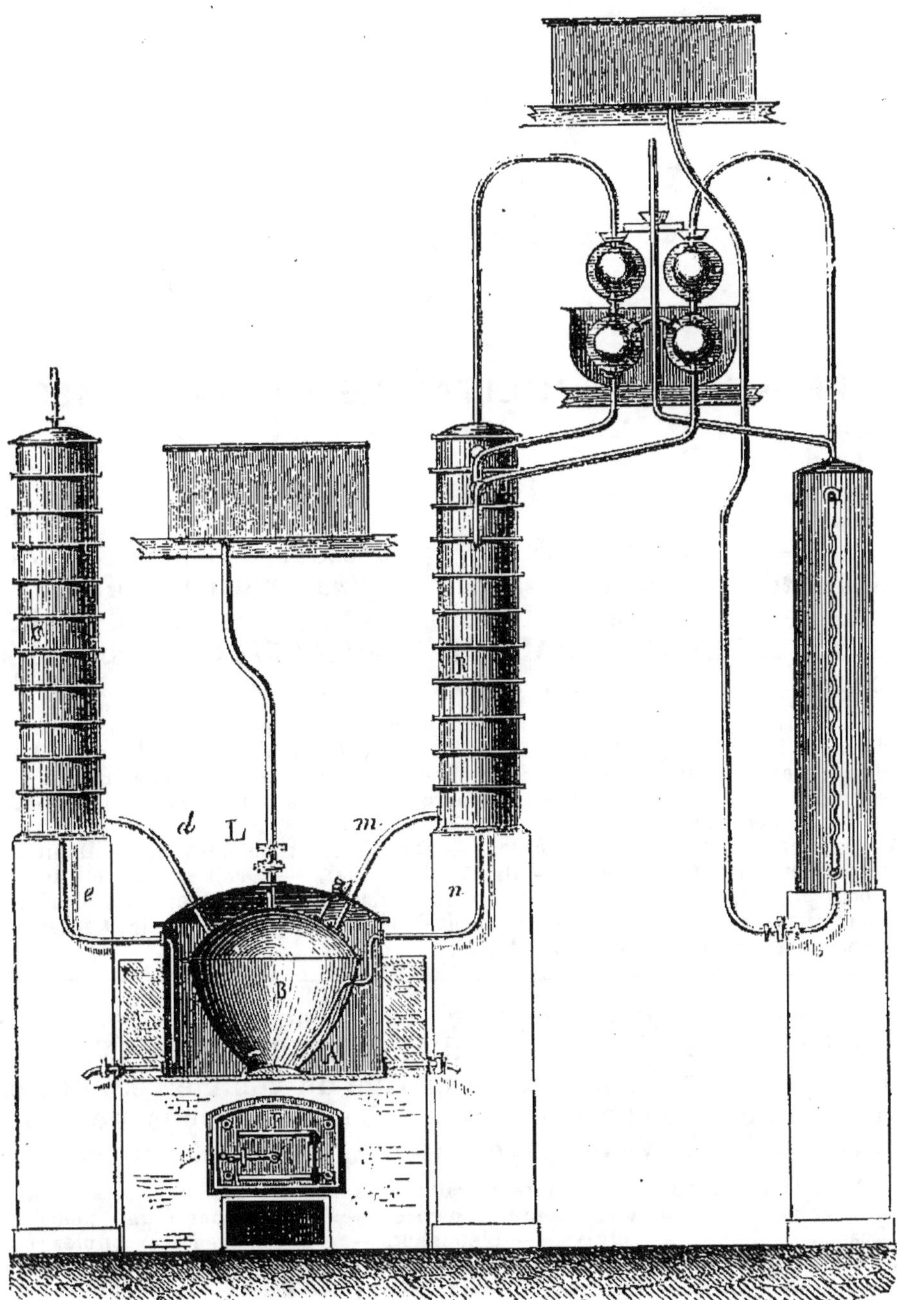

Figure spécimen du *Traité de la Culture et de l'Alcoolisation de la Betterave.*
(Voir page 36.)

Série **F**

PROFESSIONS MILITAIRES ET MARITIMES

1. — Donraud (Alph.), professeur à l'école navale. *Aide-mémoire de l'officier de marine* (marine militaire et marine marchande). — Notions pratiques de **DROIT MARITIME INTERNATIONAL ET COMMERCIAL**, 1 vol., 155 pages. . . . . 3 fr.

Les derniers traités de commerce ont augmenté dans des proportions considérables les relations internationales. Cet ouvrage de M. Doneaud devient donc d'une grande utilité pratique. Nous ajouterons que ce livre commence une série de volumes dont l'ensemble formera, dans notre bibliothèque, l'*Aide-mémoire* de l'officier de marine.

Extrait de la table des matières. — De la mer et des fleuves. — Droit international en temps de paix. — Droit commercial. — Droit maritime international en temps de guerre. — Documents officiels. — Bibliographie des principaux ouvrages à consulter pour le droit des gens en général, le droit international maritime et le droit commercial.

2. — Bousquet (Gustave), capitaine au long cours, ingénieur. — Guide pratique d'**ARCHITECTURE NAVALE** à l'usage des capitaines de la marine du commerce, appelés à surveiller les constructions et les réparations de leurs navires. 1 vol., VI-103 pages, avec figures dans le texte. 2 fr.

Dans la *première partie*, l'auteur traite de la connaissance des cales, c'est-à-dire l'endroit où doit être réparé le navire. — Droit et tour d'une pièce. — Écarts. — Quille. — L'étrave. — L'étambot. — L'assemblage des couples, etc.

Dans la *deuxième partie*, nous avons les revêtements intérieurs. — La lisse. — Les carlingues. — Les livets. — Bauquières. — Barrots. — Épontilles, etc.

Puis les revêtements extérieurs. Précintes, bordées, bois étuvés, chevillage, clous, calfatage, panneaux ou écoutilles, etc.

Cet abrégé très sommaire des matières contenues dans ce volume suffira pour faire comprendre au commandant d'un navire marchand que sa lecture ne lui en sera que très profitable.

3. — TARTARA (J.), commissaire ordonnateur de la marine en Algérie. — Nouveau **CODE DES BRIS ET NAU-FRAGES**, ou sûreté et sauvetage maritime, publié avec l'autorisation du ministre de la Marine et des Colonies. 1 volume grand in-18 d'environ 400 pages . . . . 7 fr.

4. — STEERK (le major). — Guide pratique de la fabrication des **POUDRES ET SALPÊTRES**, avec un appendice sur les *feux d'artifice*, par M. SPILT. 1 vol., 360 pages, avec de nombreuses figures dans le texte . . . . . . 6 fr.

Dès les premières lignes de ce livre, on s'aperçoit que l'auteur est un homme compétent dans la matière qu'il traite, et qu'à l'étude dans le laboratoire, le major Steerk a joint l'expérience en grand. Dans ses données, tout est rigoureusement exact, et on peut accepter l'auteur comme guide, sans craindre de se tromper.

L'appendice sur les feux d'artifice résume en quelques pages les notions nécessaires pour la confection de ces feux.

Sommaire des chapitres. — *Première partie :* Soufre, salpêtre, bois. — Charbon : carbonisation par distillation, par vapeur, analyses des charbons. — Poudres : poudres de guerre, poudres de mine, poudres du commerce extérieur et poudres de chasse. — Épreuves. — Combustion des poudres, dosages, analyses.

Deuxième partie : Feux d'artifice. — Historique, matières premières, produits chimiques, outils, cartonnages, cartouches, feux qui produisent leur effet sur le sol, feux qui le produisent dans l'air, sur l'eau, etc., feux de salon, feux de théâtre. Confection des principales pièces d'artifice.

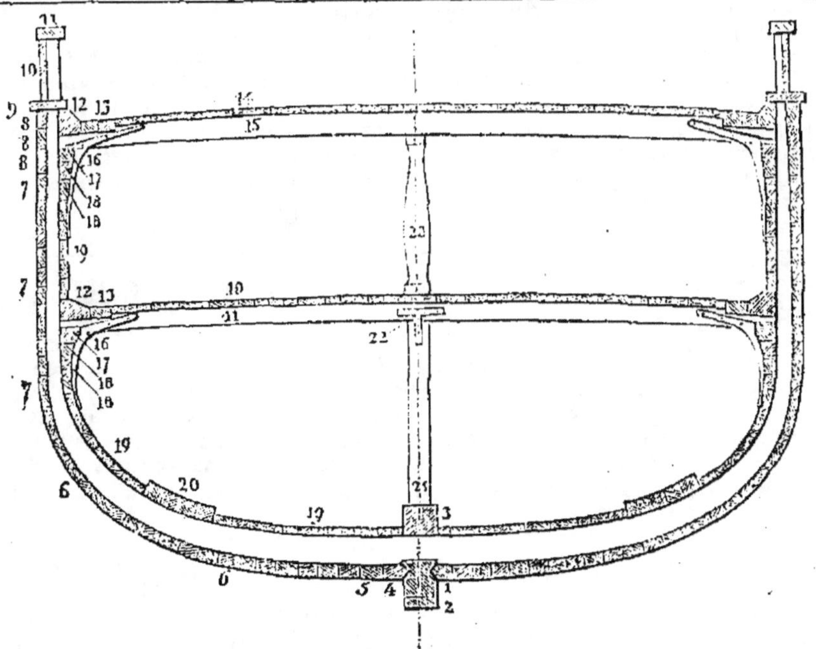

Figure spécimen du *Guide pratique d'architecture navale.* (Voir page 34.)

Série **G**

ARTS ET MÉTIERS, PROFESSIONS

INDUSTRIELLES

1.—Basset (N.).—Traité pratique de la **CULTURE** et de l'**ALCOOLISATION DE LA BETTERAVE**. Résumé complet des meilleurs travaux faits jusqu'à ce jour sur la betterave et son alcoolisation, renfermant toutes les notions nécessaires au cultivateur et au distillateur, ainsi que l'examen des méthodes de pulpation, de macération, de fermentation et de distillation employées aujourd'hui. 3e édition corrigée et considérablement augmentée. 1 vol. de 284 pages avec figures dans le texte . . . . 3 fr.

Avant de donner au public cette nouvelle édition, l'auteur avait étudié à fond les principales questions relatives à la culture, à la distillation de la betterave, afin d'apporter son contingent à la grande question de la transformation agricole, par les données que l'expérience lui a fournies. Il a voulu mettre sous les yeux des agriculteurs et des distillateurs les faits techniques, scientifiques et pratiques, dans la plus grande simplicité d'expression. Il examine avec impartialité les différents systèmes : Champenois, Kessler, Dubrunfaut, etc.

2. — Rouland (E.). — Nouveaux **BARÈMES DE SERRURERIE**. 1 vol.. . . . . 4 fr.

Extrait de la table des matières. — *Balcons* en barreaux de fer rond avec ou sans ornements, en barreaux de fer plats, en barreaux de fer carré. — *Grilles fixes* en barreaux de fer rond avec ou sans petits barreaux, avec ou sans ornements.— *Grilles ouvrantes* à deux vantaux avec ou sans petits barreaux, avec ou sans ornements. — *Portes* à un vantail et à deux vantaux en fer à T avec panneaux tôle. — *Poids des fers*, fers plats, carrés, ronds, T et cornières double T. — *Poids des tôles.*

3. — Dubief (L.-F.). — Guide pratique du **FÉCULIER** et de l'**AMIDONNIER**, suivi de la conversion de la fécule et de l'amidon en dextrine sèche et liquide, en sirop de glucose, sirop de froment, sirop impondérable; en sucre

de raisin, sucre massé, sucre granulé et cassonade, en vin, bière, cidre, alcool et vinaigre, ainsi que leur application dans beaucoup d'autres industries. 2ᵉ édition, 1 vol. de 267 pages, avec gravures dans le texte. . . . . . . 4 fr.

Extrait de la table des matières. — Première partie. — Aperçu historique — Des substances qui contiennent la fécule. — Composition et conservation de la pomme de terre. — Extraction de la fécule. — Lavage, râpage, tamisage, épuration, séchage, blutage. — Des résidus de la pomme de terre. — Du blanchiment de la fécule. — Rendement de la pomme de terre en fécule. — Perfectionnements importants apportés au lavage, etc. — Conservation, vente et falsification. — Caractères et propriétés de la fécule.

Dans la deuxième partie, l'auteur donne la description des procédés à suivre pour fabriquer les amidons.

La troisième et dernière partie vient compléter les deux premières par les renseignements les plus récents.

Dans cet ouvrage, l'auteur s'est appliqué à dégager son texte de toute gêne scientifique; il a été clair et précis pour mettre son enseignement à la portée de toutes les instructions et de toutes les intelligences. Pour chaque sujet, il est entré dans des développements minutieux en indiquant souvent ces tours de mains si indispensables, et que seule, la pratique ordinairement peut apprendre.

---

4. — Souviron (A.), professeur de technologie et d'histoire naturelle à l'Association polytechnique. —✳* Dictionnaire des **TERMES TECHNIQUES** de la science, de l'industrie, des lettres et des sciences. 1 vol. de 586 pages.   6 fr.

---

5. — Dromart (E.), ingénieur civil. **CARBONISATION DES BOIS EN FORÊTS.** 1 vol. . . . . 4 fr.

Extrait de la table des matières : Bois. — Charbon de bois. — Carbonisation des meules en forêts. — Carbonisation des bois à goudron. — Appareils à vases clos. — Appareils à vapeur surchauffée. — *Carbonisation des bois durs, des tiges de bruyère.* — Analyse des charbons.

---

6. — ✳ Guide pratique de l'**OUVRIER MÉCANICIEN**, ou la Mécanique de l'atelier, par MM. Bonnefoy, Cochez, Dinée, Gibert, Guipont, Juhel et Ortolan, mécaniciens en chef et mécaniciens principaux de la marine de l'État. 1 vol. x-627 pages, nombreuses figures dans le texte et atlas de 52 planches. Texte et atlas . . . . 12 fr.

Extrait de la Préface. — L'*Ouvrier mécanicien* est un recueil de faits réunis sous la forme de calculs arithmétiques accessibles à toutes les personnes qui savent faire les quatre premières règles. Nous ne saurions trop recommander aux ouvriers qui ne sont plus familiarisés avec les signes et les annotations mathématiques élémentaires, de ne pas croire qu'il y a pour eux quelque difficulté à comprendre les formules écrites dans ce livre et à s'en servir. Les calculs qu'elles résument sous la forme la plus simple sont suivis d'un ou de plusieurs exemples d'application.

Les parties du texte imprimées en caractères plus forts contiennent les indications simples et précises sur le plus grand nombre de cas d'application de la mécanique aux professions industrielles. Ces indications proviennent de l'expérience des ingénieurs et des constructeurs en renom et de celle des auteurs du livre.

Les parties du texte imprimées en petits caractères traitent le côté plus théorique que pratique des questions. On peut se dispenser de les étudier, si on ne veut trouver dans l'*Ouvrier mécanicien* que le secours d'un formulaire pour l'application immédiate.

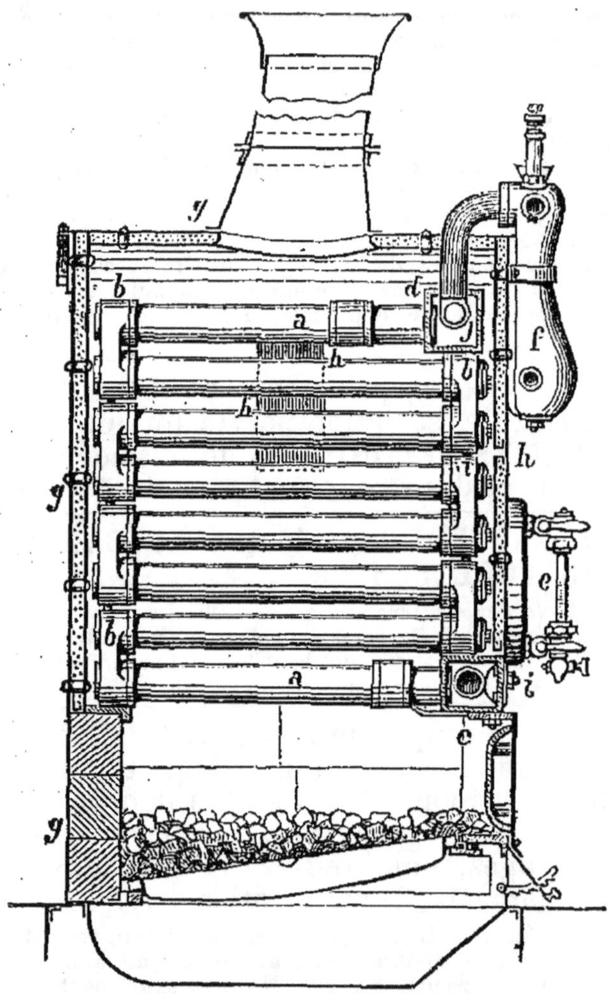

Figure spécimen du *Guide pratique de l'Ouvrier mécanicien*. (Voir page 37.)

Principales divisions de l'ouvrage : Arithmétique. — Algèbre pratique. — Géométrie pratique. — Mécanique élémentaire, forces, transformation des mouvements, résistance des matériaux. — Machines motrices à air, pompes, machines hydrauliques. — Machines à vapeur: de la chaleur, de la vapeur, condensateur, chaudières, données et renseignements divers.

Vingt-cinq tables numériques complètent les données pratiques sur les questions d'application. L'atlas comprend 52 planches.

7. — Jaunez, ingénieur civil.—Manuel du **CHAUFFEUR**. Guide pratique à l'usage des mécaniciens, des chauffeurs et des propriétaires de machines à vapeur; exposé des connaissances nécessaires, suivi de conseils afin d'éviter les explosions des chaudières à vapeur. 1 vol., 212 p., 37 fig. dans le texte et planches. . . . . 3 fr.

Cet ouvrage est spécialement destiné aux chauffeurs, comme l'indique son titre. Les bons chauffeurs pour l'industrie privée sont rares et, par conséquent, recherchés. Les personnes qui ont des machines à vapeur ne sont que trop souvent obligées d'employer pour chauffeurs des hommes qui manquent non seulement des connaissances indispensables pour remplir un tel emploi, mais quelquefois même de la moindre instruction pratique. Dans de telles circonstances, il y a évidemment danger, et c'est pourquoi nous avons publié cet ouvrage, afin qu'il soit mis dans les mains de tous les ouvriers qui, sans savoir le premier mot de la théorie de la chaleur ni de la mécanique, seront à même, après l'avoir lu attentivement, de conduire une machine à vapeur. Cet ouvrage doit être dans leurs mains comme un catéchisme qui viendra leur apprendre leur métier.

Extrait de la table des matières : — Pression de l'air. — Baromètre. — Compression de l'air. — Pompes. — Du calorique. — Thermomètre. — Quantité d'eau nécessaire à la condensation de l'eau. — De la vapeur d'eau. — Des moyens pour connaître la force de la vapeur. — Manomètre. — Soupapes de sûreté. — Conduite du feu. — Chaudière. — Giffard. — Incrustations et dépôts dans les chaudières. — Des soins et de l'entretien des machines à vapeur. — Résumé des moyens ayant pour but d'éviter les explosions. — Mise en marche des machines à vapeur. — Renseignements généraux, etc.

---

8. — Violette (H.), ancien élève de l'Ecole polytechnique, commissaire des poudres et salpêtres, membre de plusieurs sociétés savantes.—Guide pratique de la **FABRICATION DES VERNIS**, nouvelle édition, revue, corrigée et complètement refondue, de l'ouvrage de M. Tripier-Devaux. 1 vol., 401 p., avec de nombreuses figures dans le texte. . . . . 6 fr.

Nos prédécesseurs ont publié en 1843 un ouvrage de M. Tripier-Devaux : *Traité théorique et pratique sur l'art de faire les vernis;* cet ouvrage, devenu très rare et dont il ne nous reste plus un exemplaire en magasin, se recommandait par une qualité précieuse, celle de l'expérience commerciale de l'auteur, qui a pratiqué en grand les conseils qu'il donne. M. Tripier était un fabricant exercé, intelligent, qui a enseigné dans son livre l'art qu'il pratique ; il est digne de toute croyance. Aussi M. Violette, pour ce nouvel ouvrage, lui a-t-il fait de nombreux emprunts.

Le nouveau rédacteur a, de son côté, cherché également à reculer les bornes de l'art du vernisseur. Il fait connaître les causes et les effets des réactions, les conditions de succès, etc.

Extrait de la préface. — Les vernis ne sont autres que des solutions de résines dans certains liquides. Ces liquides, qui sont ordinairement l'*éther*, l'*alcool*, l'*essence de térébenthine* et les *huiles*, donnent aux vernis qui en résultent des propriétés caractéristiques qui en déterminent l'usage. Cette désignation des liquides nous permet de diviser les vernis en quatre classes. — Vernis à l'éther. — Vernis à l'alcool. — Vernis à l'essence. — Vernis gras.

Cette division sera celle des quatre chapitres composant notre ouvrage : nous examinerons chaque classe successivement ; cet examen comprendra : 1º les propriétés physiques et chimiques, ainsi que la préparation du liquide employé à dissoudre les résines de cette classe ; 2º les propriétés physiques et chimiques, ainsi que l'origine des résines employées dans cette catégorie ; 3º la fabrication proprement dite des vernis, par le mélange des résines et liquides précédemment étudiés.

9. — CHATEAU (Th.), chimiste, ex-préparateur au Muséum d'histoire naturelle. — Guide pratique de la **CONNAISSANCE** et de l'**EXPLOITATION DES CORPS GRAS INDUSTRIELS**, contenant l'histoire des provenances, des modes d'extraction, des propriétés physiques et chimiques, du commerce des corps gras, des altérations et des falsifications dont ils sont l'objet, et des moyens anciens et nouveaux de reconnaître ces sophistications. Ouvrage à l'usage des chimistes, des pharmaciens, des parfumeurs, des fabricants d'huiles, etc., des épurateurs, des fondeurs de suif, des fabricants de savon, de bougie, de chandelle, d'huiles et de graisses pour machines, des entrepositaires de graines oléagineuses et de corps gras, etc. 2ᵉ édition, augmentée d'un appendice. 1 vol., 413 pages ou tableaux. . . . 5 fr.

M. Chateau, en publiant la première édition de cet ouvrage, avait eu pour but de donner aux chimistes et aux manufacturiers une histoire aussi complète que possible des corps gras industriels employés tant en France qu'à l'étranger, et considérés au point de vue de leur provenance, de leur extraction, de leur composition, de leurs propriétés physiques et chimiques, de leur commerce et de leurs altérations spontanées ou frauduleuses.

Dans la nouvelle édition, M. Chateau a ajouté à sa monographie des corps gras un appendice renfermant quelques corrections indispensables et d'importantes additions.

10. — MULDER (G.-J.), professeur à l'Université d'Utrecht. Guide du brasseur ou l'**ART DE FAIRE LA BIÈRE**, traité élémentaire théorique et pratique. La bière, sa composition chimique, sa fabrication, son emploi comme boisson, traduit de l'allemand et annoté par L.-F. Dubief, chimiste, nouvelle édition revue et corrigée, par M. Ch. BAYE. 1 vol. . . . . 4 fr.

On a beaucoup écrit sur ce sujet. On compte cinq auteurs français, six anglais, six prussiens et un ouvrage d'un auteur italien ; en outre, les revues périodiques et de petits opuscules restés inconnus. M. Mulder a tâché d'analyser tous ces écrits pour en tirer la quintessence en y apportant de son propre fond. C'est un travail consciencieusement écrit, fruit de laborieuses études dont le brasseur pourra faire son profit.

11. — Guide pratique de l'**OUVRIER ÉLECTRICIEN**. 1 vol. (*En préparation.*)

12. — Houzé (J.-P.). — Le livre des **MÉTIERS MANUELS**, répertoire des procédés industriels, tours de main et ficelles d'atelier, recettes nouvelles et inédites, méthodes abréviatives de travail recueillies en vue de permettre aux amateurs, manufacturiers, ouvriers des petites villes et des campagnes d'exécuter aussi bien que les ouvriers spécialistes de Paris tous les travaux usuels d'une utilité journalière. 1 vol. orné de 5 planches hors texte comprenant de nombreux dessins techniques. . . . . 5 fr.

13. — Merly (J.-F.), charpentier, entrepreneur de travaux publics, membre de la Société industrielle d'Angers, auteur de l'album du Trait théorique et pratique, etc. ✳Le **LIVRE DE POCHE DU CHARPENTIER**, application pratique à l'usage des CHANTIERS, des ÉLÈVES DES ÉCOLES PROFESSIONNELLES, etc. Collection de 140 ÉPURES, 1 vol. 287 pages de texte et planches en regard. . . . . 5 fr.

M. Merly n'est pas un savant qui doit s'efforcer d'oublier la technologie de l'école pour parler le langage ordinaire de la plupart de ses auditeurs ; M. Merly est, au contraire, un ouvrier, un homme pratique, qui a cherché à se faire comprendre par les compagnons de travail auxquels il s'adressait, et qui est arrivé à des démonstrations si claires, à des explications si naturelles, que les théoriciens eux-mêmes ont bientôt eu à s'inspirer de ses travaux. Rien de plus net que ses dessins, rien de plus simple que ses préceptes : c'est en quelque sorte en se jouant qu'il arrive aux épures les plus compliquées. — C'est le résumé des cours faits par M. Merly à ses compagnons charpentiers. Il est écrit d'une façon tellement compréhensible que les propriétaires, à la campagne, pourront en prendre utilement connaissance et s'en servir pour diriger leurs travaux, lorsqu'ils ne trouveront pas sous la main des hommes de la profession.

14. — Fol (Frédéric), chimiste. — Guide du **TEINTURIER**. Manuel complet des connaissances chimiques indispensables à la pratique de la teinture. 1 vol., 430 pages et 90 figures dans le texte . . . . 8 fr.

En publiant cet ouvrage, l'auteur s'est proposé de répandre dans la population ouvrière qui s'occupe des travaux de teinture les connaissances nécessaires des sciences sur lesquelles est basée cette industrie.

La teinture est aujourd'hui bien différente de ce qu'elle était il y a vingt ans. La chimie, en envahissant les usines, a chassé l'ancienne routine ; la mécanique, la physique et les sciences naturelles, de leur côté, ont aussi fait de grands progrès ; il est donc nécessaire que l'ouvrier et le contre-maître, qui souvent n'ont pas reçu une instruction suffisante, puissent se mettre au niveau des connaissances nécessaires pour bien exercer leur industrie ; c'est ce qu'a voulu faire l'auteur en publiant ce livre ; il est dicté dans un style simple et facile à comprendre. Répandre les notions les plus importantes sous la forme la plus facile à saisir, telle a été la préoccupation constante de l'auteur.

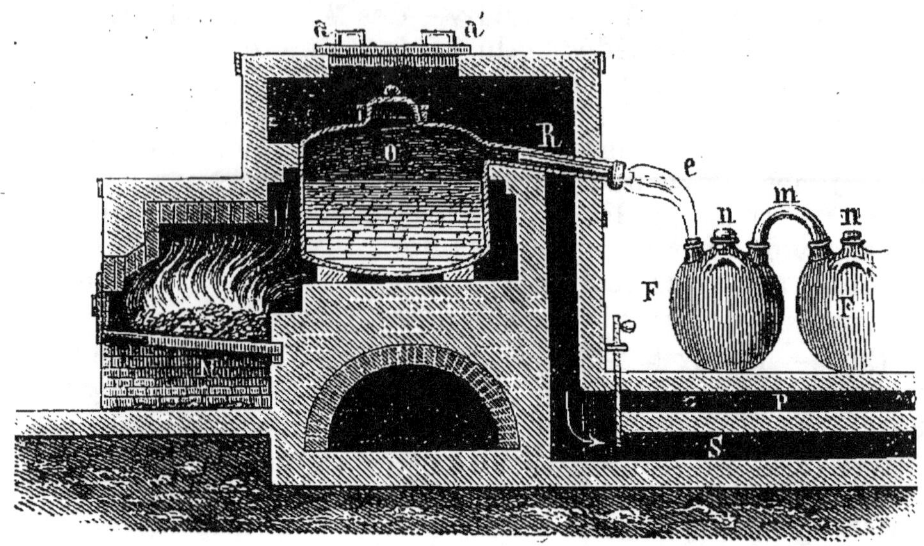

Figure spécimen du *Guide du Teinturier*. (Voir page 41.)

15. — BARBOT (CH.), ancien joaillier, inventeur du procédé de décoloration du diamant brut, membre de plusieurs sociétés savantes. — Guide pratique du **JOAILLIER**, ou **TRAITÉ COMPLET DES PIERRES PRÉCIEUSES**, leur étude chimique et minéralogique, les moyens de les reconnaître sûrement, leur valeur approximative et raisonnée, leur emploi, la description des plus extraordinaires des chefs-d'œuvre anciens et modernes auxquels elles ont concouru. 1 vol. avec 3 planches renfermant 178 figures représentant les diamants les plus célèbres de l'Inde, du Brésil et de l'Europe, bruts et taillés, et les dimensions exactes des brillants et roses en rapport avec leur poids, depuis un carat jusqu'à cent carats. (*Nouvelle édition en préparation.*)

16. — LEROUX (Charles), ingénieur mécanicien, directeur de filature. — Traité pratique de la **LAINE PEIGNÉE, CAR-DÉE, PEIGNÉE ET CARDÉE**, contenant : 1re *partie*, mécanique pratique, formules et calculs appliqués à la filature : 2e *partie*, filature de la laine peignée, cardée peignée, sur la Mull-Jenny ; 3e *partie*, filage anglais et français sur continu ; 4e *partie*, laine cardée. 1 vol., 400 p., 35 fig. dans le texte et 4 planches. . . . . 15 fr.

Extrait de la table des matières. — Choix d'un moteur. — Transmissions. — Arbres de couche. — Courroies. — Poulies. — Engrenages. — Frottements. —

Force des moteurs. — Leviers. — Fabrication. — Triage des laines. — Caractères des laines. — Main-d'œuvre du triage. — Battage. — Nettoyage des laines. — Dessuintage. — Dégraissage. — Graissage des laines. — Disposition mécanique d'un assortiment de cardes. — Aiguisement des garnitures. — Bourrage des garnitures. — Cardages. — Passage au Gill-Box. — Lissage et dégraissage des rubans. — Peignage des laines. — Préparation des laines pour filage français. — Les différents passages. — Filage français sur Mull-Jenny.

17. — COURTEN (comte Ludovico de), photographe. Manuel pratique de **COLLODION SEC AU TANNIN** et de tirage économique des épreuves positives, suivi d'une étude sur la rectitude et le parallélisme des lignes en photographie. 1 vol., 150 p., avec fig. dans le texte et une très belle photographie. . . . . 4 fr.

18. — PROUTEAUX (A.), ingénieur civil, ancien élève de l'École centrale des arts et manufactures, directeur de fabrique. — Guide pratique de la **FABRICATION DU PAPIER ET DU CARTON**. 1 vol., 273 pages, 7 pl. (*En réimpression*).

Après avoir énuméré et classé méthodiquement les diverses matières premières, l'auteur nous initie aux détails de la fabrication et nous décrit les nombreuses transformations que subit le chiffon avant de sortir de la cuve ou de la machine sous forme de papier. Il nous apprend à connaître et à distinguer les différentes espèces de papier, leurs formats, leurs poids, dimensions, et décrit les diverses machines qui constituent le matériel d'une papeterie. — Un éditeur américain s'est empressé de faire traduire en anglais l'ouvrage de M. Prouteaux ; c'est le meilleur éloge que nous en puissions faire.

19. — La **CHARCUTERIE** pratique. 1 vol. avec figures dans le texte. (*En préparation*.)

23. — MOREAU (L.), bijoutier et dessinateur. — Guide pratique du **BIJOUTIER**. Application de l'harmonie des couleurs dans la juxtaposition des pierres précieuses, des émaux et de l'or de couleur. 1 volume, 108 p., avec 2 planches coloriées. . . . . 2 fr.

Ce petit livre est une protestation hardie contre l'esprit de routine. L'auteur a réuni les données fournies par la science sur l'harmonie et le contraste des couleurs, et comparant ces données aux observations faites dans la pratique du métier, il a formé une théorie applicable à la bijouterie.

24. — PELOUZE. — **MAITRE DE FORGE**. 1 vol. (*Épuisé.*)

31. — LAFFINEUR (Jules), ingénieur civil et agronome, membre de plusieurs Sociétés savantes. — Guide pratique **d'HYDRAULIQUE URBAINE ET AGRICOLE**. Traité complet de l'établissement des conduites d'eau pour l'alimentation des villes, bourgs, châteaux, fermes, usines, et comprenant les moyens de créer partout des sources abondantes d'eau potable. 1 vol. . . . . 2 fr.

33. — BASTENAIRE. — L'art de fabriquer la **PORCELAINE.** 1 volume. (*Épuisé.*)

34. — BASTENAIRE. — L'Art de fabriquer la **FAIENCE.** 1 volume. (*Épuisé.*)

43. — LUNEL (le docteur B.). — Guide pratique du **PARFUMEUR.** Dictionnaire raisonné des **COSMÉTIQUES** et **PARFUMS,** contenant : la description des substances employées en parfumerie, les altérations ou falsifications qui peuvent les dénaturer, etc., les formules de plus de 500 préparations cosmétiques, huiles parfumées, poudres dentifrices dilatoires, eaux diverses, extraits, eaux distillées, essences, teintures, infusions, esprits aromatiques, vinaigres et savons de toilette, pastilles, crèmes, etc., avec des considérations hygiéniques sur les préparations cosmétiques qui peuvent offrir des dangers dans leur emploi. 1 vol. rédigé sous forme de dictionnaire avec un appendice XXVII-340 pages. . . . . 5 fr.

La parfumerie est une industrie qui, bien comprise et loyalement faite, se rattache d'un côté à l'hygiène et de l'autre est destinée à satisfaire des goûts et des sensations commandées par le luxe et une civilisation plus ou moins avancée.

M. Lunel divise la fabrication en trois classes : fabrique de parfumerie à bon marché, fabrique dont les produits sont coûteux, et enfin les fabriques mixtes, dans les vastes magasins desquelles ont trouve aussi bien les produits ordinaires que les produits extra-fins.

M. Lunel donne des renseignements précieux sur toutes ces préparations, et son livre a cela de précieux qu'il donne toutes les formules et les secrets de la fabrication.

44. — LUNEL (le docteur B.). — Guide pratique de **l'ÉPICERIE** ou Dictionnaire des denrées indigènes et exotiques en usage dans l'économie domestique, comprenant : l'étude, la description des objets consommables ; les moyens de constater leurs qualités, leur nature, leur valeur réelle ; les procédés de préparation, d'amélioration et de conservation des denrées, etc. ; contenant, en outre, la fabrication des liqueurs, le collage des vins, les moyens de guérir leurs maladies, etc. ; enfin les procédés de fabrication d'une foule de produits que l'on peut ajouter au commerce de l'épicerie. 1 volume, 256 pages . . . . . 3 fr.

Le commerce de l'épicerie et des denrées indigènes et exotiques d'un usage journalier est l'un des plus importants et des plus utiles pour la société. Il était regrettable que cette branche si étendue du commerce n'ait pas encore son livre spécial. Sans doute on trouve dans nombre d'ouvrages l'histoire des denrées indigènes et exotiques. Réunir sous forme de dictionnaire toutes ces données éparses, afin de faciliter les renseignements, tel a été le but que s'est proposé le docteur Lunel en publiant son livre sur l'épicerie.

48. — MONIER (E.), ingénieur chimiste, ancien élève de l'École centrale des arts et manufactures. — Guide pour l'ESSAI et l'ANALYSE DES SUCRES indigènes et exotiques, à l'usage des fabricants de sucre. Résultats de 200 analyses de sucres classés d'après leur nuance. 1 vol., 96 pages avec figures dans le texte et tableaux . . . . 3 fr.

L'auteur, après avoir rappelé les propriétés générales des substances saccharifères, donne les méthodes les plus simples qui permettent de doser avec précision ces mêmes substances. Quelques notes sur l'altération et le rendement des sucres soumis au raffinage terminent le travail de M. Monier, dont M. Payen a fait un éloge mérité devant l'Académie des sciences.

50. — DUBIEF (L.-F.), chimiste œnologue.— Traité de la fabrication des LIQUEURS françaises et étrangères sans distillation. 4° édition, augmentée de développements plus étendus, de nouvelles recettes pour la fabrication des liqueurs, du kirsch, du rhum, du bitter, la préparation et la bonification des eaux-de-vie et l'imitation de celles de Cognac, de différentes provenances, de la fabrication des sirops, etc., etc. 1 vol. 228 pages. . . . . 5 fr.

Ce traité est formulé en termes clairs et familiers ; la personne la moins expérimentée dans l'art du distillateur qui en lira attentivement les préceptes pourra, sans aucun guide, devenir un bon fabricant après quelques essais.

Sommaire de quelques chapitres : — De la composition des liqueurs. — Quantités d'alcool, de sucre et d'eau, pour les différentes classes de liqueurs.— Des teintures aromatiques. — Des infusions. — De la coloration des liqueurs. — Du mélange. — Du perfectionnement des liqueurs par le tranchage. — Du collage des liqueurs. — De la filtration. — De la conservation des liqueurs. — Règle générale pour bien opérer la fabrication des liqueurs. — Considérations à observer. — Des spiritueux aromatiques non sucrés. — Emploi des écumes et des eaux provenant du lavage des filtres. — Formules et préparations des sirops. — De l'alcool. — Du coupage ou mouillage des alcools. — Des eaux-de-vie. — Opérations d'eaux-de-vie à tous les titres avec les alcools d'industrie. — Résumé pour les liqueurs, les eaux-de-vie et les alcools. — Appendice. — L'auteur termine cet ouvrage par une liste des principaux marchés des eaux-de-vie, esprits, etc.

51. — DUBIEF (L.-F.)—Traité complet de VINIFICATION ou ART DE FAIRE DU VIN avec toutes les substances fermentescibles, en tout temps et sous tous les climats. 1 vol., 388 pages . . . . 6 fr.

Volume contenant : les moyens de remédier à l'intempérie des saisons relativement à la maturité du raisin. Le tableau des phénomènes de la fermentation et le meilleur moyen de la produire et de la diriger; les moyens particuliers de faire fermenter les marcs provenant de l'égrapillage du raisin et refermenter ceux qui ont déjà été fermentés; de procurer au vin plus de qualité par une seconde fermentation; de le vieillir sans faire de coupage, par des procédés simples et faciles; de lui enlever le goût de terroir, comme aussi d'obtenir des marcs de raisin, de l'alcool, de l'huile, de l'acide tartrique, etc. ; *et suivi* : des procédés de fabrication des vins mousseux, des vins de liqueurs, vins de fruits et vins factices, les soins qu'exigent leur gouvernement et leur conservation, les principes pour la dégustation et l'analyse des vins, etc., etc.

Série H

AGRICULTURE, JARDINAGE, HORTICULTURE, EAUX ET FORÊTS, CULTURES INDUSTRIELLES, ANIMAUX DOMESTIQUES, APICULTURE, PISCICULTURE, ETC.

1. — Gobin (A.). — Guide pratique d'**AGRICULTURE GÉNÉRALE**. 1 vol., X-448 pag. avec fig. dans le texte. (*En réimpression.*)

Extrait de la table des matières. — *Chap. Ier.* Considérations générales sur l'atmosphère et les climats : l'air, la lumière, l'électricité, la chaleur, le froid, la gelée, le dégel et la neige, les vents, les orages, la grêle, le brouillard, les nuages, la pluie, les différents climats. — *Chap. II.* Principes constituants du sol, analyse chimique des sols, des différentes formations géologiques. Des terres : terres calcaires, argileuses, siliceuses, etc. — *Chap. III.* Les instruments de l'agriculture. Les moteurs : l'eau, le vent, l'homme, le cheval, la vapeur. — *Chap. IV.* Engrais et amendements. — *Chap. V et VI.* Considérations générales sur la culture des plantes, la semaison, la récolte, l'emmagasinage, etc. Enfin l'auteur termine par des considérations et des renseignements sur l'administration rurale.

2. — Grimard (E.). — ✳ Manuel de l'**HERBORISEUR**. Comment on devient botaniste. — Clefs analytiques. — Description des genres et des espèces, suivie d'un vocabulaire. 1 vol., 670 pages. 5 fr.

3. — Laffineur (Jules), ingénieur civil et agronome, membre de plusieurs sociétés savantes. — Guide pratique de l'**INGÉNIEUR AGRICOLE**. Hydraulique, dessèchement, drainage, irrigation, etc.; suivi d'un appendice contenant les lois, décrets, règlements et instructions ministérielles qui régissent ces matières, etc. — 1 vol., 266 pages, avec figures et 5 planches . . . . 3 fr.

Extrait de la table. — Classification des terrains. — Travaux de dessèchement, évaporation, infiltration. — Jaugeage des sources, des ruisseaux et rivières. — Tracé des canaux. — Description des procédés de dessèchement, colmatage, limonage, du drainage. — Irrigation, établissement d'un système d'irrigation. — Murs de soutènement des canaux, revêtements, radiers, déversoirs, barrage, siphon. — Des diverses méthodes d'arrosage. — Mise en culture des terrains à grandes pentes. — Jurisprudence rurale.

4-5. — GAYOT (E.)., membre de la Société centrale d'Agriculture de France. — ✻ Guide pratique pour le bon aménagement des **HABITATIONS DES ANIMAUX**. Cet ouvrage se compose de 2 parties.

1re partie : ✻ les **ÉCURIES ET LES ÉTABLES**, 208 pages et 63 figures. 1 vol. . . . . 3 fr.

2° partie : ✻ les **BERGERIES ET LES PORCHERIES**, les habitations des animaux de la basse-cour, clapiers, oiselleries et colombiers. 355 pages et 65 figures. 1 vol. 3 fr.

Aucun animal ne saurait être développé dans ses facultés natives, dans ses aptitudes propres, et produire activement dans le sens de ces dernières, si on ne le place dans les meilleures conditions d'alimentation, de logement, de multiplication. M. Gayot, avec l'autorité d'une longue expérience, a réuni dans ces deux volumes les conditions générales d'établissements et les dispositions particulières aux diverses espèces d'animaux.

1re PARTIE. — **Écuries et Étables.** *Extrait de la table des matières.* — Le sujet à vol d'oiseau. — Des effets de l'air pur et de l'air vicié sur l'économie animale. — L'aération : les portes et fenêtres, barbacanes et ventilateurs. *Dispositions particulières aux diverses espèces* : les dimensions intérieures, encore les portes et fenêtres, de l'aire des écuries, le plancher supérieur des écuries, arrangement intérieur et ameublement des écuries, les séparations, les boxes, établissements spéciaux, la température des écuries. *Les étables de l'espèce bovine* : l'aération, l'aire des étables, les dimensions et l'aménagement intérieurs, les boxes, règle d'hygiène générale, établissements spéciaux.

2° PARTIE. — **Les Bergeries** : de l'habitation en plein air, le parc des champs, le parc domestique, les abris brise-vent. — DE L'HABITATION COUVERTE : conditions particulières à l'établissement des bergeries, les portes et fenêtres, l'aération, les bâtiments, les aménagements intérieurs, auges et râteliers. — LA PORCHERIE : les conditions spéciales, la construction, les portes et fenêtres, les aménagements essentiels, les auges, dispositions particulières de l'ensemble. — *Les habitations de la basse-cour* : l'habitation du dindon, l'habitation de l'oie, la demeure du canard, le colombier et la volière, la faisanderie, etc., etc.

6-7. — POURIAU (A.-F.), docteur ès sciences, ancien élève de l'École centrale, professeur à l'École d'agriculture de Grignon. — Éléments des **SCIENCES PHYSIQUES** appliquées à l'agriculture ; ouvrage divisé en deux parties. Chaque partie se vend séparément.

1re Partie. *Chimie inorganique*, suivie de l'étude des marnes, des eaux, et d'une méthode générale pour reconnaître la nature d'un des composés minéraux intéressant l'agriculture ou la médecine vétérinaire. 1 vol., 512 pages, 153 figures dans le texte et tableaux. . . . . 7 fr.

2ᵉ Partie. *Chimie organique*, comprenant l'étude des éléments constitutifs des végétaux et des animaux, des notions de physiologie végétale et animale, l'alimentation du bétail, la production du fumier. 1 vol. 541 pages, 65 figures dans le texte et tableaux. . . . . 7 fr.

M. Pouriau, aujourd'hui professeur et sous-directeur à l'École d'agriculture de Grignon, a été nommé secrétaire général de la Société d'agriculture de Lyon, à l'élection. Voilà quelques-uns des titres du savant professeur ; quant à ses ouvrages, ils sont promptement devenus classiques et ils sont en même temps consultés avec fruit par tous les agriculteurs, les propriétaires, les gentils-hommes-fermiers et par tous les gens d'étude et les gens du monde. Pour cette dernière classe de lecteurs, nous citerons le passage de la préface qui indique que cet ouvrage a été en partie rédigé à leur intention :

« Mais, d'autre part, je conseille aux gens du monde, que de semblables détails ne peuvent que médiocrement intéresser, de laisser de côté ces paragraphes, pour reporter leur attention sur les autres chapitres.

« Enfin, toujours guidé par le désir de satisfaire aux besoins de chaque classe de lecteurs, j'ai indiqué, *en note et séparément*, la préparation des principaux corps étudiés, parce que cette branche du cours ne saurait être utile qu'à ceux en position de faire quelques manipulations.

« Si les amis de la science agricole me prouvent, par un accueil bienveillant fait à mon livre, que j'ai suivi la bonne voie, je leur en témoignerai ma reconnaissance en leur offrant successivement les autres parties de mon enseignement. »

---

8. — KIELMANN (C.-E.), directeur de l'Ecole agricole de Haasenfelde. — Guide pratique de **DRAINAGE** ; résultats d'observations et d'expériences pratiques, traduit pour l'usage des agriculteurs français par C. Hombourg. 1 vol. 104 pages, avec figures dans le texte. . . . . 2 fr. »

La plupart des ouvrages publiés sur le drainage sont le résultat d'études théoriques que l'expérience n'a pas encore sanctionnées. M. Kielmann est entré dans une autre voie : il n'a eu recours à la théorie qu'autant que cela était nécessaire pour expliquer certains phénomènes. Comme il le dit dans sa préface, il voulait offrir à ceux qui commencent à s'occuper du drainage, et même au plus petit cultivateur, un livre à la lecture facile et surtout compréhensible.

Extrait de la table des matières. — Quels sont les terrains qui ont besoin d'être drainés. — De la fabrication des tuyaux, leur longueur, largeur et épaisseur. — Préparation d'une bonne matière pour la confection des tuyaux. — Machine à étirer les tuyaux, préparation de l'argile. — De la cuisson des tuyaux, des travaux préparatoires, nivellement des tranchées, circulation de l'air à travers les tuyaux. — De la quantité d'eau qui s'écoule par les drains, etc.

---

9. — GOBIN (H.). — Guide pratique d'**ENTOMOLOGIE AGRICOLE**, et petit traité de la destruction des insectes nuisibles. 1 vol., 279 pag. avec fig. dans le texte.   3 fr.

Ce traité, d'une lecture attrayante, possède un grand fond de science. Il se compose de lettres familières adressées à un nouveau propriétaire rural. Tous les insectes qui s'attaquent aux champs et à leurs produits et aux animaux y sont passés en revue, et, ce qui est mieux encore, l'auteur a indiqué le moyen de se débarrasser de cette engeance envahissante. Le livre est terminé par des nomenclatures scientifiques avec les noms français.

---

10. — SERIGNE (de Narbonne), membre de plusieurs sociétés savantes. — **LA VIGNE ET SES MALADIES**, contenant les causes et effets morbides depuis l'origine de sa culture jusqu'à nos jours, avec les moyens à employer pour les prévenir et les combattre. Précédé d'une description historique et botanique de cette plante précieuse, ainsi que d'une causerie sur l'oïdium et le phylloxera. 1 vol. in-18. . . . . 3 fr.

SOMMAIRE DES PRINCIPAUX CHAPITRES. — Description historique. — Description botanique. — L'oïdium et le phylloxera. — Description historique de l'oïdium. — Maladies de l'oïdium. — Concours pour la guérison de l'oïdium. — Opinions émises sur l'oïdium. — L'oïdium est-il la cause de la maladie. — Remède adopté contre la maladie. — Effets du soufrage. — Causes réelles de la maladie. — Températures favorables ou nuisibles. — Influence des saisons et des météores. — Blessures ou plaies, blanquet ou pourridie, coulure, carniure, chancre vitifère, clavelée, chlorose ou hydroémie, décrépitude, flottage, grapillure, nielle, geule, stérilité. — Maladie des feuilles. — Pyrales. — Destruction de la pyrale à l'état de papillon, à l'état de larve ou chenille. — Moyens préventifs et moyens curatifs. — Destruction de la pyrale à l'état d'œuf, etc.

---

11. — GOSSIN (L.), cultivateur, professeur d'agriculture dans l'Oise. — Guide pratique des **CONFÉRENCES AGRICOLES**, accompagné d'un appendice comprenant des notes et des instructions pratiques puisées dans les Annales du Génie civil. 1 vol., XII-138 pages . . . . 1 fr.

(Ouvrage recommandé officiellement pour les écoles normales, etc.)
Dans les grandes villes, on tient des conférences ; M. Gossin a rêvé les conférences au village, des conversations intimes, familières, fructueuses. Dévoué depuis de longues années à l'enseignement rural, M. Gossin possède de plus l'art de la démonstration facile, et sa parole sympathique est écoutée avec plaisir et par conséquent avec fruit.

---

12. — SOURDEVAL (de). — **ÉLEVAGE ET DRESSAGE DU CHEVAL**. 1 volume. (*En préparation.*)

---

13. — BOURGOIN D'ORLI. — **CULTURES EXOTIQUES**, Guide pratique de la culture de la **CANNE A SUCRE**, du **CAFIER**, du **CACAOYER**, suivi d'un traité de la **FABRICATION DU CHOCOLAT**. 1 vol. de 254 pages . . . . . 4 fr.

14. — Dubos (Ernest), vétérinaire de l'arrondissement de Beauvais, professeur de zootechnie à l'Institut agricole de la même ville. — Guide pratique pour le choix de la **VACHE LAITIÈRE**, 1 vol., 132 p. et 7 pl. . . . . 2 fr.

Les diverses méthodes pour le choix des vaches laitières sont résumées dans ce livre. Les agriculteurs et les éleveurs y trouveront l'indication des signes qui peuvent les guider pour la conservation et l'acquisition des animaux qui conviennent le mieux à leurs exploitations. — Les figures représentant les diverses races de vaches laitières qui sont remarquables.

Dans le chapitre premier, l'auteur s'occupe de la stabulation, de l'alimentation et du rendement. — Le chapitre deuxième est consacré à l'étude du lait, ses modifications et ses altérations. — Dans les autres chapitres, l'auteur donne des renseignements pour reconnaître les propriétés du lait, le moyen de reconnaître les falsifications, les qualités exigées de la servante de ferme et la manière de traire. — Dans les chapitres sixième et septième, il indique les caractères et les méthodes qui peuvent guider dans le choix des meilleures vaches laitières. Enfin il termine par un chapitre sur la castration des vaches.

15. — Dubief (L.-F.). — **L'IMMENSE TRÉSOR DES VIGNERONS ET DES MARCHANDS DE VIN**, indiquant des moyens inédits pour vieillir instantanément les vins, leur enlever les mauvais goûts, même celui de terroir, colorer les vins blancs en rouge Narbonne, même d'une manière hygiénique et sans aucun coupage, éviter leur dégénérescence, partant, plus de vins aigres, amers, gras ou poussés; découverte d'un agent supérieur à l'alcool pour le maintien, la conservation et l'expédition lointaine des vins, 3ᵉ édition revue, corrigée et considérablement augmentée, 1 vol. de 196 pages. . . . . 3 fr.

Extrait de la table des matières. — De la connaissance des vins. — Appréciation et dégustation. — De la distinction. — Du mélange ou du coupage. — Du vinage. — Amélioration des vins. — De l'imitation des vins. — De la confection des vins mousseux. — Du vin muet et de ses avantages. — Des vins de liqueurs et de leurs imitations.—Recettes et opérations des vins de liqueurs. — *Méthode du Midi.*— *Méthode de Paris.* — De la conservation des vins en fûts pleins et en vidange. — Du soufrage ou méchage.—Du collage pour la clarification. — Arome, sève, bouquet et goût de terroir. — Du gouvernement et de la conservation des vins. — De la mise en bouteilles. — Des altérations. — Moyen de les prévenir et de les corriger. — Des altérations accidentelles et moyen de les guérir. — Disposition et conservation des tonneaux. — Contenance des fûts. — L'auteur termine son livre par une série de renseignements très utiles.

16. — **MÉTÉOROLOGIE AGRICOLE.** 1 vol. (*En préparation.*

17. — Mariot-Didieux.— ✹ Guide pratique de l'**ÉDUCATEUR DES LAPINS**, ou Traité de la race cuniculine, suivi de l'Art de mégisser leurs peaux et d'en confectionner des fourrures. 1 vol., 156 pages. . . . . 2 fr. 50

L'industrie de l'éducation de la race cuniculine est créée et elle marche vers le progrès. C'est dans le but de la voir se propager dans les campagnes comme une des industries peut-être les plus propres à tarir les sources de la misère que l'auteur a publié cette nouvelle édition de son *Guide pratique*, en l'enrichissant d'un grand nombre de données nouvelles. En résumé, l'auteur démontre qu'aucune viande ne peut être produite à aussi bon marché que celle du lapin. L'auteur, en terminant sa préface, adjure les habitants des campagnes de se livrer à l'éducation des lapins, parce qu'ils y trouveront, sans beaucoup de soins, une source abondante de bien-être.

---

18. — MARIOT-DIDIEUX, vétérinaire en premier aux remontes de l'armée, membre et lauréat de plusieurs sociétés savantes. — **ÉDUCATION LUCRATIVE DES POULES**, ou traité raisonné de gallinoculture. 1 vol., 444 pages. 3 fr. 50

---

19. — MARIOT-DIDIEUX, vétérinaire. — Guide pratique de l'éducation lucrative des **OIES** et des **CANARDS**. 1 vol., 180 pages avec figures . . . . 2 fr. 50

L'éducation, la multiplication et l'amélioration des animaux qui peuplent les basses-cours ont fait depuis une quinzaine d'années de notables progrès. Répondant à un besoin de l'économie domestique, l'auteur de ces guides pratiques a voulu faire un traité complet de gallinoculture dans lequel, après des considérations historiques, anatomiques et physiologiques sur les poules, il décrit les caractères physiques et moraux de quarante-deux races, apprend à faire un choix parmi ces races si diverses et indique les moyens de conservation et de multiplication des individus. Des chapitres spéciaux sont consacrés aux maladies, à la pharmacie gallinée, à la statistique des poules et des œufs de la France, etc.

Dans la deuxième partie, l'auteur donne deux monographies à la fois utiles, instructives et amusantes. Il décrit les mœurs particulières de chaque espèce et indique le genre de nourriture favorable à leur multiplication et propre à donner des bénéfices aux éleveurs. Toutes ces notions, parsemées de données historiques, d'anecdotes, de réflexions philosophiques, offrent une lecture des plus attrayantes.

Les ouvrages de M. Mariot-Didieux sont au premier rang parmi ceux qui enrichissent notre bibliothèque. Aussi voulons-nous, pour en mieux faire ressortir le mérite, donner ici le sommaire des principaux chapitres :

1o *Gallinoculture.* — De la poule, son antiquité, son utilité, expositions, concours, anatomie, considérations physiologiques, des sensations, voix du coq, voix de la poule. — Choix des races. — Signes extérieurs de la ponte. — Considérations sur les races de poules. — Races françaises, hollandaises, belges, anglaises, espagnoles, italiennes, prussiennes.— Races asiatiques, indiennes, japonaises, indo-chinoises. — Races syriennes, africaines, américaines. — Races de l'Océanie. — Du croisement des races. — Dépenses et produits de la poule. — Du poulailler, de la cour, des œufs. Moyens de reculer, d'augmenter ou d'avancer la ponte. — Fécondation du coq. — Castration ou chaponnage des coqs. — De l'incubation. — Elevage des poulets. — Maladies des poules. — De la saignée. — Pharmacie. — Vente des produits, etc.

2o *L'oie.* — Histoire naturelle. — Races françaises, petite race, grosse race et leurs variétés au nombre de cinq. Races étrangères; elles sont au nombre de douze.— Produits de l'oie, du plumage, de la multiplication, des accouplements de la ponte, de l'incubation. — Eclosion, nourriture des oisons, nourriture ordinaire des oies — Logement. — Engraissement. — Foies gras. — Manière de tuer les oies. — Commerce, vente, mégissage des peaux d'oies pour fourrures, — Maladies, hygiène.

3o *Du Canard*. — Histoire naturelle, mœurs. — Races françaises; elles sont au nombre de quatre. — Races étrangères, on en compte onze principales. — De la ponte. Manière d'augmenter la ponte. — De l'incubation naturelle. — Des canards mulets. — Nourriture et élevage des canetons, engraissement. — Vente des canetons. — Comment on doit tuer le canard. — Du plumage. — Habitation. — Maladies. — Hygiène, etc.

21. — Le **CHASSEUR MÉDECIN**, ou traité complet sur les maladies du chien, par M. Francis CLATER, vétérinaire anglais, traduit de l'anglais sur la 27e édition. 3e édition française, corrigée et augmentée, par M. Mariot-Didieux. 1 vol. 189 pages. . . . . 2 fr.

Le succès que ce livre a eu en Angleterre (vingt-sept éditions) dispense de tout commentaire Le guide que nous avons placé dans notre Bibliothèque en est la troisième édition française. M. Mariot-Didieux, le savant vétérinaire, en acceptant la revision de cette édition, s'est attaché à supprimer dans le texte original des formules trop compliquées, à en simplifier d'autres et en ajouter de nouvelles. Ainsi entièrement refondu, l'ouvrage est véritablement un traité complet sur les maladies du chien, traité auquel un chapitre sur l'art de mégisser les peaux pour en faire des tapis sert de complément.

23.—COURTOIS-GÉRARD.—✳Manuel pratique de **CULTURE MARAICHÈRE.** 6e édit., augmenté d'un grand nombre de figures et de plusieurs articles nouveaux. Ouvrage couronné d'une médaille d'or par la Société centrale d'agriculture, d'une grande médaille de vermeil par la Société centrale d'horticulture. 1 vol. 440 pages, 89 figures dans le texte. . . . . 5 fr.

Outre les récompenses honorifiques qui viennent d'être mentionnées, l'auteur de ce manuel a obtenu une attestation qui garantit la valeur de son travail aux yeux du public, en même temps qu'elle constate l'exactitude de ses recherches et l'utilité des notions renfermées dans son ouvrage. Cette attestation émane de vingt-cinq jardiniers maraîchers de la ville de Paris qui, après avoir entendu la lecture du travail de M. Courtois-Gérard, déclarent qu'ils lui donnent toute leur approbation, comme étant conforme aux bonnes méthodes de culture en usage parmi eux, et autorisent l'auteur à le publier sous leur patronage.

Cet ouvrage est officiellement recommandé pour les écoles normales, etc. Cette nouvelle édition a été augmentée d'un chapitre sur la culture des porte-graines et d'un vocabulaire maraîcher.

Table des principaux chapitres :

Marais pour culture de pleine terre. — Marais pour culture de primeurs. — Analyse des terres. — De l'établissement d'un jardin maraîcher. — Engrais et pailles. — Outillage. — Diverses opérations. — La culture des porte-graines. — Destruction des insectes. — Des maladies des plantes. — Calendrier du maraîcher ou travaux manuels. —Vocabulaire du maraîcher.

32-33. — GOBIN (A.), ancien élève de l'École de Grand-Jouan, ancien directeur de la colonie pénitentiaire du Val-d'Yèvres (Cher). — Guide pratique pour la **CULTURE**

DES PLANTES FOURRAGÈRES. 2 vol., 680 pages avec 120 fig. dans le texte, se vendant séparément

1re partie. *Prairies naturelles, pâturages*, avec un appendice reproduisant la loi du 21 juin 1866 sur les associations agricoles. 284 pages avec nombreuses figures. 1 vol.   3 fr.

2e partie. *Prairies artificielles, plantes, racines*, 1 volume 388 pages et 87 figures.   3 fr.

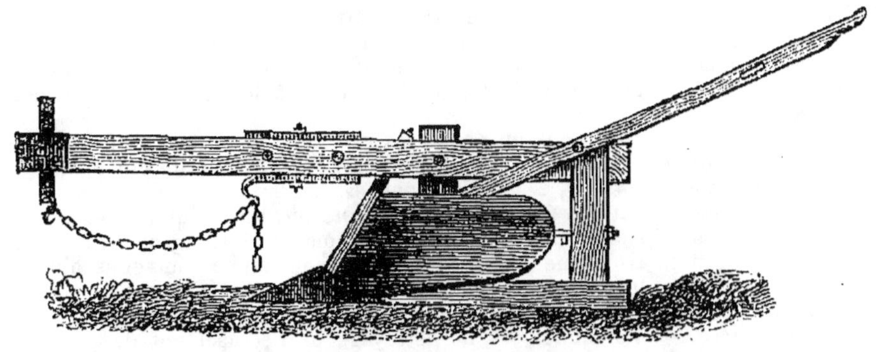

Figure spécimen du *Guide pratique pour la culture des Plantes Fourragères*

Les fourrages sont la base de toute culture, et il est admis aujourd'hui, par tous les agriculteurs intelligents, que pour avoir du blé il faut faire des prés. M. Gobin, guidé par sa grande expérience, a voulu rédiger un guide tout pratique indiquant tout ce qui doit être observé pour obtenir les meilleurs résultats et éviter les dépenses inutiles : mais, comme il le dit dans sa préface, si le titre même de son livre lui a fait une loi de se restreindre à la culture des plantes fourragères et de s'abstenir de considérations scientifiques inutiles au but qu'il poursuit, il ne s'est pas interdit les applications pratiques des sciences, en tant qu'elles se rapportent à l'explication des phénomènes ou à l'amélioration des méthodes de culture. « C'est là, en effet, dit-il, ce que nous entendons par la pratique, et non point seulement la routine manuelle, qui consiste à savoir tenir les mancherons de la charrue, charger une voiture de gerbes ou manier la faux, celle-ci suffit à un ouvrier, celle-là est nécessaire au moindre cultivateur intelligent. »

Ce guide peut être considéré comme le résumé des leçons professées avec tant de succès par M. Gobin à l'*Ecole de Grignon*.

---

38. — Reynaud (Joseph), de Nîmes, négociant et manufacturier. — Guide pratique de la **CULTURE DE L'OLIVIER**, son fruit et son huile. 1 vol., 300 pages . . . .   4 fr.

Le livre de M. Reynaud est le fruit de trente-cinq années de durs travaux, de longues veilles, de nombreux voyages, de recherches patientes, de minutieuses expériences ; aussi les procédés de M. Reynaud n'ont-ils pas tardé à être pratiqués par tous les cultivateurs.

Extrait de la table des matières.—Origines, légendes et traditions de l'olivier. — Emploi, usages des produits de l'olivier. — Limites géographiques. — Description, place dans la nomenclature botanique; variétés. — Meilleures pratiques de culture; maladies; insectes. Olives comestibles de table. — Fabrication de l'huile. — Expériences diverses; rendement ; sels anti-alcalineux. — Statistiques de la production des départements à oliviers.

40. — FLEURY-LACOSTE, président de la Société centrale d'agriculture du département de la Savoie, membre de plusieurs Sociétés savantes.—✳Guide pratique du **VIGNERON**, culture, vendange et vinification. 1 volume, 137 p.   3 fr.

M. Fleury-Lacoste est à la fois un homme instruit et un homme pratique. Son *Guide du Vigneron* sera consulté avec fruit, et l'on peut avec confiance en adopter les préceptes. Son Exc. M. le ministre de l'Agriculture, certes plus compétent que nous, vient d'engager M. Fleury-Lacoste à poursuivre ses études en souscrivant à cet excellent petit traité. C'est bien là le meilleur éloge que l'on puisse faire de cet ouvrage.

Dans la première partie, l'auteur donne les principes généraux pour la culture de la vigne basse : culture en ligne, orientation, la taille, le pinçage, les engrais, choix des cépages, 1re, 2o, 3o et 4o années.

La seconde partie, intitulée *Calendrier du Vigneron*, lui indique les travaux qu'il a à faire mensuellement. La culture des hautains sur treillages élevés dans les champs, remplit la troisième partie. — Quatrième partie : Nouvelles observations pratiques sur les phénomènes de la végétation de la vigne. — Cinquième partie : De la vendange et de la vinification : degré de maturité. — Du ban des vendanges. — Personnel. — Le nettoyage et l'écrasement des grains. — La cuve. — Le décuvage. — Enfin l'auteur termine en indiquant les soins à donner aux vins nouveaux et vieux.

41. — COURTOIS-GÉRARD, marchand grainier, horticulteur.—✳Manuel pratique de **JARDINAGE**, contenant la manière de cultiver soi-même un jardin ou d'en diriger la culture. 8e édition, 1 vol., 410 pages, 1 planche et de nombreuses figures dans le texte . . . . 5 fr.

Nous renvoyons à la note ci-dessus, accompagnant le *Manuel de culture maraîchère*, pour les titres de M. Courtois-Gérard à la confiance publique. Dans le *Manuel du jardinier*, les jardiniers de profession trouveront des conseils, des détails nouveaux et des renseignements pratiques qu'ils peuvent ignorer ; le propriétaire et l'amateur de jardin y puiseront des instructions précises et claires qui leur éviteront toute espèce de méprises et d'erreurs.

Sommaire des principaux chapitres :

Dispositions générales d'un jardin potager. — Calendrier. — Travaux de chaque mois. — Les outils. — Les défoncements. — Les fumiers. — Les arrosements. — Les couches. — Semis. — Repiquages. — Marcottes. — Boutures. — De la greffe. — De la conservation des plantes. — Les maladies des plantes potagères. — La culture des arbres fruitiers. — La culture des arbres d'agrément. — Destruction des animaux nuisibles, etc.

42. — KOLTZ (M.-J.), chevalier de l'ordre R. G. D. de la Couronne de chêne, agent des eaux et forêts, etc., etc. Guide pratique de la **CULTURE DU SAULE** et de son emploi en agriculture, notamment dans la création des oseraies et des saussaies, avec un appendice sur la **CULTURE DU ROSEAU**. 1 vol., 144 pages et 35 fig. dans le texte. .   2 fr.

Ce travail a pour objet de faire ressortir les avantages que procure la culture du saule dans les terrains qui lui conviennent, et qui, le plus souvent, ne peuvent être rendus productifs qu'à l'aide de cette essence ; M. Koltz donne donc le moyen de mettre en produit des terrains vagues. Dans certains parages, le roseau commun forme le complément obligé de l'osier ; l'appendice que M. Koltz a consacré à cette plante renferme des détails intéressants, surtout pour les propriétaires de terrains aujourd'hui tout à fait improductifs.

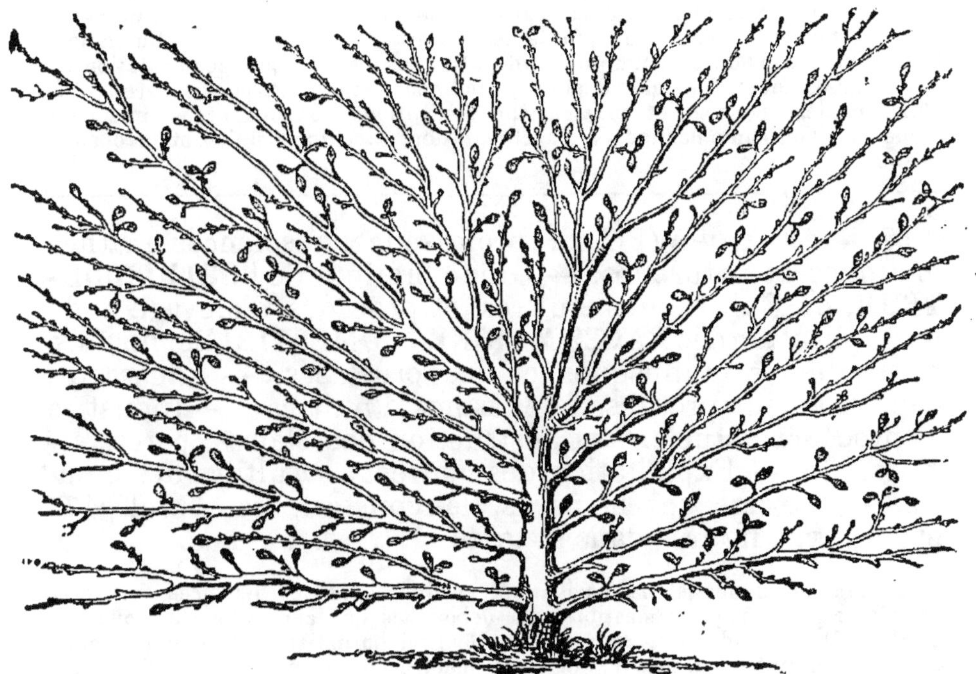

Gravure spécimen du *Manuel pratique de Jardinage*. (Voir page 54.)

43. — SICARD. — Guide pratique de la **CULTURE DU COTONNIER**. 1 vol., 143 p., avec fig. dans le texte. 2 fr.

La culture du cotonnier ne peut convenir qu'à de certaines contrées. M. Sicard, qui l'a expérimentée avec succès et pendant de longues années dans les provinces du Midi et en Algérie, a publié cet ouvrage pour faire profiter le public de l'expérience qu'il avait acquise dans la culture de cet arbrisseau.

L'ouvrage est enrichi de dessins exécutés d'après la photographie et d'une exactitude rigoureuse.

48. — LUNEL (docteur). — Guide pratique de l'**ACCLIMATATION DES ANIMAUX DOMESTIQUES**, étude des animaux destinés à l'acclimatation, la naturalisation et la domestication : Animaux domestiques, méthodes de per-

fectionnement, mammifères, oiseaux, poissons (*Piscicul-
ture*), insectes (vers à soie); précédée de considérations
générales sur les climats et de l'Exposé des diverses classifications d'histoire naturelle, etc. 1 volume 188 pages,
avec figures dans le texte. . . . . 3 fr.

M. le docteur Lunel a résumé les notions concernant l'acclimatation disséminées dans un grand nombre d'ouvrages volumineux. Ce livre sera consulté avec
fruit par toutes les personnes qu'intéresse la grande question de l'acclimatation.
Il peut être considéré comme un guide sûr dans les jardins d'acclimatation où
sont réunies toutes les races d'animaux indigènes et étrangères. Ce livre donne
d'une manière concise et substantielle les notions usuelles nécessaires pour
l'étude des animaux destinés à l'acclimatation, la naturalisation et la domestication.

52. — FRAICHE (Félix), professeur de sciences mathématiques et naturelles. — Guide pratique de l'**OSTRÉICUL-
TEUR**, ou Culture des huîtres et procédés d'élevage et de
multiplication des **RACES MARINES COMESTIBLES**, histoire
naturelle des mollusques et des crustacés. — Causes du
dépeuplement progressif des bancs d'huîtres. — Industrie
et procédés actuels. — Construction des claires, parcs, vi-
viers, etc. — Exploitation des claires. — Culture des mou-
les. — Élevage des homards, langoustes, etc. 1 vol., 175
pages, avec figures dans le texte . . . . 3 fr

Les chemins de fer et la navigation, en diminuant les distances, ont créé
pour les races marines comestibles des débouchés qui leur avaient manqué jusqu'alors. De là et d'autres causes que M. Fraiche indique, l'appauvrissement
des bancs d'huîtres. L'auteur, qui s'est inspiré des travaux de M. Coste, démontre que l'ostréiculture est une industrie facile à créer et à développer, et
qui donne des résultats rémunérateurs à ceux qui savent l'exploiter.

53. — TOUCHET (J.-H.), chef de service à la compagnie
Richer. — Guide pratique de la **VIDANGE AGRICOLE**, à
l'usage des agronomes, propriétaires et fermiers. Richesse
de l'agriculture. Description de moyens faciles, économiques, salubres et pratiques, de recueillir, de désinfecter
et d'employer utilement en agriculture l'engrais humain.
2° édition. 1 volume de 88 pages avec figures . . . 1 fr.

Ce Guide, en ce qui concerne les vidanges et les différentes manières d'employer l'engrais humain, est le résumé des meilleures méthodes pratiquées
actuellement. Les constructeurs, les entrepreneurs, les propriétaires, les fermiers y trouveront tous des indications utiles. M. Touchet enseigne aux agronomes de la grande et de la petite culture des moyens simples et peu coûteux
de se procurer de riches fumiers, de précieux engrais, richesses trop souvent
négligées et perdues pour l'agriculture.

55. — POURIAU (A.-F.). — Manuel du **CHIMISTE-AGRI-CULTEUR**. 1 vol., 460 pages, 148 figures dans le texte et de nombreux tableaux, suivi d'un appendice. . . . . . 6 fr.

Ce volume forme en quelque sorte le complément de la *Chimie organique* et de la *Chimie inorganique*. Il fait connaître les diverses manipulations qui sont décrites avec un très grand soin. Il contient, en outre, un grand nombre d'indications d'une utilité toute pratique.

L'intention de l'auteur en le publiant a été d'offrir aux personnes qui s'occupent de chimie agricole un guide renfermant la description des méthodes les plus simples à suivre dans l'analyse des divers composés naturels ou artificiels qui sont du domaine de l'agriculture. Désireux de mettre son livre à la portée de tout le monde, l'auteur a toujours eu le soin, dans l'exposé de ses méthodes, d'établir deux catégories d'essais. Les unes essentiellement pratiques et accessibles à tous, et les autres plus exactes et qui exigent une plus grande habitude des manipulations chimiques.

56. — LEROLLE (Léon), ancien élève de l'Ecole d'agriculture de Grand-Jouan, membre de la Société d'horticulture de Marseille. — *Traité pratique et élémentaire de **BOTANIQUE** appliquée à la culture des plantes. 1 vol, VIII-464 p., 108 figures dans le texte. . . . . 6 fr.

L'étude de la vie des plantes et celle de leur culture ont pris un grand développement. L'auteur a voulu présenter au lecteur un traité de botanique, simple dans sa forme quoique rigoureusement exact au fond, afin d'instruire le cultivateur sur les phénomènes qui s'accomplissent chaque jour dans ses champs, ses forêts, ses jardins. On surcharge chaque jour le vocabulaire botanique : entre vingt noms différents servant à désigner le même organe, l'auteur a choisi ceux les plus vulgairement connus et s'est bien gardé surtout d'en inventer de nouveaux.

Extrait de la table : De la germination des graines, choix et conservation des graines. — De la végétation des plantes, des bourgeons. — Phénomènes souterrains, phénomènes aériens, phénomènes anatomiques de la végétation. — Nutrition des végétaux, nature des substances absorbées par les racines, sécrétion, transpiration. — Agents essentiels de la végétation. — De la reproduction des plantes, du périanthe, des étamines, du pistil, des ovules. — Floraison. — Fécondation. — Fructification. — Granification.

NOTA. — Les ouvrages marqués d'un ✳ ont été choisis par le ministère de l'Instruction publique pour faire partie des catalogues des bibliothèques publiques scolaires. Le deuxième ✳, plus petit, désigne les ouvrages choisis pour être distribués en prix.

Série I

ÉCONOMIE DOMESTIQUE, COMPTABILITÉ, LÉGISLATION, MÉLANGES

1. — DUBIEF (L.-F.). — Guide pratique de la **FABRICATION DES VINS FACTICES** et des boissons vineuses en général, ou manière de fabriquer soi-même les vins, cidres, poirés, bières, hydromels, piquettes et toutes sortes de boissons vineuses, par des procédés faciles, économiques et des plus hygiéniques. 1 volume . . 2 fr.

M. Dubief a publié ce petit ouvrage, non seulement pour venir en aide aux personnes économes, mais encore, et plus, pour celles dont l'économie est une nécessité. Si elles suivent les prescriptions qui y sont indiquées, elles peuvent être assurées de bien fabriquer elles-mêmes et avec facilité toutes sortes de vins, bières, cidres, etc. Ainsi, il traite la cuvée des vins de raisin fabriqués avec le marc, avec sirop de sucre, de fécule. — Vin rouge de sucre. — Vin mousseux, de fruits : cerises, prunes, groseilles, etc., etc. — Vins de grains, céréales, etc. — Toutes les formules et les procédés indiqués par l'auteur sont simples et faciles, et il suffit de les avoir lus pour les mettre en pratique.

2. — LUNEL (le docteur B.), médecin-chimiste, membre des Académies des sciences de Caen, de Chambéry, etc., ancien professeur de chimie et d'histoire naturelle. — Guide pratique d'**ÉCONOMIE DOMESTIQUE**, publié sous forme de dictionnaire, contenant des notions d'une *application journalière* : chauffage, éclairage, blanchissage, dégraissage, préparation et conservation des substances alimentaires. boissons, liqueurs de toutes sortes, cosmétiques, soins hygiéniques, médecine, pharmacie, etc., 1 vol. 227 p. 2 fr.

L'économie domestique, longtemps dédaignée, s'est élevée aujourd'hui au point de devenir elle-même une science. Le Guide de M. le docteur Lunel, sous la forme commode du dictionnaire, constitue une véritable encyclopédie de cette science nouvelle.

3. — Germinet (Gustave). — **LE CHAUFFAGE PAR LE GAZ** considéré dans ses diverses applications, science, industrie et usages domestiques, suivi d'une notice sur les *Moteurs à gaz.* 1 vol. de XV-237 p. avec 126 fig. . .   4 fr.

Extrait de la table des matières. — Chapitre Ier. Historique. — Origine et développement du chauffage par le gaz. — Appréciations sur la chaleur développée par le gaz. — *Applications du gaz au chauffage domestique et emploi dans l'industrie.* — II. *Nature du gaz; ses propriétés calorifiques, etc.* — III. *Arrivée et distribution du gaz dans les appartements.* — Epreuve des conduits et des appareils. — Alimentation. — Diamètres proportionnels des tuyaux destinés à alimenter des appareils de chauffage. — Tuyaux et raccords pour mobiliser les appareils. — Ventilation des pièces d'habitation. — IV. *Chauffage culinaire.* Description des brûleurs et des appareils. — Emploi du gaz à la cuisson des aliments. — Expérience de cuissons, bouillis et à la casserole. — Rotisserie des viandes au gaz et au charbon de bois, etc. — V. *Chauffage de pièces d'habitation.* Cheminées. — Foyers à réflecteurs. — Poèles. — Calorifères. — VI. *Appareils divers de chauffage au gaz servant aux usages domestiques.* — Appareils de bains. — Brûloir de café. — Etrille brûle-poils. — Etuve et chauffe-assiette. — Fourneaux pour fers à repasser. — Appareils chauffant et éclairant. — VII. *Chauffage industriel.* — Apprêts des tissus. — Chapellerie. — Emaillage et soufflage du verre. — Affinage et fusion des métaux. — Liquoristes, marchands de vins, etc. Pharmaciens. — VIII. *Appareils pour laboratoires.* — Chandelle à mélange d'air. — Réchaud avec brûleur dosage d'air. — Fourneau pour calcination. — Chalumeaux à souder et appareils à fondre les métaux. — Distillation, etc. — IX. *Production de l'électricité par la combustion du gaz.* — Piles thermo-électriques Clamond. — X. *Les moteurs à gaz.* — Machine à gaz verticale, etc., etc.

4. — Dubief (L.-F.). — Le **LIQUORISTE DES DAMES** ou l'art de préparer en quelques instants toutes sortes de liqueurs de table et des parfums de toilette avec toutes les fleurs cultivées dans les jardins, suivi de procédés très simples et expérimentés pour mettre les fruits à l'eau-de-vie, faire des liqueurs et des ratafias, des vins de dessert, mousseux et non mousseux, des sirops rafraîchissants, etc., un volume de 120 pages, avec figures dans le texte.   3 fr.

Ce que nous avons dit des précédents ouvrages de M. Dubief nous dispense de nous étendre sur celui-ci. C'est aux dames qu'il s'est adressé, et l'accueil qu'il en a obtenu prouve suffisamment combien il est utile dans toute bibliothèque de ménage.

5. — Hirtz (Elisa). — Méthode de **COUPE ET DE CONFECTION DE VÊTEMENTS DE FEMMES ET D'ENFANTS.** — Travaux à aiguille usuels. — Cours de couture en blanc. — Raccommodage. — Méthode de **TRICOT.** — Art de la coupe et de la confection en géneral. 1 vol. de 297 pages avec 154 figures . . . . 3 fr. 50

6. — DUFRENÉ (H.), ingénieur civil, ancien élève de l'Ecole des arts et manufactures. — Les droits des **INVENTEURS EN FRANCE ET A L'ÉTRANGE**. Conseils généraux. — Brevets d'invention. — Péremption. — Vente. — Licences. — Exploitation. — Géographie industrielle. — Marques de fabrique. — Dessins. — Objets d'utilité. 1 volume de 108 pages . . . . 3 fr.

7. — ÉMION (Victor). — **LA LIBERTÉ ET LE COURTAGE DES MARCHANDISES**, commentaire pratique de la loi du 18 juillet 1866. (*Épuisé*).

8. — BAUDE (L.). **CALLIGRAPHIE**. — Cours d'écriture avec 32 planches. 1 vol. . . . . 5 fr.

SOMMAIRE : Objets et instruments nécessaires pour écrire. — Formes et variante de l'écriture anglaise. — De la manière de tenir la plume. — Principes généraux de l'écriture anglaise. — Des différentes grosseurs d'écriture. — Majuscules. — Minuscules. — Chiffres. — De l'expédiée ou cursive anglaise. — Des écritures fortes : Bâtarde, Coulée, Ronde et Gothique. — *De l'emploi dans l'écriture des accents, de la ponctuation et autres signes.*

9. — LESCURE (O.), professeur à l'École centrale d'architecture. — **TRAITÉ DE GÉOGRAPHIE** physique, ethnographique et historique à l'usage des artistes, des écoles d'architecture et des gens du monde, 1 vol., 351 p. . 3 fr.

Ce traité est le développement du programme de géographie sur lequel sont interrogés les candidats à l'Ecole spéciale d'architecture. C'est un ouvrage adopté aujourd'hui pour toutes les écoles professionnelles.

10. — BLOCK (Maurice). — ✳ Premiers principes de **LÉGISLATION PRATIQUE** appliquée au **COMMERCE**, à l'**INDUSTRIE** et à l'**AGRICULTURE**. 1 vol. in-18. . . 4 fr.

12. — EMION (Victor), avocat à la cour de Paris, ancien sous-préfet. — Manuel pratique et juridique des **EXPROPRIÉS POUR CAUSE D'UTILITÉ PUBLIQUE**, suivi de deux tableaux donnant le chiffre de la valeur du mètre de terrain dans Paris, et faisant connaître les principales indemnités accordées aux industriels, négociants et commerçants expropriés. 1 volume, 125 pages. . . . . . 1 fr.

Ce manuel est un résumé des règles pratiques que les expropriés ont intérêt à connaître pour se diriger dans la défense de leurs droits. En étudiant ce manuel, les expropriés sauront qu'avant de se présenter devant le jury, ils n'ont que peu ou point de formalités à remplir et *pas de frais* à débourser. Ils y apprendront encore qu'en général les traités souscrits d'avance avec des intermédiaires ne sont *habituellement* avantageux *que pour ceux qui contractent avec l'exproprié.*

14. — LUNEL (Victor).— Guide pratique d'**HYGIÈNE ET DE MÉDECINE USUELLE**, complété par le traitement du *choléra épidémique*. 1 vol. 209 pages. . . . . 2 fr.

Ce livre ne s'adresse à aucune spécialité de lecteurs et convient à tout le monde. Il se subdivise en hygiène privée et en hygiène publique. Dans la première partie, l'auteur examine dans quelle mesure l'homme qui veut conserver sa santé doit, selon son âge, sa constitution et les circonstances dans lesquelles il se trouve, user des choses qui l'environnent et de ses propres facultés, soit pour ses besoins, soit pour ses plaisirs. Dans la seconde, il s'occupe de tout ce qui concerne la salubrité publique. Un chapitre spécial est consacré à la médecine des accidents.

Figure spécimen de la *Calligraphie*. (Voir page 60.)

16.— D'OMALLIUS D'HALLOY (le baron J.).— ✳Manuel pratique d'**ETHNOGRAPHIE**, ou description des races humaines; les différents peuples, leurs caractères naturels, leurs caractères sociaux, divisions et subdivisions des différentes races humaines. 5° édition. 1 volume, 127 p., avec une planche représentant les principaux types.   4 fr.

Extrait de la table des matières. — De l'ethnographie en général. — De la race blanche. — Du rameau européen, du rameau arménien, du rameau scytique. — De la race brune, du rameau éthiopien, du rameau indou, du rameau indochinois, du rameau malais. — De la race rouge, du rameau hyperboréen, du rameau mongol, du rameau sinique. — De la race noire. — Des hybrides. — Tableaux de la division du genre humain en races, rameaux, familles et peuples.

Série J

FONCTIONS POLITIQUES ET ADMINISTRATIVES
EMPLOIS DE L'ÉTAT, DÉPARTEMENTAUX ET COMMUNAUX, SERVICES PUBLICS

1. — MORTIMER D'OCAGNE. — **LES GRANDES ÉCOLES DE FRANCE**. Écoles militaires, écoles civiles. 1 vol.   3 fr.

2. — MORTIMER D'OCAGNE. — **LE CHOIX D'UNE CARRIÈRE**. 1 vol. (*En préparation.*)

3. — ALBIOT (J.) (*Code départemental.*) Manuel **DES CONSEILLERS GÉNÉRAUX**. Loi organique des conseillers généraux, avec les commentaires officiels. 1 vol. de 152 pages. . . . . 4 fr.

Cet ouvrage peut être considéré comme un aide-mémoire à l'aide duquel les personnes notables appelées, en qualité de conseillers généraux, à discuter les intérêts de leur département, trouveront de nombreux renseignements relatifs à la législation qu'ils auront à appliquer.

4. — **MANUEL DES CONSEILLERS COMMUNAUX**. 1 vol. (*En préparation.*)

6. — LELAY (Eugène), capitaine des douanes. — Recueil abrégé des lois et règlements sur la **DOUANE**, son organisation, son personnel et ses brigades. 1 volume 700 pages . , ... 4 fr.

TABLE DES MATIÈRES. — *Des Douanes et de leur organisation.* — *Attributions du personnel — Service Actif ou des Brigades.* — *Lois générales relatives au personnel.*

7. — LAFFOLAY (E.), inspecteur de l'octroi en retraite. Nouveau manuel des **OCTROIS**. 1 vol. de xiv-408 pages avec tableaux. . . . . : . . 4 fr.

Observations concernant la rédaction des procès-verbaux. — Formulaire pour la rédaction des procès-verbaux les plus usuels en matière d'octroi, en matière de contributions indirectes et d'octroi et en matières de contributions indirectes inclusivement.

Série K

BEAUX-ARTS, DÉCORATION, ARTS GRAPHIQUES

1. — INTRODUCTION A L'ÉTUDE DES BEAUX-ARTS.
1 vol. (*En préparation.*)

2. — VIOLLET-LE-DUC. — ✳ Comment on devient un **DESSINATEUR**. 1 vol. de 340 pages orné de 110 dessins par l'auteur et d'un portrait de Viollet-le-Duc. . . 4 fr.

Gravure spécimen de « *Comment on devient un dessinateur.* »

EXTRAIT DE LA TABLE DES MATIÈRES. — Notables découvertes. — Comment il est reconnu que la géométrie s'applique à plusieurs choses. — Autres découvertes touchant la lumière et la géométrie descriptive. — Où on commence à voir. — Une leçon d'Anatomie comparée. — Opérations sur le terrain. — Cinq ans après. — Où une vocation se dessine. — Douze jours dans les Alpes. — Conclusion.

3. — PELLEGRIN (V.), peintre. — Théorie pratique de la **PERSPECTIVE**. Étude à l'usage des artistes peintres, des élèves des Écoles des beaux-arts, des Écoles industrielles, etc. 1 vol. de 90 pages, 42 fig. et 1 pl. de 16 fig. 4 fr.

TABLE DES NOMS D'AUTEURS
PAR ORDRE ALPHABÉTIQUE

Imprimeries réunies, G. rue du Four, 54 bis. Paris — 1755.